# 马来西亚沐若水电站
# 工程地质研究

主　编　谭朝爽
副主编　贺金明　毛成文

武汉大学出版社

### 图书在版编目(CIP)数据

马来西亚沐若水电站工程地质研究/谭朝爽主编;贺金明,毛成文副主编. —武汉:武汉大学出版社,2022.12
ISBN 978-7-307-23452-9

Ⅰ.马… Ⅱ.①谭… ②贺… ③毛… Ⅲ.水力发电站—工程地质—研究—马来西亚 Ⅳ.TV753.38

中国版本图书馆 CIP 数据核字(2022)第 218223 号

责任编辑:杨晓露　　责任校对:汪欣怡　　版式设计:马　佳

出版发行:武汉大学出版社　(430072　武昌　珞珈山)
（电子邮箱:cbs22@whu.edu.cn　网址:www.wdp.whu.edu.cn）
印刷:武汉邮科印务有限公司
开本:720×1000　1/16　印张:15.5　字数:373 千字　插页:7
版次:2022 年 12 月第 1 版　2022 年 12 月第 1 次印刷
ISBN 978-7-307-23452-9　　定价:49.00 元

版权所有,不得翻印;凡购我社的图书,如有质量问题,请与当地图书销售部门联系调换。

图1 马来西亚沐若水电站坝址区全景（下游）

图2 马来西亚冰苔水电站坝址区全景（上游）

图3 马来西亚冰茗水电站坝址区原始地貌

图 4 引水式地面厂房

图 5 电站主厂房

图 6　进水塔

图 7　坝身溢洪道

图 8　坝后生态电站

图 9　进水口施工

图 10　进水塔施工

图 11　调压井施工

图 12　厂房施工

图 13　引水洞施工

图 14　工程截流

图 15　导流洞过水

图 16　左岸坝段施工

图 17　河床坝段施工

图 18　右岸坝段施工

图 19　左岸砂石料系统

# 前　　言

马来西亚沐若(Murum)水电站是沙捞越州拉让(Rajang)河上游四个梯级电站中的第2个梯级，挡、泄水建筑物为碾压混凝土重力坝，最大坝高153m，坝址控制流域面积约2750 km$^2$，相应库容120.43亿 m$^3$，电站装机总容量4×236MW，为Ⅰ等大(1)型水电水利工程，是马来西亚国家水电示范项目。

沐若水电站是长江设计集团首个采用中国勘察设计标准的海外水电项目。工程区地处沙捞越州民都鲁省-拉让河流域源头无人区，属热带雨林气候，植被茂密，地形地质条件复杂。早期勘察工作主要借助直升机完成，受工作条件的制约，勘察工作难以满足施工期要求的深度和精度，且搜集到该项目前期地质资料非常有限。前期搜集资料主要包括对工程区稳定与地震进行简略的初步分析评价，对水库基本未进行地质勘察工作，岩体的物理力学性质试验、天然建筑材料的研究成果也十分有限。前期大坝设计为面板堆石坝，对地基要求较低。施工阶段大坝变更为碾压混凝土重力坝，对地基的要求高，对碾压混凝土重力坝基本上没有地质勘探及分析研究工作。合同签订后即开始施工，不可能再有系统的勘察和研究工作时间，且由于工程处于热带雨林中，地表露头极少，常规勘察方法一是耗时较长，二是勘探工作量大，无法满足工程进度。为此因地制宜，摸索实用、灵活的勘察方法进行施工期勘察。采用"边勘察、边设计、边施工"模式，这对地质勘察工作无疑是一个巨大的挑战。

本书共分6章，系统地介绍了沐若水电站的工程地质条件，对坝址区、引水发电系统的条件进行了系统的工程地质分析与研究，并对其中遇到的系列工程地质问题提出合理的地质建议。其中主要工程地质问题包括坝基缓倾结构面的抗滑稳定问题、坝基长大断层对大坝的稳定影响问题、右坝肩"圣石"的稳定问题、引水隧洞及导流隧洞软岩硐室的稳定问题、高水头下层状结构、软硬相间岩体的防渗问题等多项关键地质问题。针对工程建设面临的多项关键地质问题，采用了履带式潜孔钻快速成孔、全孔壁数字电视成像、三维地质模型等综合勘察方法，顺利解决了工程中所遇到的地质问题，确保了工程建设的顺利进行，取得了显著的社会效益和经济效益。

沐若水电站于2008年10月开工，自2015年5月竣工蓄至正常水位以来，大坝挡、泄水建筑物和引水发电建筑物运行良好。在这个过程中，无数参与者为此项目付出艰辛的汗水。本书通过系统地介绍沐若水电站的勘测设计过程，并基于行业经验，结合亲身体会，站在国际发展的角度进行全面系统的总结，研究未来水电勘察创新之路，为国际项目的勘测设计提供一个全新的思路，并取得一个全新的成绩。

沐若水电站荣获国际大坝委员会第三届碾压混凝土坝里程碑工程奖、第三届武汉设计双年展"十大最有影响的设计工程"、2016年度中国电力优质工程奖。因此，总结沐若水电站工程建设中关键地质问题的解决思路和方法，为类似工程积累了宝贵的经验，也为后续中国勘察设计企业走向国际市场打开了一扇大门，具有显著的推广和应用价值。

由于编者水平有限，书中难免会有不足之处，敬请读者批评指正。

作 者

2022 年 8 月

# 目 录

**第1章 综述** ································································· 1
 1.1 工程概况 ···························································· 1
 1.2 勘测设计过程 ······················································ 1
 1.3 水文气象 ···························································· 2
 1.4 基本地质条件 ······················································ 3
 1.5 工程规模 ···························································· 3
 1.6 枢纽布置与主要建筑物 ·········································· 3
 1.7 修建该工程的意义 ················································ 4

**第2章 本工程的特点、难点及关键技术研究** ····················· 5
 2.1 本工程的特点 ······················································ 5
 2.2 本工程的难点 ······················································ 6
 2.3 关键技术研究 ······················································ 6

**第3章 枢纽区工程地质研究** ············································ 8
 3.1 区域地质与地震活动性 ·········································· 8
 3.2 地形地貌 ···························································· 8
 3.3 地层岩性 ···························································· 9
 3.4 地质构造 ···························································· 17
 3.5 物理地质现象 ······················································ 19
 3.6 水文地质 ···························································· 21
 3.7 室内及现场岩体物理力学试验 ································· 24

**第4章 各主要建筑物工程地质研究** ··································· 50
 4.1 大坝工程地质研究 ················································ 50
 4.2 引水发电系统工程地质研究 ···································· 131
 4.3 导流工程地质研究 ················································ 206

**第5章 地基处理工程地质研究** ·················································· 223
5.1 灌浆试验 ························································································· 223
5.2 试验成果分析 ···················································································· 227
5.3 灌浆前后力学试验研究 ········································································ 233

**第6章 结论** ·································································································· 241

# 第1章 综 述

## 1.1 工程概况

沐若水电站位于马来西亚沙捞越州拉让河(Rajang)源头沐若河上,为拉让河流域第二梯级水电站,距下一梯级巴贡水电站约70km,距民都鲁市约200km。坝址位于热带雨林地区,植被茂密,人迹稀少。坝址控制流域面积约为2750km$^2$。

沐若水电站工程的主要任务是发电,电站装机总容量944MW;水库正常蓄水位540m,坝顶高程546m,相应库容120.43亿m$^3$,死水位515m,调节库容54.75亿m$^3$;设计洪水位541.91m,校核洪水位542.46m;可能最大洪水位545.79m,相应库容139.69亿m$^3$。

沐若水电站由碾压混凝土重力坝、坝身无闸控泄洪表孔、坝后生态电站以及右岸进水口、引水隧洞、地面厂房等建筑物组成。右岸进水口与坝址直线距离约7km,引水隧洞长约2.5km,厂房位于大坝下游约12km(沿河道的距离)。本工程采用河床一次性断流、隧洞泄流、围堰全年挡水的导流方案。

沐若水电站由中国三峡工程开发总公司(现更名为中国长江三峡集团有限公司,以下简称"三峡公司")牵头EPC总承包,长江设计公司为EPC合同设计方。长江勘测规划设计研究有限责任公司(以下简称"长江设计公司")在沐若水电站的勘测设计过程中,始终从工程建设大局出发,积极响应建设各方的意见和建议,实现了"安全、质量、创新、效益"共赢,取得了优良的设计成果。

沐若水电站于2008年10月开工,2015年5月竣工交付使用,自2014年11月26日蓄至正常水位以来,大坝挡、泄水建筑物和引水、发电建筑物运行良好。

2013年5月,世界水电大会在沙捞越召开,沐若水电站作为马来西亚水电示范项目被指定为考察工程。2015年9月,沐若水电站获国际大坝委员会"第三届碾压混凝土坝国际里程碑工程奖"。2015年12月,沐若水电站荣获第三届武汉设计双年展"十大最有影响的设计工程"。2016年6月,沐若水电站荣获"2016年度中国电力优质工程奖"。

## 1.2 勘测设计过程

马来西亚沙捞越州雨量充沛且分布均匀,境内适合修坝建库,水电开发潜力大。1962年,澳大利亚雪山公司对沙捞越州水电蕴藏量进行了全面考察。1979年,沙捞越电力公司对全州电力开发进行了总体规划,德国和瑞士公司组成的SAMA联合体提交了《电力系统开发总体规划报告》，沐若水电站是规划的 4 个最佳水电项目之一，装机容量 992MW。

1993 年，瑞士苏黎世 Electrowatt 工程服务公司对沐若水电站进行了可行性研究，并于 1994 年编制完成《沐若水电项目工程可行性研究报告》。该报告确定水库库容 120 亿 $m^3$，装机容量 900MW（4×225MW），年发电量 $5.68×10^9$ kW·h，采用混合式开发方案，主要建筑物包括 141m 高混凝土面板堆石坝、无闸控斜槽溢洪道、1 条泄水洞和生态流量放水管，电站进水口、引水隧洞、调压井、斜井和压力钢管，大坝与电站相距 7.5km。

2007 年 8 月，马来西亚沙捞越能源公司委托三峡公司对沐若水电项目进行技术咨询。受三峡公司委托，长江设计公司开展了技术建议书编制工作。通过对可行性研究报告提供的水文、气象、地质等基础资料以及设计方案进行分析，技术建议书对坝型选择、导流建筑物、引水隧洞和厂房布置、装机容量及机组安装高程、施工规划等方面进行了系统的研究论证，对可行性研究报告提出多项重大变更设计，主要包括：①坝型由面板堆石坝改为碾压混凝土重力坝；②泄洪方式由普通溢洪道挑流消能改为坝身台阶式溢洪道衔接挑流消能；③利用生态流量增设生态电站；④将引水隧洞的斜井调整为竖井；⑤装机高程由 210m 抬高至 218m；⑥电站装机容量由 900MW（4×225MW）增大到 944MW（4×236MW）；⑦主变压器由单相调整为三相。2007 年 11 月，长江设计公司完成并提交技术建议书。

2008 年 10 月，三峡公司与沙捞越能源公司签订 EPC 承包合同，长江设计公司为 EPC 合同设计方，承担各主要建筑物土建、机电和金结等设计，并承担导流隧洞设计，施工组织及围堰设计由 EPC 合同施工方水电八局承担。根据合同规定，设计采用中国规范，压力容器、消防等设计同时满足当地强制性要求及标准。设计分为 level-1 初步设计、level-2 详细设计和 level-3 施工详图设计 3 个阶段。长江设计公司在对水文、地质等基础资料进行必要复核和补充的基础上，进一步对技术建议书的枢纽建筑物布置进行了研究，将坝轴线由直线调整为弧线，以充分利用第 10 段巨厚层砂岩，增强大坝整体性，并确定了保护"圣石"的布置方案。

2015 年 5 月，沐若水电站工程竣工，长江设计公司完成全部设计工作，成功解决了高水头泄洪消能、复杂条件下的大坝布置、碾压层面防渗、复杂基础上大坝稳定、多雨地区碾压混凝土施工、高石粉含量岩体利用等诸多难题，部分技术指标达到世界第一；巧妙地运用工程措施对"圣石"加以利用和保护，在坝后建设生态厂房，利用下泄生态流量发电，同时可为移民村供电，做到了工程与人文景观、生态环境的有机结合。沐若水电站是首次采用中国规范进行设计的国外大型水电站 EPC 项目，对中国技术标准向世界推广具有重要意义。

## 1.3 水文气象

两条主要支流 Danum 和 Plieran 河汇合后形成沐若河，沐若河继续向东，在 Long Murum 附近巴贡的上游汇入 Balui 河，至此汇合处，沐若河流域面积已超过 $14000km^2$，汇合后的河流称为 Batang Rajang 河；再向下汇合 Belaga 河后称为拉让河，河流展宽，向西南弯，沿途汇入 Kapit 河和 Balleh 河，继续向西流约 190km 后，汇入南中国海。

工程区属于热带雨林气候，最低温度高于 18℃，最干旱的月份平均降雨量至少

60mm。月平均降雨量表明地区降水的季节性差别不大。东北季风是雨季的主要天气系统，虽然在旱季雨量较小，但西南季风也带来降雨。季节性温度变化不大，而相对湿度全年都比较高。通常，每年的7月至9月，降雨量较小，其余月份的降雨量较高。这种季节性变化出现两个高峰，一个在12月，另一个在3月至4月之间，这与热带辐合带的偏移有关，也与盛行的与山区地形相结合的风向有关。沿海地区和山脉的迎风面降雨量较大（超过5000mm），而流域内陆地区降雨量较小（低至3400mm）。

## 1.4 基本地质条件

沐若水电站坝址位于沐若河一顺直的南北向河段上。大坝轴线处河床高程约为418m，谷底宽30～60m；横向谷；两岸山头呈脊状，左岸近岸山脊顶部高程约635m，右岸近岸山脊顶部高程约630m。岩层走向与河谷近正交，为横向谷。

建坝岩体主要为贝拉加岩组第十段（$P_3Pel^{10}$）巨厚层砂岩，在坝踵部位分布有第九段（$P_3Pel^9$）泥岩，河床坝段分布有顺河向断层$F_{280}$、$F_{281}$，将两岸山体错开，错开宽度40m左右，形成不对称的峡谷地形。

坝址区岩体主要为砂岩、泥岩及砂岩与泥岩的组合岩体，自上而下分为全、强、弱、微风化段，其中全风化带一般厚3～9m，最厚36.05m；强风化带一般厚2～8m，最厚36.05m；弱风化带一般厚3～10m，最厚20.85m；微风化带一般厚0.5～5m，最厚11.5m。

枢纽工程区卸荷总体不发育，但在大坝两岸部位发育有厚层、巨厚层杂砂岩，其上下游均为较易风化的泥岩、页岩，在坝址两岸形成向河谷及上、下游三面临空的"圣石"陡崖。从而在陡崖上出现卸荷现象。

引水发电系统穿越地层主要为砂岩、泥岩及砂岩与泥岩组合地层。洞轴线与地层走向正交，岩层近直立，隧洞埋深一般为100～200m，最深300m左右。围岩类别以Ⅳ、Ⅴ类围岩为主，少量Ⅲ类围岩。该区地下水丰沛，隧洞涌水问题突出。

## 1.5 工程规模

沐若水电站工程包括大坝建筑物和引水发电建筑物两个部分，大坝建筑物包括碾压混凝土重力坝、坝身无闸控泄洪表孔、坝后生态电站等；引水发电建筑物包括电站进水口、引水隧洞及调压井、河岸式地面厂房等。电站装机容量944MW，坝顶高程546m，水库正常蓄水位540m，相应库容120.43亿$m^3$，死水位515m，调节库容54.75亿$m^3$，为Ⅰ等大（1）型工程。

## 1.6 枢纽布置与主要建筑物

沐若水电站由碾压混凝土重力坝、坝身无闸控泄洪表孔、左岸导流洞、坝后生态电站以及右岸引水发电建筑物组成。该工程采用混合式开发方案，分为坝区和厂区两个相对独立的区域。碾压混凝土重力坝、泄水建筑物以及导流建筑物布置在沐若河一近直线的河段上，引水发电建筑物以最近线路穿右岸山脊布置。

碾压混凝土重力坝轴线位于直线河段的突出山脊上。坝身布置无闸控泄洪表孔，采用坝身台阶式泄槽接挑流消能。左岸非溢流坝下游布置生态电站，坝身布置生态电站进水口及引水管。大坝左岸布置一条导流洞，上下游布置全年挡水围堰。

引水线路位于右岸，落差约300m，电站厂房位于坝址下游约12km处，电站尾水位与下游巴贡水电站库尾衔接。电站进水口位于沐若河支流Sungai Saah库湾上，距坝址约7.5km。该河为沐若河上游右岸支流，与坝址下游的沐若河近乎平行。引水线路以最短距离穿过支流与沐若河之间的山脊。引水隧洞上平段的尾部布置调压井。

## 1.7 修建该工程的意义

(1) 随着国内水电资源的日渐枯竭，水电企业以勘察、设计、施工总承包的方式在国外进行水电开发将非常普遍，马来西亚沐若水电项目成功的勘察实践经验可以为勘察设计企业在国外承担水电总承包项目的勘察提供借鉴。

(2) 国外水电项目受所在国的自然环境以及社会、经济发展条件限制，当地能提供的支持非常有限，勘察单位应充分寻求利用项目施工方的支持，从而可以大大提高勘察效率。

(3) 总承包项目的国外业主一般会聘请国际咨询公司作为项目的独立评审团，负责项目的技术评审，地质基础资料作为评审的重要内容之一，需要地质工程师具有较高的专业技术水平及沟通能力。

(4) 总承包项目没有专门的勘察周期，因此勘察工作需要重点突出，对重大的地质问题专门勘察，一般问题可结合施工过程逐步查明解决。

(5) 沐若水电站是首个中国规范推向国际市场的水电项目，对中国规范推向国际市场具有战略意义。

# 第 2 章 本工程的特点、难点及关键技术研究

沐若水电站工程地处马来西亚婆罗洲岛的沙捞越州,坝址位于拉让河流域源头沐若河上,其位置见图 2-1,距民都鲁市约 200km,是拉让河上游四级梯级开发中的第 2 个梯级水电站,距下游巴贡水电站约 70km。坝址控制流域面积约为 2750km²。

图 2-1 沐若水电站工程位置影像图

工程主要由碾压混凝土重力坝、坝身表孔溢洪道、引水系统(含调压井)、发电厂房、生态流量引水发电系统等组成。坝顶长度 445m,最大坝高 146m。引水隧洞单洞长约 2.5km,发电厂房位于右岸大坝下游约 12km 处,装机 4 台,总装机容量 944MW(不包括生态流量 7.4MW),总库容 120.43 亿 m³。

大坝施工开始于 2008 年 11 月,至 2010 年 11 月,大坝基础开挖工程基本完成,2014 年第一台机组发电,目前四台机组安全运行 8 年。施工过程中,对关键、重点地质问题开展了针对性的补充地质勘察工作,通过这些工作,基本查明了大坝及引水发电系统的工程地质条件及主要工程地质问题,为工程设计及施工的顺利进行打下了基础。

## 2.1 本工程的特点

马来西亚沐若水电站总装机 944MW,由一座高 153m 的碾压混凝土重力坝、两条单洞长度 2.5km 的引水洞和一座地面发电厂房构成。该水电站为 I 等大(1)型工程。

沐若水电站地处沙捞越州民都鲁省拉让河流域源头无人区,植被茂盛,交通不便,早期勘察工作主要借助直升机完成,受自然地理条件制约,勘察工作难以做深、做精,只能

初步了解一下工作区基本地质概况。前期仅有的成果为：对工程区域稳定与地震进行了简略的初步分析评价；对水库基本未进行地质勘察工作；岩体的物理力学性质试验、天然建筑材料的研究成果也十分有限。此外前期大坝设计为面板堆石坝，相对来说对地基的要求及环境要求较低。施工阶段大坝设计变更为碾压混凝土坝，对地基的要求高，针对碾压混凝土坝基本上没有地质勘探工作及分析研究工作，因此，在施工期对地质人员的专业素养存在一定的挑战。

本项目处于热带雨林中，地表露头极少，常规勘察方法一是耗时较长，二是勘探工作量大，为此被迫结合自然条件特点，因地制宜，摸索实用、灵活的勘察方法，解决勘察工作中遇到的困难。

## 2.2 本工程的难点

沐若水电站前期勘测成果较少，2008年开工后，为进一步查明该坝址的地质条件，施工期间进行了有针对性的勘察工作，对坝址区地质条件进行了深入的研究和论证，存在的主要工程地质问题有：

(1) 建基岩体的可利用问题：坝区岩体主要为砂岩及页岩，具有风化不均匀与快速风化特征，主要表现在杂砂岩与页岩、泥岩及粉砂岩之间的差异，软岩具有快速风化的特点，在软岩或软岩为主的分布区，岩体的风化比较均匀，全、强风化带厚度一般可达10~30m，在临空条件较好的硬岩地段，风化厚度相对较浅。坝轴线两岸硬岩凸出部位风化相对较浅，一般全强风化卸荷带深度达5~10m，两侧凹槽及平缓处相对较深，全强风化带深度最厚可达36m。根据坝址区裂隙统计结果显示，坝址区缓倾角裂隙发育，受岩体风化及缓倾角结构面的影响，坝址区建基岩体的利用问题，成为坝址的关键技术性问题，选择合适的建基面开挖，对工程的经济效益会产生直接影响。

(2) 软岩硐室围岩稳定问题：沐若水电站地下硐室主要沿引水发电系统一线布置，主要包括引水洞、尾水洞、竖井、调压井等大型地下硐室，临时工程主要为坝址左岸导流洞，这些地下硐室沿线穿越地层主要为砂岩、泥岩，岩层陡倾，与洞轴线大部分呈大角度相交，洞室开挖断面及规模大，软岩所占比例高，硐室开挖过程中围岩稳定问题突出。

(3) 边坡稳定问题：沐若水电站大坝、导流洞、引水发电系统开挖后，形成一系列工程边坡，其中引水洞进口边坡、厂房后边坡、导流洞进口边坡、出口边坡的边坡均较高，且边坡岩体为第三系泥岩、砂岩互层，边坡结构主要为逆向坡、顺向坡结构，泥岩强度低，岩质软弱，岩性组合及边坡结构均不利于边坡稳定。

## 2.3 关键技术研究

### 2.3.1 混凝土重力坝建基岩体可利用研究

沐若水电站大坝为碾压混凝土重力坝，坝顶高程546m，河床最低建基面高程400m，最大坝高146m，最大底宽150m。建坝岩体为$P_3Pel^{10}$砂岩夹软弱夹层，坝踵部位及后缘坝

趾部位展布有 $P_3Pel^9$、$P_3Pel^{11}$ 段页岩。河床坝段建基面选择微新岩体；但两岸岸坡陡峻，且山脊单薄，两岸均有当地"圣石"，边坡卸荷强烈，岸坡坝段部分布置于强卸荷岩体中。选择合适的强卸荷岩体并进行工程处理，作为坝基岩体是本工程的关键性技术问题。

## 2.3.2 高水头坝址防渗帷幕的优化研究

沐若水电站大坝防渗帷幕线沿坝轴线 EL546m 高程以下布置，左岸帷幕端头在 546m 高程灌浆平硐内封闭，右岸帷幕线到达高程 EL546m 平台后沿"圣石"方向平行布置，轴线总长约 800m。

（1）$P_3Pel^{10}$ 亚段为厚层至巨厚层砂岩，$P_3Pel^9$ 亚段为砂岩与页岩组合岩体，无岩溶渗透问题，有利于实施防渗帷幕工程。

（2）左岸坝段发育 $T_{81}$、$T_{82}$、$T_{83}$ 高倾角卸荷裂隙，与帷幕轴线近乎正交，延伸长，影响范围宽；7#坝段高倾角裂隙 $T_{276}$、$T_{473}$ 形成的弱风化破碎带与帷幕轴线近乎正交，影响宽度 1~2m；9#~10#坝段发育断层 $F_{280}$、$F_{281}$、$F_{281-1}$、$F_{283}$，斜穿河床，与帷幕轴线成 50°夹角。均易与上、下游连通，形成渗透通道，应对该段加强帷幕灌浆。

（3）左岸防渗帷幕端头接 $P_3Pel^{10}$ 亚段巨厚层砂岩体；右岸帷幕线到达 EL546m 后，将右岸帷幕端头接至 $P_3Pel^{9-2}$ 亚段地层。帷幕端头应满足防渗标准要求。

## 2.3.3 地下硐室软岩稳定性研究

沐若水电站输水隧洞、导流洞沿线穿越地层为 $P_3Pel$ 砂岩与页岩互层，岩层走向与引水洞轴线基本正交，岩层近直立，且岩体中多层面、多剪切带，页岩强度低，岩层面具泥化特征，地下水丰沛，页岩段洞室围岩稳定条件差，如何解决软硬岩相间的复杂工程地质问题，是该项目的一个关键性技术问题。

## 2.3.4 边坡稳定性研究

沐若水电站工程边坡主要包括引水发电系统进水口边坡、调压井边坡、厂房边坡，导流洞的进口边坡、出口边坡。边坡岩体主要为泥岩、泥岩夹砂岩、杂砂岩等组合的工程岩组，岩体风化强烈，风化厚度较大，且泥岩具有快速风化特征，边坡上部大部分置于强风化岩体中，边坡稳定问题较为突出；处理好边坡稳定问题是引水发电系统、导流洞能否顺利完工的关键。

# 第3章 枢纽区工程地质研究

## 3.1 区域地质与地震活动性

### 3.1.1 区域地质构造

沙捞越州处于亚欧板块东南部，离印度洋板块与亚欧板块的挤压带较远，受板块运动的影响较小，区内未形成大规模构造。

工程区内分布有古新世和始新世的沉积岩，以滨海相、三角洲相的砂岩、页岩、泥岩为主，自新近纪以来，印度洋板块的俯冲，多形成以褶皱为主的构造形迹，轴线走向NNW。

### 3.1.2 地震

沙捞越州位于地震稳定区域，受环太平洋地震带影响小，近期未发生过地质构造运动，最近的地震活动区域主要在苏门答腊岛、爪哇岛、苏拉威西岛及菲律宾。

根据国际地震学中心(ISC)文件记载，在工程区400km范围内，共有21次记录，其中很少有超过5级的地震，且大部分发生在东部沙巴州，1976年7月26日，在沙巴州拿笃发生的里氏6.2级地震为马来西亚地震最大记录。

早期研究建议工程地震动峰值加速度(PGA)可以按 $0.07g$ 设计考虑，沙捞越州能源公司建议按 $0.1g$ 设防。

## 3.2 地形地貌

沐若水电站坝址位于沐若河一顺直的南北向河段上，直线河道长约1050m，流向243°。河床在该段的纵向坡比约1：40。大坝轴线处河床高程约为418m，谷底宽30~60m。两岸山头呈脊状，左岸近岸山脊顶部高程约635m(图3-1)，右岸近岸山脊顶部高程约630m(图3-2)。岩层走向与河谷近正交，为横向谷。

坝址位置所在河段两岸谷坡大体对称，左岸谷坡总体坡度约为46°，右岸谷坡总体坡度约为34°。建坝岩体主要为横河向宽约130m的砂岩山脊，上、下游为低洼地形。山头上部砂岩山脊较为单薄，右岸顶部宽度10m左右，在坝顶546m高程坡体厚度35m，临空直立面高48m左右。

## 3.3 地层岩性

图 3-1　坝址左岸原始地貌图

图 3-2　坝址右岸原始地貌图

## 3.3 地层岩性

### 3.3.1 第四系

坝址区第四系覆盖层按其成因主要可分为人工堆积层($Q^r$)、冲洪积层($Q^{al+pl}$)、崩坡积层($Q^{col+dl}$)、残坡积层($Q^{el+dl}$)等。

(1) 人工堆积层($Q^r$)：主要是工程施工时地表剥离后人工堆积而形成，厚度差别较大，厚1~8m，多弃于山坡上。

(2) 冲洪积层($Q^{al+pl}$)：主要为冲积砂、大块石及卵石，一般分布在河床及两侧河岸，大块石一般为砂岩，块径3~5m，厚8~10m，最厚约20m。

(3) 崩坡积层($Q^{col+dl}$)：主要为碎块石及大块石夹土，碎块石大小一般20~50cm，棱角状，约占70%；土的黏性较差，约占30%。主要分布在大坝上游、下游两侧山坡上，一般厚15~20m，最厚约30m。

(4)残坡积层($Q^{el+dl}$):主要为含角砾粉质黏土夹风化残留的砂岩块石、泥岩碎片等。主要由页岩、砂岩风化所形成,厚度不均一,其厚度与原岩的岩性相关,一般厚3~9m,最厚36.05m。

## 3.3.2 基岩

沐若水电站坝区岩体主要有三种类型的岩石组合:

(1)砂岩、杂砂岩:基本上由砂岩、杂砂岩构成的岩体,很少夹页岩及泥岩。该类岩体强度高,在微风化及新鲜状态下完整性好。

(2)砂岩、页岩、泥岩组合岩体:由砂岩夹页岩、泥岩或泥岩、页岩夹砂岩或者两者互层,常风化较深,岩体强度与完整性与第(1)类相差很大。

(3)泥岩与页岩:即完全由页岩与泥岩构成的岩体(主要为页岩,泥岩极少),强度及完整性皆差,易风化裂解,性状差。

根据坝区岩石的组合特征从上游至下游将坝区浅海相第三系贝拉加岩组 Pelagus 段($P_3Pel$)划分为16个亚段($P_3Pel^1$~$P_3Pel^{16}$),各亚段特征(见图3-3)简述如下:

$P_3Pel^1$:厚度104.5m,主要为灰黑色薄层、极薄层页岩夹少量浅灰色砂岩,砂岩一般呈透镜体状。又可以分为$P_3Pel^{1-4}$、$P_3Pel^{1-3}$、$P_3Pel^{1-2}$、$P_3Pel^{1-1}$四层,$P_3Pel^{1-1}$层厚度大于17m,为灰绿色薄层页岩夹浅灰色巨厚层砂岩透镜体,砂岩单层厚1~2m。$P_3Pel^{1-2}$层厚10.7m,为浅灰色中厚层砂岩。$P_3Pel^{1-3}$层厚54.9m,为灰绿色薄层页岩夹浅灰色巨厚层砂岩透镜体,砂岩单层厚1~2m。$P_3Pel^{1-4}$层厚21.9m,为灰绿色薄层页岩。

$P_3Pel^2$:厚69.8m,灰色中厚层中、细粒砂岩夹少量灰黑色薄层、极薄层页岩,其中砂岩见有印痕构造。可分为$P_3Pel^{2-3}$、$P_3Pel^{2-2}$、$P_3Pel^{2-1}$三层,$P_3Pel^{2-1}$层厚12.3m,主要为浅灰色中至厚层的中、细粒砂岩夹灰绿色薄层页岩,页岩总厚度仅70cm。$P_3Pel^{2-2}$层厚38.6m,主要为浅灰色巨厚层中、细粒砂岩,砂岩单层厚1.5~2.5m,面上可见印痕构造,局部夹薄层砂岩总厚48cm。$P_3Pel^{2-3}$层厚18.9m,主要为浅灰色中至巨厚层中、细粒砂岩夹灰绿色页岩,页岩单层厚5~10cm,中部一层厚1.1m。

$P_3Pel^3$:厚116.5m,黑色薄层、极薄层页岩夹浅灰色中薄层砂岩,可分为$P_3Pel^{3-4}$、$P_3Pel^{3-3}$、$P_3Pel^{3-2}$、$P_3Pel^{3-1}$四层,$P_3Pel^{3-1}$层厚11.3m,为灰黑色页岩夹少量浅灰色薄至中厚层砂岩,砂岩总厚1m左右。$P_3Pel^{3-2}$层厚65.9m,为浅灰色中至厚层中、细粒砂岩与灰绿色页岩互层。$P_3Pel^{3-3}$层厚19.8m,为浅灰色中厚层至厚层中、细粒砂岩。$P_3Pel^{3-4}$层厚19.5m,为灰黑色页岩,夹少量紫红色页岩。

$P_3Pel^4$:厚107.74m,浅灰色厚层、巨厚层杂砂岩夹灰黑色、部分为暗紫色页岩,可分为$P_3Pel^{4-5}$、$P_3Pel^{4-4}$、$P_3Pel^{4-3}$、$P_3Pel^{4-2}$、$P_3Pel^{4-1}$五层,$P_3Pel^{4-1}$层厚19.03m,为浅灰色中厚层砂岩。$P_3Pel^{4-2}$层厚11.82m,为灰绿色页岩。$P_3Pel^{4-3}$层厚46.58m,主要为浅灰色中厚层砂岩夹页岩夹层,中上部夹一层页岩厚3.41m。$P_3Pel^{4-4}$层厚9.39m,为灰绿色页岩。$P_3Pel^{4-5}$层厚20.91m,主要为浅灰色中厚层砂岩夹少量灰绿色薄层页岩。

$P_3Pel^5$:厚71.18m,灰黑色薄层、极薄层页岩夹浅灰色中薄层、局部为中厚层中、细粒砂岩,其中页岩总厚37.6m,占64%。可分为$P_3Pel^{5-6}$、$P_3Pel^{5-5}$、$P_3Pel^{5-4}$、$P_3Pel^{5-3}$、

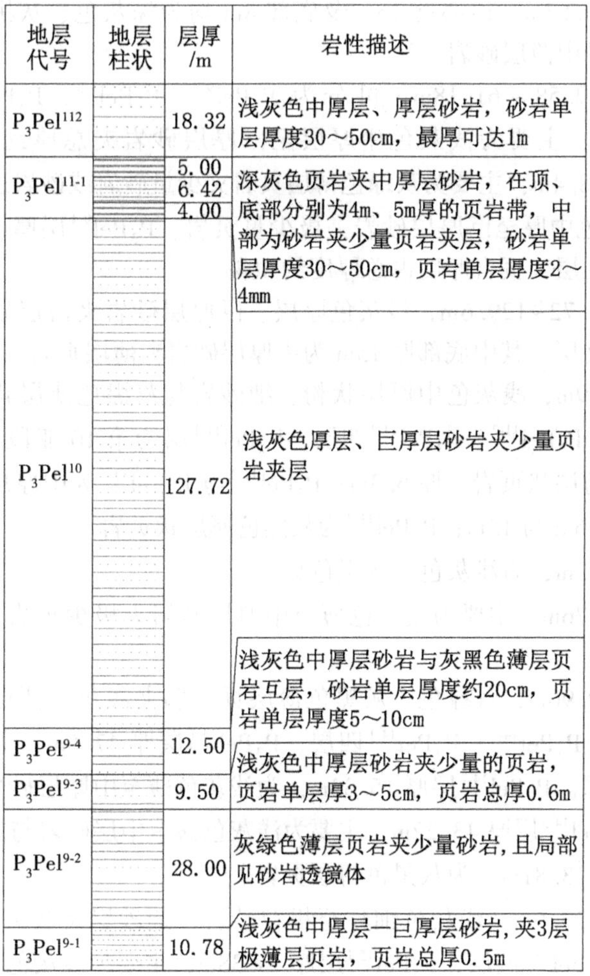

## 3.3 地层岩性

| 地层代号 | 地层柱状 | 层厚/m | 岩性描述 |
|---|---|---|---|
| $P_3Pel^{11\text{-}2}$ | | 18.32 | 浅灰色中厚层、厚层砂岩，砂岩单层厚度30～50cm，最厚可达1m |
| $P_3Pel^{11\text{-}1}$ | | 5.00<br>6.42<br>4.00 | 深灰色页岩夹中厚层砂岩，在顶、底部分别为4m、5m厚的页岩带，中部为砂岩夹少量页岩夹层，砂岩单层厚度30～50cm，页岩单层厚度2～4mm |
| $P_3Pel^{10}$ | | 127.72 | 浅灰色厚层、巨厚层砂岩夹少量页岩夹层<br><br>浅灰色中厚层砂岩与灰黑色薄层页岩互层，砂岩单层厚度约20cm，页岩单层厚度5～10cm |
| $P_3Pel^{9\text{-}4}$ | | 12.50 | 浅灰色中厚层砂岩夹少量的页岩，页岩单层厚3～5cm，页岩总厚0.6m |
| $P_3Pel^{9\text{-}3}$ | | 9.50 | |
| $P_3Pel^{9\text{-}2}$ | | 28.00 | 灰绿色薄层页岩夹少量砂岩，且局部见砂岩透镜体 |
| $P_3Pel^{9\text{-}1}$ | | 10.78 | 浅灰色中厚层—巨厚层砂岩，夹3层极薄层页岩，页岩总厚0.5m |

图3-3 坝址区综合地层柱状图

$P_3Pel^{5\text{-}2}$、$P_3Pel^{5\text{-}1}$六层，$P_3Pel^{5\text{-}1}$层厚11.35m，为灰绿色页岩。$P_3Pel^{5\text{-}2}$层厚14.09m，主要为浅灰色中厚层砂岩，上部夹灰绿色薄层页岩。$P_3Pel^{5\text{-}3}$层厚20.47m，为浅灰色中厚层砂岩夹3层总厚仅0.19m的页岩夹层。$P_3Pel^{5\text{-}4}$层厚6.42m，为灰绿色薄层页岩。$P_3Pel^{5\text{-}5}$层厚12.83m，为浅灰色中厚层砂岩夹3层总厚0.16m的页岩夹层。$P_3Pel^{5\text{-}6}$层厚6.01m，为灰绿色薄层页岩。

$P_3Pel^6$：厚39.89m，浅灰色薄层砂岩，部分为中厚层砂岩与灰黑色薄层、极薄层页岩互层。砂岩单层厚一般为20～30cm，最厚约1m，页岩层厚一般为5～15cm，最厚约50cm。

$P_3Pel^7$：厚33.19m，浅灰色中厚层砂岩、杂砂岩夹灰黑色薄层、极薄层的页岩，砂岩、杂砂岩单层厚一般为20～60cm，砂岩层间夹页岩，页岩一般较易崩解，层厚一般为2～8cm，最厚约50cm。可分为$P_3Pel^{7\text{-}2}$、$P_3Pel^{7\text{-}1}$两层，$P_3Pel^{7\text{-}1}$层厚8.99m，为浅灰色中厚至巨厚层砂岩。$P_3Pel^{7\text{-}2}$层厚24.2m，主要为砂岩夹页岩。

$P_3Pel^8$：厚约33.63m，顶部近16m及底部8m均为深灰色、灰黑色薄层页岩，中部10m厚为页岩夹少量中薄层砂岩。

$P_3Pel^9$：总厚59.58~61.18m，可分为 $P_3Pel^{9-4}$、$P_3Pel^{9-3}$、$P_3Pel^{9-2}$、$P_3Pel^{9-1}$ 四层，$P_3Pel^{9-1}$层厚10.78m，主要为浅灰色中厚层至巨厚层砂岩夹总厚约0.5m的页岩夹层。$P_3Pel^{9-2}$层厚26.8~28.4m，主要为灰绿色薄层页岩夹少量砂岩或砂岩透镜体。$P_3Pel^{9-3}$层厚9.5m，主要为浅灰色中厚至巨厚层砂岩夹极少量页岩。$P_3Pel^{9-4}$层厚12.5m，主要为薄至中厚层砂岩与页岩互层，页岩厚度占总厚度约40%。

$P_3Pel^{10}$：厚127.72~129.6m，浅灰色厚层、巨厚层砂岩夹薄层砂岩，局部夹有少量薄层、极薄层页岩夹层，其中底部厚15m为中厚层砂岩夹薄层页岩。

$P_3Pel^{11}$：厚44.9m，浅灰色中厚层状粉、细砂岩与灰黑色薄层状页岩互层。可分为 $P_3Pel^{11-4}$、$P_3Pel^{11-3}$、$P_3Pel^{11-2}$、$P_3Pel^{11-1}$ 四层。$P_3Pel^{11-1}$层为第10亚段与第11亚段分界的标志层，为灰黑色薄层状页岩，厚6.3m；$P_3Pel^{11-2}$与$P_3Pel^{11-4}$为中厚层砂岩夹极少量页岩夹层，厚度分别为16m与15m；$P_3Pel^{11-3}$为灰黑色薄层状页岩。

$P_3Pel^{12}$：厚5.33m，为浅灰色、灰黑色页岩。

$P_3Pel^{13}$：厚24.76m，主要为浅灰色薄至中厚层砂岩夹极少页岩夹层，底部4.2m页岩夹层含量稍高。

$P_3Pel^{14}$：厚119.96m，灰绿色、灰黑色薄层页岩偶夹浅灰色薄层砂岩互层。可分为 $P_3Pel^{14-4}$、$P_3Pel^{14-3}$、$P_3Pel^{14-2}$、$P_3Pel^{14-1}$ 四层，$P_3Pel^{14-1}$层厚47.6m，主要为浅灰色薄至中厚层砂岩与页岩互层。$P_3Pel^{14-2}$层厚15.33m，为浅灰色薄至中厚层砂岩夹6层总厚1.17m的灰绿色页岩。$P_3Pel^{14-3}$层厚43.22m，主要为浅灰色薄至中层砂岩与灰黑色、灰绿色页岩互层。$P_3Pel^{14-4}$层厚13.81m，为灰黑色薄层页岩。

$P_3Pel^{15}$：厚约127.6m，浅灰色细粒至粗粒砂岩、杂砂岩夹灰黑色薄层页岩、泥岩。可分为 $P_3Pel^{15-2}$、$P_3Pel^{15-1}$ 两层，$P_3Pel^{15-1}$层厚15.38m，主要为浅灰色厚层至巨厚层砂岩夹灰黑色页岩，页岩总厚约3m。$P_3Pel^{15-2}$层厚112.22m，主要为浅灰色中厚至巨厚层砂岩，夹少量灰黑色页岩，页岩总厚1.25m。

$P_3Pel^{16}$：厚度134m。浅灰色细粒至粗粒砂岩、杂砂岩与灰黑色薄层页岩、泥岩呈等厚互层。可分为 $P_3Pel^{16-6}$、$P_3Pel^{16-5}$、$P_3Pel^{16-4}$、$P_3Pel^{16-3}$、$P_3Pel^{16-2}$、$P_3Pel^{16-1}$ 六层，$P_3Pel^{16-1}$层厚27m，为灰黑色薄层页岩、泥岩夹少量的浅灰色细至粗粒砂岩、杂砂岩。$P_3Pel^{16-2}$层厚25m，为浅灰色细至粗粒砂岩、杂砂岩。$P_3Pel^{16-3}$层厚24m，为薄层灰黑色页岩。$P_3Pel^{16-4}$层厚20m，为浅灰色厚层细至粗粒砂岩夹页岩。$P_3Pel^{16-5}$层厚26m，为薄层灰黑色页岩。$P_3Pel^{16-6}$层厚8m，为浅灰色厚层细至粗粒砂岩、杂砂岩。

### 3.3.3 岩矿鉴定

**1. 岩石矿物鉴定**

(1)砂岩、杂砂岩：坝区砂岩矿物成分变化较大，不同部位的砂岩矿物成分相差较大。可研阶段岩矿鉴定表明砂岩为钙质砂岩，主要含棱角状的石英颗粒(60%)和长石

## 3.3 地层岩性

(15%),基质为钙泥质,也可见少量云母、绿泥石和橄榄石。大部分石英和长石被钙质交代,一些内部孔隙或裂纹被方解石和氧化铁充填。本阶段于坝址区、料场及右岸小料场等钻孔取岩芯鉴定,成果见表3-1。

由表3-1可见,杂砂岩皆为孔隙式胶结,不同部位杂砂岩矿物组成相差较大,坝区左岸坝肩一带(BZK1孔)第10亚段($P_3Pel^{10}$)杂砂岩碎屑石英含量达到80%,为绢云母胶结含岩屑不等粒砂岩。而右岸(BZK3孔)第10亚段杂砂岩碎屑石英含量为75%,为中—细粒钙质胶结含长石屑石英砂岩;右岸(BZK5孔)第9亚段($P_3Pel^9$)杂砂岩碎屑石英含量仅为65%,为夹炭泥质微纹带的绢云母钙质细砂—粉砂岩。瀑布沟料场两孔(PZK8、PZK10)杂砂岩也相差较大,两孔碎屑石英含量分别为65%与84%,分别为夹绢云母炭泥质微纹带的粉砂—细砂岩与绢云母泥质不等粒含岩屑石英砂。右岸小料场杂砂岩为含砾含岩屑不等粒砂岩。

表3-1 岩矿鉴定成果表

| 取样位置 | 薄片观察项 | 岩矿鉴定 | 含量 |
| --- | --- | --- | --- |
| BZK1(杂砂岩,取样深度130.8~131.2m,$P_3Pel^{10}$段) | 矿物组分 | 碎屑石英,零散均匀分布,角状、次角状,粒径0.1~0.8mm | 80% |
| | | 碎屑斜长石,零星分布,粒径0.1mm | 2% |
| | | 燧石岩屑,次角状,零星分布,粒径0.1mm | 6% |
| | | 绢云母板岩屑,零星分布,粒径0.2mm | 2% |
| | 基质组分 | 绢云母 | 8% |
| | | 少量零星分布的钙质 | 2% |
| | 胶结类型 | 孔隙式 | |
| | 结构构造 | 基质具微细鳞片及微晶结构的不等粒砂状结构 | |
| | 鉴定名称 | 绢云母胶结含岩屑不等粒砂岩(原定名:杂砂岩) | |
| BZK3(杂砂岩,取样深度18.5~18.9m,$P_3Pel^{10}$段) | 矿物组分 | 碎屑石英,零散均匀分布,次角—次圆状,粒径0.05~0.6mm | 75% |
| | | 斜长石碎屑,有聚片双晶,零星分布,Np′∧(010)=18°属更—中长石,粒径0.3~0.4mm | 3% |
| | | 钾长石碎屑,零星分布,粒径0.3mm | 2% |
| | 基质组分 | 燧石岩屑,次圆状,零散分布,粒径0.4~0.8mm | 10% |
| | | 零星分布的微量绢云母 | 2% |
| | | 细晶方解石 | 8% |
| | 胶结类型 | 孔隙式 | |
| | 结构构造 | 基质具细晶结构的中—细粒砂状结构 | |
| | 鉴定名称 | 中—细粒,钙质胶结含长石岩屑石英砂岩 | |

续表

| 取样位置 | 薄片观察项 | 岩矿鉴定 | 含量 |
|---|---|---|---|
| BZK5（杂砂岩，取样深度19.45~19.65m，$P_3Pel^9$段） | 矿物组分 | 碎屑石英，零散均匀分布，次角—次圆状，粒径0.05~0.1mm | 65% |
| | | 零星分布的长石碎屑，粒径0.05mm | 2% |
| | | 零星分布的伊利石—绢云母，粒径0.05mm | 2% |
| | 基质组分 | 薄片中部有一条微波状分布的炭泥质聚集微纹带，总体近水平状分布，厚1.5mm | 10% |
| | | 零散分布的绢云母 | 6% |
| | | 零散分布的粉晶方解石及细晶方解石 | 15% |
| | 胶结类型 | 孔隙式 | |
| | 结构构造 | 基质具微细鳞片—粉细晶结构的细砂—粉砂结构，近水平微纹层状构造 | |
| | 鉴定名称 | 夹炭泥质微纹带的绢云母钙质细砂—粉砂岩 | |
| PZK8（杂砂岩，取样深度84.2~84.45m，瀑布沟料场） | 矿物组分 | 碎屑石英，次角—次圆状，粒径0.03~0.1mm | 65% |
| | | 零星分布的长石碎屑，粒径0.05~0.1mm | 2% |
| | | 零星分布的片状白云母 | 3% |
| | 基质组分 | 呈断续微纹带状分布的炭泥质微纹带，总体近水平—微波状分布 | 20% |
| | | 零星分布的绢云母 | 10% |
| | 胶结类型 | 孔隙式 | |
| | 结构构造 | 基质具泥—微细鳞片结构的粉砂—细砂结构，水平—微波状显微纹层构造 | |
| | 鉴定名称 | 夹绢云母炭泥质微纹带的粉砂—细砂岩 | |
| PZK10（杂砂岩，取样深度12.9~13m，瀑布沟料场） | 矿物组分 | 碎屑石英（少量脉石英）长轴略定向，粒径0.05~0.6mm不等粒 | 84% |
| | | 燧石碎屑，次圆状，粒径0.4~0.6mm | 2% |
| | | 泥岩岩屑，次圆状，粒径0.3~0.4mm | 4% |
| | 基质组分 | 绢云母 | 3% |
| | | 泥质 | 7% |
| | 胶结类型 | 孔隙式 | |
| | 结构构造 | 基质具微细鳞片—泥状结构的不等粒砂状构造 | |
| | 鉴定名称 | 绢云母泥质不等粒含岩屑石砂岩 | |

续表

| 取样位置 | 薄片观察项 | 岩矿鉴定 | 含量 |
|---|---|---|---|
| ZK1(杂砂岩,取样深度 59.8~60.0m,小料场) | 矿物组分 | 中—细砂级碎屑,a. 燧石砾石,次圆状 0.3~0.5mm;b. 碎屑石英,角状—次角状,粒径 0.1~0.4mm | 60% |
| | | 碎屑砾石,a. 石英砾石,单晶 2mm;b. 燧石砾石,次圆状 2.2mm,部分是喷出岩屑 | 15% |
| | | 粗砂级碎屑,a. 单晶石英次角状 0.5~1.2mm;b. 燧石砾石,次角—次圆状,粒径 1~1.5mm | 15% |
| | 基质组分 | 石英细粉砂 | 5% |
| | | 细晶方解石 | 5% |
| | 胶结类型 | 孔隙式 | |
| | 结构构造 | 基质具粉砂及细晶结构的含砾不等粒砂状构造 | |
| | 鉴定名称 | 含砾含岩屑不等粒砂岩 | |
| CZK14(泥岩,取样深度 22~22.4m,竖井) | 矿物组分 | 碎屑石英杂砂岩零散均匀分布,粒径 0.05~0.07mm | 9% |
| | | 零星分布的片状白云母,长粒粒径 0.05mm | 1% |
| | | 石英细粉岩,零散分布,粒径<0.02mm | 20% |
| | 基质组分 | 绢云母,零星分布 | 15% |
| | | 未重结晶的褐铁泥质 | 55% |
| | 胶结类型 | 基底式 | |
| | 结构构造 | 粉砂质微细鳞片—泥状结构 | |
| | 鉴定名称 | 绢云母粉砂质褐铁泥岩 | |

这些试验成果说明了第三系贝拉加(Belaga)组 Pelagus 段($P_3Pel$)岩相与岩性的不稳定性,往往在较短的距离内会有很大的变化,反映了三角洲相、滨海相岩石的沉积特征。

(2)页岩、泥岩:页岩大部分为粉砂质,含有各种黏土矿物、石英质、钙质和少量的云母,胶结物主要为钙质。页岩主要为深灰色,如果钙质胶结则为褐色。本阶段于右岸引水发电系统 CZK14 孔中取泥岩试验表明,其碎屑石英杂砂岩含量仅为 9%,泥岩为绢云母粉砂质褐铁泥岩。

(3)粉砂岩:粉砂岩包括细砂岩,主要为石英颗粒,硅质胶结,但也有一些由于有机质含量高和有植物印痕而性质变得易脆。

**2. 物相分析及化学成分分析**

坝区砂岩矿物物相分析成果见表3-2。由表可见,两岸砂岩矿物物相差异也较大,左岸坝肩一带砂岩石英含量较右岸高很多,右岸砂岩伊利石、绿泥石含量较高,且 BZK3 孔砂岩还含较高蒙脱石,瀑布沟料场杂砂岩也含有较多蒙脱石。这些矿物物相的差异可能造成岩石物理力学性质的较大变化,即使是同一类岩石也因位置不一样而有所差异。

岩石化学成分见表3-3与表3-4。

表3-2　　　　　　　　　岩石矿物物相分析统计表　　　　　　　　　（%）

| 孔号 | 取样深度/m | 岩性 | 石英 | 长石 | 伊利石 | 方解石 | 绿泥石 | 蒙脱石 |
|---|---|---|---|---|---|---|---|---|
| BZK1 | 130.8~131.2 | 杂砂岩 | 78 | 10 | 5 | 2 | 5 | |
| BZK3 | 18.5~18.9 | 杂砂岩 | 58 | 10 | 2 | 10 | 10 | 10 |
| BZK5 | 19.45~19.65 | 细砂岩 | 40 | 15 | 15 | 15 | 15 | |
| PZK8 | 84.2~84.45 | 杂砂岩 | 40 | 15 | | 15 | 15 | 15 |
| PZK10 | 12.9~13.04 | 杂砂岩 | 55 | 20 | 10 | 5 | 10 | |
| ZK1 | 59.8 | 杂砂岩 | 60 | 10 | 10 | 5 | 15 | |
| CZK14 | 20.0~22.4 | 泥岩 | 23 | 10 | 25 | 2 | 40 | |

表3-3　　　　　　　　　岩石化学成分分析统计表（一）

| 孔号 | 岩性 | pH值 | $HCO_3^-$/(g/kg) | $Cl^-$/(g/kg) | $SO_4^{2-}$/(g/kg) | $Ca^{2+}$/(g/kg) | $Mg^{2+}$/(g/kg) | $K^++Mg^{2+}$/(g/kg) | 易溶盐总量/(g/kg) | 备注 |
|---|---|---|---|---|---|---|---|---|---|---|
| BZK1 | 杂砂岩 | 7.37 | 0.469 | 0.043 | 0.010 | 0.022 | 0.006 | 0.169 | 0.719 | 无腐蚀性 |
| CZK14 | 泥岩 | 7.08 | 0.415 | 0.030 | 0.019 | 0.040 | 0.005 | 0.141 | 0.650 | |

表3-4　　　　　　　　　岩石化学成分分析统计表（二）　　　　　　　　　（%）

| 孔号 | $SiO_2$ | $Al_2O_3$ | $TFe_2O_3$ | $MgO$ | $CaO$ | $Na_2O$ | $K_2O$ | $TiO_2$ | $P_2O_5$ | $MnO$ | 烧失量 | 硫化物 | 硫酸盐 |
|---|---|---|---|---|---|---|---|---|---|---|---|---|---|
| BZK5 | 66.93 | 7.69 | 2.27 | 0.99 | 8.81 | 1.67 | 1.58 | 0.46 | 0.12 | 0.14 | 9.04 | 0.006 | 0.124 |
| BZK3 | 83.20 | 6.43 | 2.50 | 0.68 | 1.08 | 1.56 | 1.79 | 0.32 | 0.08 | 0.03 | 2.08 | 0.005 | 0.070 |
| PZK10 | 84.53 | 6.57 | 1.90 | 0.67 | 0.88 | 1.25 | 1.45 | 0.33 | 0.05 | 0.02 | 2.24 | 0.15 | 0.046 |
| PZK8 | 76.31 | 10.12 | 2.72 | 1.05 | 0.22 | 1.54 | 2.35 | 0.56 | 0.09 | 0.01 | 4.60 | 0.006 | 0.112 |
| ZK1 | 82.63 | 4.96 | 1.96 | 0.52 | 3.55 | 0.94 | 1.04 | 0.25 | 0.05 | 0.07 | 3.92 | 0.012 | 0.006 |

注：硫化物、硫酸盐以$SO_3$计。

### 3.3.4　沉积构造特征

由于岩性是逐渐过渡的,且粒径的分选并不完全,一些中间过渡的岩石类型也有发现,在坝址区揭露的地层中可以看出,除了砂岩、泥岩外,坝址区从泥质粉砂岩到砾质页岩均有发现。

本地的沉积环境为三角洲相和滨海相，大量的沉积构造被发现，厚层的杂砂岩中通常有粒序层理，在页岩及上覆杂砂岩间的接触面上，也发现交错层理、印痕、波痕、砾岩透镜体。

工程区主要的沉积特点是沉积序列的交替重复。

## 3.4 地质构造

坝址区位于背斜的一翼，工程区总体为单斜地层，未见大型褶皱，仅见部分软岩挠曲，但发育较少，此外岩层还存在弯折现象。工程区最主要的构造形迹为断层、裂隙及层间剪切带等。

### 3.4.1 地层挠曲

工程区的地层挠曲有两类。第一类是纵向上的地层挠曲，主要反映在倾向上的变化，剖面上可见岩层折叠，挠曲带伴随岩体破碎及出现小规模的断层等，并多可见有丰富的地下水，这类挠曲在导流洞进口、坝址区左岸砼拌合系统边坡、引水洞内均有发现。第二类是横向上的挠曲，即在平面上可见岩层弯曲，主要体现在岩层走向上的变化，挠曲带也常常可见岩体破碎，并伴有小规模的断层。

### 3.4.2 断层

坝址区地表共发现11条断层，各断层特征见表3-5。这些断层规模皆较小，破碎带宽度不大，以压性或压扭性为主。

表3-5　　　　　　　　　　　坝区主要断层特征统计表

| 编号 | 位置 | 倾向/(°) | 倾角/(°) | 长度/m | 宽度/m | 断距/m | 性质 | 主要特征 |
|---|---|---|---|---|---|---|---|---|
| $F_7$ | 左岸 | 210 | 83 | 220 | 1~2 | | | 顺层发育，断面粗糙，局部见有光面及擦痕充填碎屑及糜棱岩，影响带宽约2m |
| $F_{7-2}$ | 右岸 | 215 | 85 | 125 | 1~1.5 | | 压扭断层 | 顺层发育，断面较平直，上盘岩体为砂岩（$P_3Pel^{10}$段），下盘岩体为砂岩与页岩互层（$P_3Pel^9$段），构造岩为角砾岩及碎裂岩等，角砾大小一般为5~7cm，大者20cm，角砾物质成分为泥岩及砂岩，呈次棱角—次圆状，呈定向排列，角砾长轴方向120°，局部见有光面和擦痕 |
| $F_{11}$ | 右岸 | 210 | 86 | 0.3~0.8 | | | 扭性断层 | 顺层发育，位于$P_3Pel^9$段的中部地层中，破碎带为泥钙质胶结的角砾岩，角砾为砂岩，大小2cm×3cm~4cm×5cm，呈次棱角状及次圆状 |

续表

| 编号 | 位置 | 倾向/(°) | 倾角/(°) | 长度/m | 宽度/m | 断距/m | 性质 | 主要特征 |
|---|---|---|---|---|---|---|---|---|
| $F_{59}$ | 左岸 | 145 | 36 | 94 | 0.05~0.2 | 0.2~0.5 | 逆断层 | 位于$P_3Pel^{10}$段砂岩地层中，呈逆推性状，构造岩为碎裂岩，充填断层泥及碎屑 |
| $F_{194}$ | 左岸 | 85 | 70 | 65 | 0.5~1 | 2 | | 断面粗糙，张开，局部见有光面及擦痕，充填断层泥及碎屑 |
| $F_{280}$ | 河床 | 340 | 76 | 205 | 0.2~0.3 | 18 | | 断面平直、粗糙，构造岩为糜棱岩，充填泥质及碎屑，胶结差，断面局部光滑 |
| $F_{281}$ | 河床 | 340 | 76 | 350 | 0.2~4 | 40 | | 断面平直、粗糙，充填碎屑、角砾岩及碎裂岩，胶结差，影响带宽约4m，断距约40m，使左右岸形成不对称地层 |
| $F_{281-1}$ | 河床 | 340 | 76 | 63 | 0.1 | | | 断面粗糙，构造岩为糜棱岩，充填碎屑及泥质 |
| $F_{283}$ | 河床 | 320 | 80 | 240 | 0.2~0.4 | 28 | | 断面粗糙，充填角砾岩及泥质，角砾直径一般为0.5~3cm，胶结不密实 |
| $F_{283-1}$ | 河床 | 320 | 78 | 53 | 0.05~0.1 | | | 断面平直、粗糙，见有擦痕，充填角砾岩、碎屑及泥质，角砾大小2~4cm，棱角状 |
| $F_{387}$ | 左岸 | 320 | 65 | 41 | 0.01 | 0.1~0.15 | | 断面粗糙，张开状，无充填 |

### 3.4.3 裂隙

坝址区统计裂隙243条，按走向可分为5组：①NE组，走向31°~60°，占23.3%，倾向SE或NW；②NW组，走向303°~330°，占19.4%，大部分倾向NE；③NEE组，走向5°~22°，占17.8%，主要倾向NW；④NNE组，走向15°~30°，占17.1%，倾向NE与SW；⑤NWW组，走向274°~291°，占12.4%，主要倾向NE。其中高倾角裂隙76条，占31.3%；中倾角裂隙48条，占19.8%；缓倾角裂隙119条，占49.0%。缓倾角裂隙倾角一般为10°~30°，小于10°极少。

### 3.4.4 剪切带

坝址区岩层总体具软硬相间的特征，岩层陡倾，褶皱强烈，因此顺软弱岩层发生剪切破坏的现象普遍存在。按一般的情况常发育两类剪切带，即剪切破坏充分的剪切带与剪切破坏不充分的剪切带。从坝区基岩露头及导流洞揭示情况看，剪切带一般剪切破坏强烈，常为剪切破坏充分的剪切带。

剪切带主要发育在砂岩夹页岩地段，在岩体褶皱过程中，岩层顺硬岩之间的软岩或软弱结构面发生错动而形成。坝址区构成剪切带的物质主要为薄层的泥岩、页岩夹少量极薄层的粉砂岩，部分可见发丝状的炭线顺层分布。在风化带中多风化呈土状。

## 3.5 物理地质现象

### 3.5.1 岩体风化

工程区以砂岩、页岩及泥岩为主，且地层倾角陡，大气降雨沿结构面及层面下渗，造成岩体风化强烈，主要表现为碎屑状风化、裂隙状风化、层状风化及球状风化。

根据《水利水电工程地质勘察规范》（GB 50487—2008）可将本区分为全、强、弱、微4个风化带，各风化带特征见表3-6。

表3-6　　　　　　　　　工程区岩体风化带特征表

| 风化带 | 简称 | 颜色与光泽 | 结构与构造 | 矿物成分 | 完整性 | 强度 |
|---|---|---|---|---|---|---|
| 全风化 | CW | 完全变色，光泽消失 | 完全破坏，仅外观保持原岩状态 | 除石英颗粒外，大部分变质为次生矿物 | 锤击松软，用手可折断捏碎，用锹可挖动 | 很低 |
| 强风化 | HW | 颜色改变，仅断口中心可见原岩色 | 结构构造大部分破坏 | 易风化矿物变质为次生矿物 | 锤击声哑。厚层砂岩中残留部分卵圆状心石；砂、页岩互层呈干砌块石状；页岩多呈碎片状 | 为新鲜岩石的1/3~1/5 |
| 弱风化 | MW | 表面和裂隙面大部分变色，断口色泽新鲜 | 结构构造大部分完好 | 沿裂隙面形成次生矿物 | 风化裂隙发育，多见树枝状风化裂隙，开挖需爆破，完整性较差 | 为新鲜岩石的1/2~1/3 |
| 微风化 | SW | 颜色略显暗淡，裂隙面附近可见变色矿物 | 结构构造未变 | 沿裂隙面可见锈蚀现象 | 锤击声脆，仅可见少量风化裂隙，与新鲜岩石差别不大 | 与新鲜岩石差别不大 |

小口径钻孔揭示坝址区全风化带厚一般为3~9m，最厚36.05m；强风化带厚一般为2~8m，最厚36.05m；弱风化带厚一般为3~10m，最厚20.85m；微风化带厚一般为0.5~5m，最厚11.5m。一般可见完整的风化分带。

坝区岩体具有风化不均匀与快速风化的特征，主要表现在杂砂岩与页岩、泥岩及粉砂岩之间的差异。泥岩、页岩等软岩具有快速风化的特点，在软岩或软岩为主的分布区，岩体的风化比较均匀，全、强风化带厚度一般为10~30m，在临空条件较好的硬岩地段，风化厚度相对较浅。坝轴线两岸硬岩凸出部位风化相对较浅，一般全、强风化带厚度为5~10m，两侧凹槽及平缓处相对较深，全、强风化带厚度最厚可达36m。

### 3.5.2 岩体卸荷

坝址区为热带雨林气候，地表植被茂密，枢纽工程区总体卸荷不甚发育，但在大坝两岸部位，岸坡岩体以巨厚层状杂砂岩为主，在该段局部岸坡段卸荷较为强烈。通过地表调查及施工期揭露的情况来看，沐若河两岸卸荷带发育的原因主要是岸坡岩体在重力作用下结构面临空拉裂。坝址区卸荷可分为强卸荷带、弱卸荷带两部分：①强卸荷带：卸荷裂隙张开大于3cm，裂隙延伸长，并相互贯通；②弱卸荷带：卸荷裂隙张开1~3cm，张开裂隙较少，且贯通性差。

坝址河谷两侧岸坡高达230m，且由于在坝轴线一带为抗风化能力较强的厚层砂岩，其上、下游均为抗风化能力差的粉砂岩、泥岩、页岩等，由于河流的下切及不同岩体抗风化能力的差异性，在坝址两岸形成向河谷及上、下游三面临空的"圣石"陡崖。从而在陡崖上出现卸荷现象，并逐渐产生崩塌解体的物理现象，"圣石"两侧及河谷中堆积的巨大砂岩块石即为"圣石"卸荷解体的产物。

坝轴线两岸硬岩（杂砂岩）凸出部位风化相对较浅，但具有强烈的卸荷特征，一般强卸荷带水平宽度5~10m，局部强卸荷带（如3#—6#坝段）水平宽度在30m以上。

受两岸岸坡卸荷的影响，岸坡岩体中分布有岸剪卸荷裂隙，且大部分具有一定的张开度，该区为热带雨林气候，降雨充沛，大气降雨形成的地表水更易沿卸荷裂隙等结构面入渗至两岸山体中，从而加快岩体的风化，在卸荷岩体内即使是抗风化能力较强的砂岩也可能出现沿结构面局部风化带较深的现象，局部形成囊状或风化加剧带。

### 3.5.3 危岩体

危岩体是指位于工程区陡峻岸坡上、被裂缝或长大结构面组合切割后，局部脱离母岩的地质体，这些地质体有的规模很大，有的只是陡坡上的一块孤石。危岩体受到振动、暴雨或在地震等工况下，可能从陡峻的岸坡上失稳后坠落；对下方建筑物或人员造成伤害。通过地质调查，沐若水电站坝址区的危岩体有6个，各危岩体特征见表3-7。

表3-7　　　　　　　　坝址区危岩体特征一览表

| 编号 | 位置 | 规模 | 主要特征 | 处理方式 |
|---|---|---|---|---|
| Ⅰ | 左岸山脊 | 总体积约8000m³ | 沿T16及两条顺河向卸荷裂隙张开，张开裂隙宽1m以上，上部张开无充填，下部充填碎块石夹土，危岩体整体稳定性差 | 未处理 |
| Ⅱ | 左岸山脊 | 总体积约10万m³ | 卸荷张开裂隙密集发育，切割成众多大小不一的危岩块，其中靠最外缘一块有下座挤压变形迹象。该危岩体稳定性差 | |
| Ⅲ | 右岸山脊 | 总体积约24万m³ | 为右岸"圣石"，大坝以上形成直立岩体高达50m，顺T1、T3等夹层卸荷张开，另外发育较多卸荷裂隙，危岩体稳定性差 | |
| Ⅳ | 右岸山脊 | 总体积约6000m³ | 为右岸"圣石"，呈"三角"形直立，高度约50m，稳定性较差 | |

续表

| 编号 | 位置 | 规模 | 主要特征 | 处理方式 |
|---|---|---|---|---|
| V | 大坝上游边坡，距坝轴线约5m | 危岩体长约40m，高35m左右，最厚15m左右，总体积约1.2万m³ | 前缘高陡临空，后缘为卸荷张开裂隙T15，中下部发育缓倾角断层$F_{59}$。其中T15宽50~100cm，顺裂隙张开且强风化充填粉砂、黏土、砂屑等，危岩体与后缘山体联结较弱。断面呈倒梯形，上部宽大，向下逐渐变窄。该危岩体稳定性差，产生倾倒破坏的可能性很大 | 锚固 |
| VI | 发育于大坝下游，距坝轴线46m | 危岩体呈楔形，长约43m，高约40m，厚18m左右，总体积约1.5万m³ | 顺坡面发育，后缘为断层$F_7$，底部为一条中缓倾角裂隙T66。其中$F_7$断层在此卸荷张开，充填碎块石土，使得危岩体与后缘岩体联结较弱；底部的T66走向340°，倾向SW，倾角39°，张开宽80~100cm，断续充填块石土，局部有架空现象。将向SW230°方向滑动破坏为主；现状稳定性也差 | 底部加混凝土支墩，喷砼封闭表面张裂缝 |

## 3.6 水文地质

### 3.6.1 水文地质结构

坝址区地层结构主要为砂岩、泥岩及页岩呈不等厚交替出现地层，页岩与泥岩隔水性相对较强，从区内地层及其展布特征分析，坝区水文地质结构具有多层含水层与隔水层的特点。主要有两种类型含水单元，其一为完全砂岩含水单元，其二为砂页岩组合岩体含水单元，其中后者裂隙非常发育，且陡倾层面大多张开，透水性好，地下水最丰富。较完整的泥岩隔水性较好，为坝址区的主要隔水岩组。

### 3.6.2 地下水类型

工程区地表沟槽发育，泄水条件较好。地下水主要表现为潜水和承压水，其中以潜水为主，承压水仅在坝址右岸的DS4钻孔和左岸的BZK2钻孔出现，DS4钻孔在孔深65~95m出现约2bar的承压水压力，即约20m水头；BZK2钻孔在孔深98.7~102.1m出现约0.5bar的承压水压力，即约5m水头。

坝址区地层陡倾，地层呈"朝天开"的地质结构，砂岩与页岩交替出现，在引水洞及导流洞施工过程中，存在层间承压现象，即层间承压水。泥岩为良好的隔水岩组，砂岩以含水岩组出现于枢纽工程区，在两套隔水岩组之间，砂岩中赋存大量的地下水，且无法向两侧排泄。因此，在两套隔水岩组中赋存有层间承压水，在隧洞施工过程中，当开挖后将泥岩隔水岩组挖开后，对砂岩中赋存的层间承压水形成排泄通道，瞬间排泄至施工洞内，对施工安全造成一定的威胁及影响。

### 3.6.3 地下水动态及补径排特征

自然条件下，地下水主要来源于大气降水，该工程区属热带雨林气候，大气降水以地表径流形式排入沐若河，沐若河为该区内最低的排泄基准面。

坝址区设置 BZK1、BZK3、BZK10 为长期观测孔，对坝址区地下水位进行定期观测，地下水位变化特征见图 3-4、图 3-5、图 3-6。

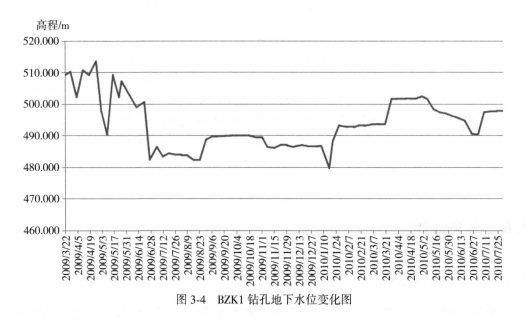

图 3-4 BZK1 钻孔地下水位变化图

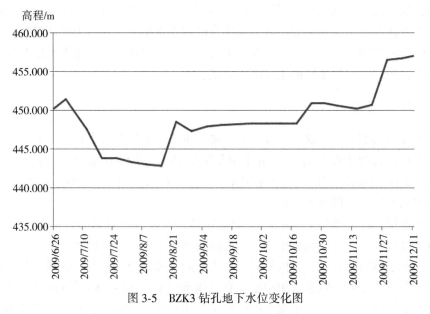

图 3-5 BZK3 钻孔地下水位变化图

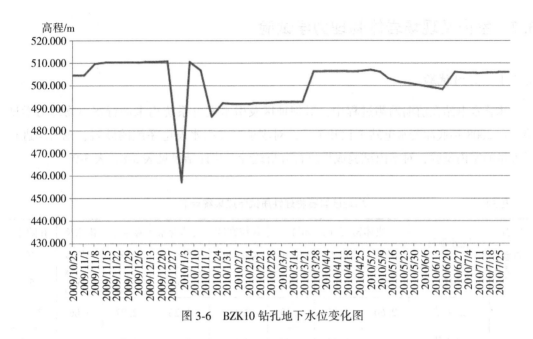

图 3-6  BZK10 钻孔地下水位变化图

由图 3-4~图 3-6 可知，坝区地下水位相对比较稳定，变化幅度不大，一般多受大气降雨影响。坝区不同部位地下水位高程相差较大，主要与附近地形、结构面发育程度及钻孔位置有关，一般地形沟槽发育部位地下水位往往较低。

### 3.6.4 岩体透水性

坝址区补充勘探完成了 32 个小口径钻孔，进行压水试验 323 段，经统计分析：Lu 值≤1，共 110 段，约占 34.1%；1<Lu 值≤10，共 170 段，约占 52.6%；10<Lu 值≤100，共 39 段，约占 12.1%；Lu 值>100，仅 4 段，占 1.2%。从统计成果分析，岩体以微透水和弱透水为主，中等透水和强透水较少。

左岸 BZK1 孔在孔深 71m 以下，右岸 BZK5 孔在孔深 63.5m 以下、BZK10 孔在孔深 68.8m 以下、BZK3 孔在孔深 37.8m 以下、BZK4 孔在孔深 58.1m 以下皆属微透水。右岸 BZK15~BZK26 等 10 个钻孔由于孔深均小于 50m，岩体均为中等透水或弱透水。BZK9 孔在孔深 35~42m、BZK8-5 孔在孔深 87.3~100m、BZK37 孔在孔深 5~15m 为强透水。说明坝基浅表部岩体透水性相对较强，随着深度的增加，渗透性逐渐递减。

### 3.6.5 地下水化学特性及腐蚀性评价

在工程可行性研究阶段，对坝址区钻孔 PH3、PH4 和 PH5 三个点取出的地下水水样进行了水质化学简分析。地下水总溶解固体量在 34~40mg/L，矿物质浓度较低，pH 值约为 7，硫的成分实际上可以忽略。表明水对混凝土没有化学侵蚀性。

## 3.7 室内及现场岩体物理力学试验

### 3.7.1 室内试验

沐若水电站在前期勘测过程中，对坝址区及引水发电系统均未进行室内物理力学试验。在2008年底沐若水电站工程开工后，对坝址区及引水发电系统的砂岩、泥岩均进行了大量的室内试验，对室内试验成果进行分析统计，统计结果见表3-8、表3-9。

表3-8　　　　　　　　　　坝址区岩石物理性质试验成果统计表

| 岩石名称 | 统计项目 | 块体密度/(g/cm³) | | | 颗粒密度/(g/cm³) | 天然含水率/% | 吸水率/% | 饱水率/% | 孔隙率/% |
|---|---|---|---|---|---|---|---|---|---|
| | | 天然 | 烘干 | 饱和 | | | | | |
| 杂砂岩 | 组数 | 5 | 5 | 5 | 5 | 5 | 5 | 5 | 5 |
| | 最大值 | 2.60 | 2.61 | 2.63 | 2.68 | 1.26 | 2.97 | 3.06 | 7.38 |
| | 最小值 | 2.41 | 2.44 | 2.49 | 2.61 | 0.63 | 1.10 | 1.17 | 2.53 |
| | 平均值 | 2.52 | 2.53 | 2.57 | 2.66 | 0.96 | 2.02 | 2.12 | 4.81 |
| | 标准差 | 0.07 | 0.06 | 0.05 | 0.03 | 0.30 | 0.71 | 0.73 | 2.11 |
| | 变异系数 | 0.03 | 0.03 | 0.02 | 0.01 | 0.32 | 0.35 | 0.34 | 0.44 |
| | 统计修正系数 | 0.97 | 0.98 | 0.98 | 0.99 | 0.70 | 0.67 | 0.67 | 0.58 |
| | 标准值 | 2.46 | 2.47 | 2.52 | 2.63 | 0.67 | 1.34 | 1.43 | 2.80 |
| 泥岩、页岩 | 组数 | 4 | 4 | 4 | 4 | 4 | 1 | 4 | 4 |
| | 最大值 | 2.55 | 2.58 | 2.61 | 2.78 | 3.87 | 2.35 | 5.94 | 14.15 |
| | 最小值 | 2.47 | 2.38 | 2.52 | 2.72 | 1.17 | 2.35 | 2.46 | 6.26 |
| | 平均值 | 2.52 | 2.46 | 2.56 | 2.75 | 2.82 | 2.35 | 4.28 | 10.44 |
| | 标准差 | 0.04 | 0.08 | 0.04 | 0.03 | 1.16 | — | 1.43 | 3.24 |
| | 变异系数 | 0.01 | 0.03 | 0.01 | 0.01 | 0.41 | — | 0.33 | 0.31 |
| | 统计修正系数 | 0.98 | 0.96 | 0.98 | 0.99 | 0.53 | — | 0.62 | 0.64 |
| | 标准值 | 2.48 | 2.37 | 2.52 | 2.72 | 1.50 | — | 2.65 | 6.73 |

表 3-9　　坝址区岩石力学性质试验成果统计表

| 岩石名称 | 统计项目 | 单轴抗压强度/MPa | | 软化系数 | 单轴变形/GPa | | | | 泊松比 | |
|---|---|---|---|---|---|---|---|---|---|---|
| | | | | | 变形模量 | | 弹性模量 | | | |
| | | 天然 | 饱和 | | 天然 | 饱和 | 天然 | 饱和 | 天然 | 饱和 |
| 杂砂岩 | 组数 | 6 | 6 | 6 | 6 | 6 | 6 | 6 | 6 | 6 |
| | 最大值 | 144.00 | 131.00 | 0.95 | 27.10 | 25.10 | 33.90 | 38.50 | 0.29 | 0.32 |
| | 最小值 | 105.00 | 55.40 | 0.51 | 14.90 | 7.80 | 26.20 | 12.00 | 0.23 | 0.23 |
| | 平均值 | 131.33 | 103.33 | 0.77 | 22.92 | 19.32 | 30.30 | 25.72 | 0.27 | 0.28 |
| | 标准差 | 13.84 | 33.25 | 0.20 | 5.50 | 7.61 | 3.09 | 9.82 | 0.02 | 0.03 |
| | 变异系数 | 0.11 | 0.32 | 0.26 | 0.24 | 0.39 | 0.10 | 0.38 | 0.09 | 0.11 |
| | 统计修正系数 | 0.91 | 0.73 | 0.79 | 0.80 | 0.67 | 0.92 | 0.68 | 0.93 | 0.91 |
| | 标准值 | 119.91 | 75.88 | 0.61 | 18.37 | 13.04 | 27.75 | 17.61 | 0.25 | 0.26 |
| 泥岩、页岩 | 组数 | 2 | 3 | 2 | 2 | 3 | 2 | 3 | 1 | 3 |
| | 最大值 | 21.30 | 13.70 | 0.66 | 2.89 | 3.30 | 3.92 | 3.86 | 0.33 | 0.35 |
| | 最小值 | 6.10 | 4.00 | 0.59 | 1.63 | 0.98 | 2.45 | 1.78 | 0.33 | 0.28 |
| | 平均值 | 13.70 | 10.07 | 0.62 | 2.26 | 2.24 | 3.18 | 2.99 | 0.33 | 0.32 |
| | 标准差 | 10.75 | 5.29 | 0.05 | 0.89 | 1.17 | 1.04 | 1.08 | — | 0.04 |
| | 变异系数 | 0.78 | 0.53 | 0.08 | 0.39 | 0.52 | 0.33 | 0.36 | — | 0.11 |
| | 统计修正系数 | -0.86 | 0.21 | 0.81 | 0.06 | 0.21 | 0.23 | 0.46 | — | 0.83 |
| | 标准值 | 11.82 | 2.12 | 0.51 | 0.14 | 0.47 | 0.72 | 1.37 | 0.33 | 0.27 |

### 3.7.2 现场试验

沐若水电站在前期勘测过程中，未布置勘探平硐进行勘察，无法进行现场岩体力学试验。在施工开挖后，结合现场开挖揭露条件，对坝址区进行了岩体变形试验、岩体载荷试验、岩体直剪试验、混凝土与岩体接触面试验、结构面直剪试验等大量的现场试验，为工程设计提供依据。

**1. 现场岩体变形试验**

在施工期开挖后进行大量的岩体变形试验。变形试验共 9 组/29 点，其中 10 亚段微新带杂砂岩 2 组/6 点，9-3 亚段强风化带、9-4 亚段弱风化带砂页岩互层岩体各 1 组/3 点，5 亚段微新带页岩 1 组/3 点，10 亚段中的强风化带和微新带 T2 夹层各 1 组/4 点，引水洞进水口边坡强风化页岩和杂砂岩 1 组/3 点。岩体静力法变形与动力法超声波有相对应关系，两者相结合对比分析，对研究和认识岩体的变形特性可相互印证。

1) 变形试验成果

计算刚性承压板上有效表(1对或2对)的变形平均值。按式(3-1)计算岩体变形模量 $E_0$ 和弹性模量 $E_e$。

$$E = \frac{\pi}{4} \cdot \frac{(1-\mu^2)PD}{W} \tag{3-1}$$

式中：$E$——岩体变形模量或弹性模量，GPa；当以全变形代入式中计算时为变形模量 $E_0$；当以弹性变形代入式中计算时为弹性模量 $E_e$；

$\mu$——岩体泊松比；

$P$——按承压板单位面积计算的压力，MPa；

$D$——承压板直径，cm；

$W$——岩体表面变形，cm。

岩体变形试验成果经整理和计算，列入表3-10。

表3-10　　　　　　　　　　岩体变形试验成果一览表

| 试验部位 | 岩性及风化程度 | 加荷方向 | 试点组 | 试点编号 | 变形模量/GPa 单值 | 变形模量/GPa 均值 | 弹性模量/GPa 单值 | 弹性模量/GPa 均值 | 岩体纵波速度/(m/s) | 简要地质说明 |
|---|---|---|---|---|---|---|---|---|---|---|
| $P_3Pel^{10}$段左岸546平台 | 杂砂岩微新 | 铅直 | E2组 | E201 | 14.45 | 13.70 | 19.04 | 17.89 | 4098 | 新鲜完整 |
| | | | | E202 | 18.42 | | 24.43 | | 4085 | 新鲜完整 |
| | | | | E203 | 8.23 | | 10.21 | | 3915 | 新鲜完整，点面旁有一裂隙 |
| $P_3Pel^{10}$段右岸462勘探平硐 | 杂砂岩微新 | 铅直 | E6组 | E601 | 9.56 | 10.10 | 14.95 | 14.61 | 4082 | 新鲜，点面有2裂隙 |
| | | | | E602 | 10.80 | | 17.72 | | 4152 | 新鲜，点面有2裂隙 |
| | | | | E603 | 9.94 | | 11.15 | | 3984 | 新鲜，点面有1裂隙 |
| 引水洞进水口边坡 | 杂砂岩强风化 | 铅直 | E4组 | E401 | 1.46 | 0.94 | 2.34 | 1.56 | 2425 | 分布2组裂隙，裂隙近乎铅直 |
| | | | | E402 | 0.81 | | 1.28 | | 2228 | 分布1组裂隙，裂隙近乎铅直 |
| | | | | E403 | 0.54 | | 1.06 | | 1976 | 分布2组裂隙，裂隙近乎铅直 |
| $P_3Pel^5$段左岸导流洞进口页岩试验洞 | 页岩微新 | 铅直 | E1组 | E101 | 2.32 | 2.08 | 3.55 | 3.68 | 3352 | 深灰色与褐色互层，层面15°∠89° |
| | | | | E102 | 1.81 | | 3.40 | | 3248 | |
| | | | | E103 | 2.11 | | 4.08 | | 3168 | |

续表

| 试验部位 | 岩性及风化程度 | 加荷方向 | 试点组 | 试点编号 | 变形模量/GPa 单值 | 变形模量/GPa 均值 | 弹性模量/GPa 单值 | 弹性模量/GPa 均值 | 岩体纵波速度/(m/s) | 简要地质说明 |
|---|---|---|---|---|---|---|---|---|---|---|
| 引水洞进水口边坡 | 页岩强风化 | 铅直 | E9组 | E901 | 0.08 | 0.20 | 0.23 | 0.48 | 1497 | 灰色，点面破碎 |
| | | | | E902 | 0.19 | | 0.44 | | 1815 | 灰色，1条裂隙 |
| | | | | E903 | 0.32 | | 0.76 | | 1896 | 灰色，1条裂隙 |
| $P_3Pel^{10}$段右岸546平台 | T2夹层强风化 | 水平 | E3组 | E301 | 0.22 | 0.18 | 0.37 | 0.32 | | 强风化页岩夹层，近乎直立，试面加工磨平后为灰色，夹层厚度85cm，承压厚度75cm |
| | | | | E302 | 0.18 | | 0.30 | | | |
| | | | | E303 | 0.18 | | 0.27 | | | |
| | | | | E304 | 0.15 | | 0.34 | | | |
| $P_3Pel^{10}$段右岸462勘探平硐内支洞 | T2夹层微新 | 水平 | E5组 | E501 | 4.41 | 4.72 | 5.71 | 7.58 | | 微新，层面直立，承压厚度47cm |
| | | | | E502 | 4.86 | | 8.19 | | | |
| | | | | E503 | 4.77 | | 7.27 | | | |
| | | | | E504 | 4.84 | | 9.15 | | | |
| 右岸462勘探平硐左上方$P_3Pel^{9-3}$亚段坑槽 | 砂页岩强风化 | 铅直 | E8组 | E801 | 0.90 | 0.50 | 1.83 | 1.03 | 3069 | 比较完整 |
| | | | | E802 | 0.42 | | 0.74 | | 3057 | 1条较大裂隙 |
| | | | | E803 | 0.17 | | 0.51 | | 3078 | 2条较大裂隙，点面破碎，接近全风化 |
| 右岸灌浆平台下游侧$P_3Pel^{9-4}$亚段坑槽 | 砂页岩弱风化 | 铅直 | E7组 | E701 | 3.16 | 1.89 | 4.54 | 2.75 | 3613 | 砂页岩互层，1条短小裂隙 |
| | | | | E702 | 0.82 | | 1.54 | | 3461 | 砂页岩互层，2条较大裂隙 |
| | | | | E703 | 1.68 | | 2.16 | | 3561 | 砂页岩互层，1条较大裂隙 |

在试验坑槽和试验平硐试点四周岩体对称布置声波孔，打孔（孔深2m左右）进行声波测试，声波成果见表3-11~表3-14。因导流洞进口试验平硐页岩成孔比较困难，试点四周岩体声波未能测得。

表 3-11　左坝肩 546 平台试验坑槽杂砂岩变形试点岩体纵波速度测试成果表

| 孔号 | 孔深/m | 纵波速度/(m/s) | | | | 备注 |
|---|---|---|---|---|---|---|
| | | 最小值 | 最大值 | 平均值 | 全区平均值 | |
| KCS-1 | 2.3 | 3711 | 4132 | 3873 | 3915 | |
| KCS-2 | 2.4 | 3636 | 3953 | 3784 | | |
| KCS-3 | 2.1 | 3711 | 4040 | 3880 | | |
| KCS-4 | 2.6 | 3636 | 4132 | 3768 | | |
| KCSB-1-2 | 2.3 | 3899 | 4164 | 4098 | | 跨孔测试 |
| KCSB-3-4 | 2.0 | 4030 | 4147 | 4085 | | 跨孔测试 |

表 3-12　右坝肩 462 勘探平硐杂砂岩变形试点岩体纵波速度测试成果表

| 孔号 | 孔深/m | 纵波速度/(m/s) | | | | 备注 |
|---|---|---|---|---|---|---|
| | | 最小值 | 最大值 | 平均值 | 分区平均值 | |
| PDS-1 | 1.4 | 3868 | 4228 | 4074 | 4051 | 单孔测试 |
| PDS-2 | 1.0 | 3788 | 4132 | 3978 | | |
| PDS-3 | 1.3 | 4040 | 4235 | 4155 | | |
| PDS-4 | 1.6 | 4040 | 4228 | 4120 | | |
| PDS-5 | 1.5 | 4132 | 4228 | 4180 | | |
| PDS-6 | 1.4 | 3306 | 4132 | 3837 | | |
| PDS-2-3 | 1.2 | 3911 | 4140 | 4021 | | 跨孔穿透测试 |
| PDS-2-5 | 1.2 | 4040 | 4270 | 4126 | | |
| PDS-3-5 | 1.4 | 3893 | 4049 | 3965 | | |
| PDS-7 | 1.8 | 3735 | 4132 | 3920 | 3976 | 单孔测试 |
| PDS-8 | 1.8 | 3735 | 4329 | 4094 | | |
| PDS-9 | 1.8 | 3868 | 4132 | 3983 | | |
| PDS-10 | 1.8 | 3735 | 4040 | 3940 | | |
| PDS-7-8 | 1.8 | 3817 | 3925 | 3913 | | 跨孔穿透测试 |
| PDS-7-10 | 1.8 | 3874 | 4284 | 4104 | | |
| PDS-8-9 | 1.8 | 3908 | 4077 | 4003 | | |
| PDS-8-10 | 1.8 | 3735 | 4073 | 3942 | | |
| PDS-9-10 | 1.8 | 3817 | 3925 | 3884 | | |

表 3-13　　$P_3Pel^{9-3}$强风化杂砂页岩试验坑槽试点岩体纵波波速测试成果表

| 孔号 | 孔深/m | 单孔测试纵波速度/(m/s) | | | | 孔号 | 孔深/m | 跨孔穿透测试纵波速度/(m/s) | | | |
| --- | --- | --- | --- | --- | --- | --- | --- | --- | --- | --- | --- |
| | | 最小值 | 最大值 | 平均值 | 全区均值 | | | 最小值 | 最大值 | 平均值 | 全区均值 |
| KCSB-1 | 1.2 | 1998 | 2981 | 2666 | 3016 | KCSB-1-2 | 1.8 | 2923 | 3641 | 3274 | 3214 |
| KCSB-2 | 1.2 | 3030 | 3953 | 3495 | | KCSB-1-4 | 1.0 | 2526 | 3638 | 3185 | |
| KCSB-3 | 1.2 | 1894 | 3636 | 2810 | | KCSB-1-5 | 1.4 | 2268 | 4382 | 3609 | |
| KCSB-4 | 0.8 | 2797 | 3711 | 3304 | | KCSB-4-5 | 1.0 | 3047 | 3538 | 3288 | |
| KCSB-5 | 1.2 | 2674 | 3953 | 3458 | | KCSB-4-6 | 2.0 | 2819 | 3962 | 3364 | |
| KCSB-6 | 0.8 | 2561 | 3788 | 3139 | | KCSB-5-6 | 2.0 | 2506 | 3359 | 3053 | |
| KCSB-7 | 1.0 | 1554 | 3565 | 3018 | | KCSB-7-6 | 1.6 | 2736 | 3443 | 3144 | |
| KCSB-8 | 1.0 | 2139 | 3565 | 2697 | | KCSB-8-9 | 1.4 | 2417 | 2961 | 2812 | |
| KCSB-9 | 0.6 | 1955 | 4040 | 2622 | | | | | | | |
| KCSB-10 | 0.8 | 2361 | 2981 | 2749 | | | | | | | |

表 3-14　　$P_3Pel^{9-4}$弱风化杂砂页岩试验坑槽试点岩体声波测试成果表

| 孔号 | 孔深/m | 单孔测试纵波速度/(m/s) | | | 孔号 | 孔深/m | 跨孔穿透测试纵波速度/(m/s) | | |
| --- | --- | --- | --- | --- | --- | --- | --- | --- | --- |
| | | 最小值 | 最大值 | 平均值 | | | 最小值 | 最大值 | 平均值 |
| KCSA-1 | 1.4 | 3788 | 3953 | 3890 | KCSA-2-3 | 1.0 | 3655 | 3811 | 3762 |
| KCSA-2 | 1.4 | 3030 | 5431 | 3224 | KCSA-2-4 | 1.0 | 3566 | 3755 | 3680 |
| KCSA-3 | 1.4 | 3135 | 3306 | 3227 | KCSB-2-5 | 1.4 | 3515 | 3632 | 3573 |
| KCSA-4 | 1.4 | 3788 | 4040 | 3903 | KCSB-3-4 | 1.6 | 3630 | 3812 | 3716 |
| KCSA-5 | 1.4 | 3306 | 3868 | 3655 | KCSB-3-5 | 1.0 | 3622 | 3763 | 3662 |
| KCSA-6 | 1.4 | 3082 | 3953 | 3668 | KCSA-3-7 | 1.6 | 3617 | 4002 | 3824 |
| KCSA-8 | 1.4 | 2635 | 3190 | 3060 | KCSA-3-8 | 1.4 | 3617 | 3957 | 3787 |
| | | | | | KCSA-4-5 | | 3415 | 3467 | 3445 |
| KCSA-1-2 | 1.6 | 3757 | 3965 | 3878 | KCSA-4-7 | 1.4 | 3703 | 4152 | 3914 |
| KCSA-1-4 | 1.2 | 3970 | 4435 | 4116 | KCSA-4-8 | 1.4 | 3134 | 4033 | 3631 |
| KCSA-1-5 | 1.2 | 3640 | 3940 | 3823 | KCSA-5-7 | 1.2 | 3142 | 3772 | 3568 |

2)变形试验成果分析

(1)10 亚段杂砂岩

①左岸坝肩 546 平台

左岸坝肩 546 平台试验坑槽微新带杂砂岩,岩体新鲜,较完整,呈块状,E201、E203 试验点变形模量分别为 14.45GPa、18.42GPa,平均值 16.44GPa。试点 E203 下卧一组裂隙195°∠65°,受该裂隙的影响点变形模量偏低,其变形模量为8.23GPa。从测试成果看,坑槽全区测试岩体纵波速度范围值3636~4098m/s、平均值3915m/s,接近邻近勘探孔BZK1微新岩体纵波速度(4062m/s),表明松动层已经被清除。

②右岸462勘探平硐

右岸462勘探平硐内微新带杂砂岩,岩体新鲜,较完整,裂隙中等发育,裂隙呈闭合状,试点岩体泡水3天以上。E601~E603组杂砂岩岩体变形模量范围值为9.56~10.80GPa、平均值10.1GPa,较左坝肩546平台试验坑槽微新带杂砂岩变形模量值低,可见裂隙影响对岩体变形模量起主要控制作用。

在桩号0+36.5m处E303试点四周布置4个孔深2m的声波孔,桩号0+54.0~0+58.5m处底板E301、E302试点四周布置6个铅直声波孔。E301、E302试点四周岩体纵波速度范围值3306~4288m/s,平均值4051m/s,E303试点四周岩体纵波波速范围值3735~4104m/s,平均值3976m/s,与E2组试点四周岩体纵波速度值差别较小。

由左、右岸坝肩10亚段杂砂岩变形试验成果可见,微新带杂砂岩可分为两类:一类为块状结构(裂隙间距一般为50~100cm),变形模量为14.45~18.42GPa,平均值16.44GPa;另一类为裂隙中度发育的次块状结构(裂隙间距一般30~50cm),受裂隙影响的变形模量为8.23~10.80GPa,平均值为9.63GPa。这两类岩体的声波值变化不明显,均在4000m/s左右。

室内岩块(微新带)的变形模量范围值15.7~32.8GPa,平均值24.15GPa,现场岩块饱和状态纵波速度范围值为3891~4553m/s(按组),平均值为4204m/s。可见,该种杂砂岩岩体与岩块的变形模量值相比,降低了32%~60%。岩体的变形除受裂隙影响控制外,还受到孔隙率较大因素的影响,具有典型的"高强度低变形"特征。由于微新带岩体的裂隙相对不发育,岩体声波与岩块声波值相比,变化不显著。

(2)右岸坝肩9亚段砂页岩互层岩体

①$P_3Pel^{9-3}$强风化岩体

试验坑槽位于右坝肩462勘探平硐洞口外右上侧边坡,为砂页岩互层强风化岩体,页岩层厚3cm左右,杂砂岩层厚17~22cm,为互层结构,层面直立,该试验区岩体强风化,岩体破碎,张开裂隙较多,多数有泥膜充填,较多页岩被风化成泥。其岩体变形受裂隙影响较大,试点E801靠近坡内侧,岩石稍微新鲜,变形模量相对高些。E802有1条裂隙穿过点面。E803点面破碎,呈黄色,接近全风化,变形模量最低。该组岩体变形模量范围值0.17~0.90GPa、平均值0.50GPa。

$P_3Pel^{9-3}$亚段强风化砂页岩互层岩体试点布置10个声波孔,单孔声波测试10孔,跨孔穿透测试8孔。岩体单孔测试纵波速度范围值1554~4040m/s,平均值2608m/s,跨孔穿透测试纵波速度范围值2268~4277m/s,平均值2969m/s。

②$P_3Pel^{9-4}$弱风化岩体

试验坑槽位于右坝肩固结灌浆区下游侧,为砂页岩互层弱风化岩体,层面直立,页岩层厚11cm左右,杂砂岩层厚17~22cm,为互层结构。岩体变形受裂隙影响较大,E701靠近坡内侧,岩石稍微新鲜,变形模量较高;E702有两条裂隙穿过点面,点面比较破碎,其变形模量最低;E703点面中间有一条裂隙,垂直呈面,裂隙面呈黄色。E7组变形模量范围值 0.82~3.16GPa，平均值 1.89GPa。

$P_3Pel^{9-4}$亚段砂页岩岩体单孔声波布置 8 孔。单孔声波测试岩体纵波速度范围值 2635~4040m/s，平均值 3518m/s，穿透测试岩体纵波速度范围值 3134~4435m/s，平均值 3751m/s。该区砂页岩互层岩体纵波速度低于邻近勘探孔 BZK4、BZK5 孔杂砂岩夹页岩岩体纵波速度，明显地较 $P_3Pel^{9-3}$强风化砂页岩试验坑槽岩体纵波速度值高。

(3)5 亚段微新带页岩

页岩是砂页岩互层岩体的重要组成部分，研究页岩的力学性质可帮助了解砂页岩互层岩体部分性质。试验选在导流洞进水口边坡，开挖页岩试验平硐 11m(2m×2m 断面)，试验段为微新岩体，深灰色与褐色互层，层面直立，薄层结构(一般 2~5cm)，原位状态层面结合紧密，开挖后沿层面脱离，从洞口试点 E101 至洞内 E103，点面褐色逐渐增加，岩体变形模量范围值 1.81~2.32GPa，均值 2.08GPa。从应力与变形的曲线比较来看，岩体逐级一次循环加卸载应力与变形的曲线开度比较宽，但包线近似于直线。

由于受送样条件的限制，未能取得试验洞页岩岩块进行室内力学试验，但室内力学试验的厂房竖井 CZK14 页岩岩块天然变形模量(1.63GPa)明显低于现场模量试验值，这主要是因为页岩为极软岩，室内试验的岩样在取样、制样过程中受扰动使得其强度降低。在现场试验时，极软岩试点岩体在受风化和扰动较小时保持了一定的原位性，原位试验的力学指标一般大于室内岩块试验的力学指标，符合一般规律。

(4)引水洞进水口边坡强风化岩体

①强风化杂砂岩

引水洞进水口强风化杂砂岩 3 个变形试点布置在洞口左前方坑槽内，E401 试点距洞口近，从洞口往外依次为 E401、E402、E403 试点。本组岩体较完整，试点因洞口渗水和多次降雨而泡水，其变形模量范围值 0.54~1.46GPa，平均值 0.94GPa，弹性模量范围值 1.06~2.34GPa，平均值 0.94GPa。

②强风化页岩

引水洞进水口强风化页岩试验坑槽在引水洞进水口 1 号洞口外 15m 右侧，试点因洞口渗水和多次降雨而泡水，页岩层厚 11cm 左右，层面 200°∠65°。页岩岩体越靠近洞轴方向，其完整性越好。从变形模量上看，越靠近洞口方向，变形模量值越高。强风化页岩变形模量范围值 0.08~0.32GPa，平均值 0.19GPa。

(5)T2 夹层

①强风化粉杂砂岩夹层

T2 强风化粉杂砂岩夹层(E3 组)试验布置在右岸 546 平台，夹层两边均为 $P_3Pel^{10}$段杂砂岩，岩层和夹层近乎直立，试点面加工磨平后为灰色，夹层厚度 85cm 左右，在制备试件时清除表层 10cm 左右。垂直夹层层面加载(水平方向)，由于夹层厚度有限，为减小荷载应力传递到模量较高的灰岩对变形约束的影响，试验选用直径为 30cm、承压面积为 706.9cm² 的刚性承压板。变形模量为 0.15~0.22GPa，平均值为 0.18GPa。

②微新带粉砂夹层

T2 微新带粉砂夹层岩(E5 组)，在 462 勘探平硐内开挖试验支洞进行。夹层两边均为 $P_3Pel^{10}$段杂砂岩，岩层和夹层近乎直立，试点面加工磨平后为灰色，受压层厚 47cm，在夹层后分布有 3~7cm 厚的泥层。在垂直夹层层面加载(水平方向),变形模量为 4.41~4.86GPa,平均值为 4.72GPa。

两组 T2 夹层变形试验得到的压力 $P$ 与变形 $W$ 关系曲线规律性较好,变形参数值分布较为集中。

(6)沐若水电站与巴贡水电站岩体变形试验成果比较

2003 年在巴贡水电站引水洞进行了一批原位岩体变形试验,试验成果见表 3-15。

表 3-15  巴贡水电站引水洞岩体变形试验结果统计表

| 岩 性 | 点数 | 变形模量/GPa | | 备 注 |
|---|---|---|---|---|
| | | 平均值 | 范围 | |
| 页岩 | 6 | 14.5 | 6.5~24.5 | 黑色、新鲜中等强度页岩,加载方向与岩层斜交 |
| 杂砂岩/页岩互层 | 5 | 14.2 | 10.5~18.8 | 新鲜、灰黑色中等强度,加载方向与岩层斜交 |
| 断层 | 1 | 7.7 | — | 杂砂岩/页岩互层断层,强风化,内含厚 3.5cm 黏土层,断层面与试验面大致平行 |
| 杂砂岩 | 4 | 26.1 | 18.4~33.1 | 坚硬、新鲜杂砂岩,加载方向与岩层斜交 |

由数据可见,巴贡水电站引水洞各类岩体较沐若水电站岩体的变形指标都高,主要原因有:①巴贡水电站引水洞的岩石为钙质胶结,沐若水电站的岩石为孔隙式胶结;②巴贡水电站引水洞试验段距地表远,岩体的节理裂隙基本上闭合。坝基和边坡建基岩体在地表上,浅层岩体的裂隙一般更为发育,连续性和性状较深部岩体差。

3)岩体变形模量与纵波速度关系

左坝肩 546 平台坑槽杂砂岩、右岸勘探平硐杂砂岩、右坝肩 $P_3Pel^{9-3}$ 亚段和 $P_3Pel^{9-4}$ 亚段砂页岩互层岩体取每个变形试点四周钻孔 0~2.0m 深范围内的单孔纵波速度平均值作为该试点岩体波速值,导流洞进水口边坡微新页岩变形试点岩体纵波速度参考导流洞边墙 $P_3Pel^9$ 段页岩岩体波速值取值,引水洞进水口边坡强风化杂砂岩变形试点岩体纵波速度参考勘探平硐洞口强风化杂砂岩岩体波速值取值,引水洞进水口边坡强风化页岩变形试点岩体纵波速度参考勘探孔 BZK2 孔页岩波速值取值。根据岩体变形试点的模量值与该试点岩体纵波速度值 $V_p$,建立二者的关系曲线,见图 3-7。其相关关系式为:

$$E_0 = 0.0124 \cdot e^{1.6755V_p} \tag{3-2}$$

式中:$E_0$——岩体变形模量,GPa;

$V_p$——岩体纵波速度,m/s。

该关系式代表了杂砂岩、页岩和砂页岩互层岩体变形模量与纵波速度之间的关系,但三种岩体的数量较少,分微新、强风化岩体,部分试点岩体纵波速度参考其他部位波速值。由于砂页岩互层岩体不同变形试点承压面积中杂砂岩、页岩的差异和声波孔布置的影响,试点与上述相关曲线偏离较远。

拟合式(3-2)反映了坝址区主要岩体的变形模量与超声波之间的关系:

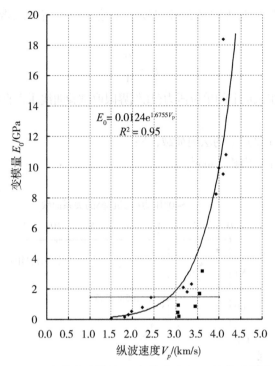

图3-7 岩体变形模量 $E_0$ 与纵波速度 $V_p$ 的关系曲线

(1) 微新带杂砂岩变形模量 8~18GPa，超声波 3800~4400m/s；
(2) 微新带页岩变形模量 2~3GPa，超声波 3000~3400m/s；
(3) 弱风化砂页岩互层岩体变形模量 1~3GPa，超声波 2500~3200m/s；
(4) 强风化岩体变形模量 0.2~0.9GPa，超声波 1500~2500m/s。

该拟合关系式，由于试验数量有限，统计的偏差较大，如砂页岩互层岩体不同变形试点承压面积中杂砂岩、页岩的差异和声波孔布置的影响，9-3 亚段强风化砂页岩互层岩体实测超声波 3000~3200m/s，与上述相关曲线偏离较远。

**2. 现场岩体载荷试验**

岩体载荷试验共进行了 4 组（每组 3 点），包括右坝肩 $P_3Pel^{9-3}$ 强风化砂页岩互层岩体，$P_3Pel^{9-4}$ 弱风化砂页岩互层岩体，引水洞进水口边坡强风化砂岩、强风化页岩。

引水洞进水口边坡强风化砂岩载荷试验是在反力系统未改进前进行的，右坝肩 $P_3Pel^{9-3}$ 砂页岩载荷试验是在多次试验之后反力系统改进的基础上进行的。为了将岩体载荷反力提高到 1300kN，应将锚杆间距缩小为 60~80cm，另外安装方式也作了调整，下层采用横梁挑梁锚固安装，上层采用交叉锚固，达到了预期效果，满足了工程需要的极限载荷 24MPa 的要求。

1）载荷试验成果

计算板上表有效变形平均值，绘制荷载 $P$ 与变形 $W$ 的关系曲线，典型曲线见图 3-8。按式（3-3）计算比例界限及极限荷载，岩基承载力特征值取对应 $P\sim S$ 曲线上起始直线段的

终点荷载值 $P_0$（比例界限）与极限荷载除以安全系数 3 所得值中二者最小值来确定，试验成果见表 3-16。

$$p = \frac{P}{A} \tag{3-3}$$

式中：$p$——作用于试点上的单位压力（比例界限取试验曲线压密直线段上限，极限载荷取屈服段最大值），MPa；

$P$——作用于试点上的法向荷载，N；

$A$——试点承压面积，$mm^2$。

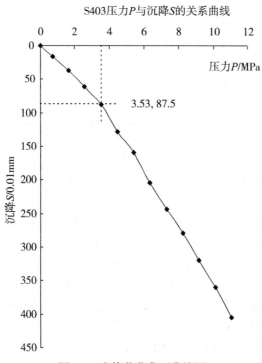

图 3-8　岩体载荷典型曲线图

表 3-16　　　　　　　　　　　岩体载荷试验成果

| 试验部位 | 岩性及风化程度 | 试点编号 | 比例界限/MPa | 极限荷载/MPa | 允许承载力/MPa | 说　明 |
|---|---|---|---|---|---|---|
| 引水洞进水口 | 砂岩，强风化 | S401 | 5.41 | >11.06 | 3.53 | 分布 2 组近乎铅直裂隙 |
|  |  | S402 | 4.47 | >11.06 |  | 分布 1 组近乎铅直裂隙 |
|  |  | S403 | 3.53 | >11.06 |  | 分布 2 组近乎铅直裂隙 |
|  | 页岩，强风化 | S901 | 4.00 | 8.24 | 2.75 | 点面破碎 |
|  |  | S902 | 4.94 | 10.59 |  | 分布 1 条裂隙 |
|  |  | S903 | 4.94 | 10.59 |  | 分布 1 条裂隙 |

续表

| 试验部位 | 岩性及风化程度 | 试点编号 | 比例界限/MPa | 极限荷载/MPa | 允许承载力/MPa | 说明 |
|---|---|---|---|---|---|---|
| 右坝肩固结灌浆平台下游侧 | $P_3Pel^{9-4}$砂页岩,弱风化 | S701 | 23.5 | >23.5 | 8.47 | 1条短小裂隙 |
| | | S702 | 12.95 | >24.25 | | 2条较大裂隙 |
| | | S703 | 8.47 | >22.12 | | 1条较大裂隙 |
| 右坝肩勘探平硐洞口左上方 | $P_3Pel^{9-3}$砂页岩,强风化 | S801 | 23.5 | >23.5 | 6.59 | 杂砂岩夹极薄层页岩 |
| | | S802 | 11.29 | >23.5 | | 分布3条裂隙 |
| | | S803 | 6.59 | >23.5 | | 分布4条裂隙 |

2）载荷试验成果分析

导流洞进水口强风化砂岩岩体载荷试验极限荷载均大于11.06MPa，因极限荷载满足工程需要即停止试验；比例界限范围值3.53~5.41MPa，承载力特征值3.53MPa。

导流洞进水口强风化页岩岩体载荷比例界限为4.00~4.94MPa，极限荷载为8.24~10.59MPa，极限荷载最小值的1/3小于比例界限最小值，因此取两者之间的最小值2.75MPa为承载力特征值。

右坝肩$P_3Pel^{9-4}$亚段弱风化砂页岩互层岩体载荷试验比例界限为8.47~23.5MPa，3个试点最大试验荷载大于22.5MPa，都没有达到极限破坏的荷载，故取比例界限最小值8.47MPa为承载力特征值。

右坝肩$P_3Pel^{9-3}$亚段强风化砂页岩互层岩体载荷试验比例界限为6.53~23.5MPa，极限荷载均大于23.5MPa，都没有达到极限破坏的荷载，故取比例界限最小值6.53MPa为承载力特征值。依据《水利水电工程地质勘察规范》（GB 50487—2008），容许承载力取承载力特征值。

**3. 岩体直剪试验**

岩体直剪试验共完成了5组/26点，其中有：左坝肩546平台$P_3Pel^{10}$段微新带杂砂岩1组/5点、右坝肩灌浆平台下游侧$P_3Pel^{9-4}$弱风化砂页岩互层岩体1组/5点、右坝肩勘探平硐洞口右上方$P_3Pel^{9-3}$强风化砂页岩互层岩体1组/5点、左岸导流洞进口试验平硐$P_3Pel^5$微新带页岩1组/5点、引水洞进水口边坡强风化砂岩1组/6点。

1）直剪试验成果

根据实测资料分别计算试体剪切面上的法向应力和剪应力及对应的位移，绘制剪应力$\tau$与剪切位移$u_s$及法向位移$u_n$之间的关系曲线，根据$\tau\sim u_s$和$\tau\sim u_n$关系曲线规律分别确定各试验点的峰值、屈服极限值或者比例极限值，绘制$\tau\sim\sigma$关系曲线，用最小二乘法计算强度参数，在抗剪断试验完成后在相同的正应力下进行摩擦试验，成果整理方法相同。依据《水利水电工程地质勘察规范》（GB 50487—2008），抗剪断强度取试验的峰值强度计算参数；脆性破坏时取比例极限强度计算抗剪强度参数（$c=0$），塑性破坏时取屈服强度计算抗剪强度参数（$c=0$）；摩擦强度参数仅作为参考。试验成果见表3-17，回归计算各类岩体直剪强度参数见表3-18。

表3-17　　　　　　　　　　　　岩体直剪试验成果

| 试验部位 | 岩性及风化程度 | 试点编号 | 正应力/MPa | 剪应力特征值/MPa | | 摩擦强度/MPa | 简要说明 |
|---|---|---|---|---|---|---|---|
| | | | | 抗剪断强度 | 抗剪强度 | | |
| 左岸导流洞进口页岩试验平硐 | $P_3Pel^5$微新页岩 | $\tau_{岩}101$ | 1.78 | 2.01 | 1.89 | 1.83 | 沿预剪面破坏，剪切面较破碎 |
| | | $\tau_{岩}102$ | 0.62 | 1.54 | 1.48 | 1.42 | 沿预剪面破坏，剪切面较平缓 |
| | | $\tau_{岩}103$ | 1.33 | 1.66 | 1.59 | 1.52 | 沿预剪面破坏，剪切面中间高，起伏差3cm |
| | | $\tau_{岩}104$ | 2.96 | 2.90 | 2.75 | 2.60 | 沿预剪面破坏，剪切面中间高，起伏差4cm |
| | | $\tau_{岩}105$ | 2.26 | 2.26 | 2.20 | 2.15 | 沿预剪面破坏，剪切面中间高，起伏差5cm |
| 左坝肩546平台 | $P_3Pel^{10}$微新杂砂岩 | $\tau_{岩}201$ | 1.55 | 4.97 | 3.12 | 4.71 | 沿预剪面破坏，起伏差3cm |
| | | $\tau_{岩}202$ | 1.04 | 4.10 | 2.64 | 3.47 | 沿预剪面破坏，剪切面平缓 |
| | | $\tau_{岩}203$ | 1.63 | 5.21 | 3.91 | 4.99 | 沿预剪面破坏，起伏差3cm |
| | | $\tau_{岩}204$ | 0.71 | 3.19 | 1.77 | 2.96 | 沿预剪面破坏，起伏差5cm |
| | | $\tau_{岩}205$ | 0.35 | 2.66 | 1.47 | 2.54 | 沿预剪面破坏，起伏差3cm |
| 引水洞进水口2号洞口 | 强风化杂砂岩 | $\tau_{岩}401$ | 0.98 | 1.97 | 1.63 | 1.87 | 沿预剪面破坏 |
| | | $\tau_{岩}402$ | 0.83 | 1.77 | 1.44 | 1.68 | 沿预剪面破坏，起伏差3cm |
| | | $\tau_{岩}403$ | 0.61 | 0.66 | 0.90 | 0.58 | 沿预剪面破坏，起伏差5cm，前高后低 |
| | | $\tau_{岩}404$ | 0.57 | 1.12 | 0.94 | 1.06 | 沿预剪面破坏，起伏差2cm |
| | | $\tau_{岩}405$ | 0.35 | 0.80 | 0.70 | 0.74 | 沿预剪面破坏，起伏差3cm，右高左低 |
| | | $\tau_{岩}406$ | 0.15 | 1.00 | 0.55 | 0.90 | 沿预剪面破坏，剪切面平缓 |
| 右坝肩灌浆平台下游侧 | $P_3Pel^{9-4}$弱风化砂页岩 | $\tau_{岩}701$ | 1.59 | 2.16 | 1.99 | 2.05 | 沿杂砂岩风化裂隙面破坏，裂隙面倾向坡外，页岩被剪断，剪切面右高左低 |
| | | $\tau_{岩}702$ | 1.47 | 1.77 | 1.55 | 1.65 | 沿杂砂岩风化裂隙面破坏，裂隙面倾向坡外，页岩被剪断，剪切面右高左低 |
| | | $\tau_{岩}703$ | 0.65 | 0.98 | 1.41 | 0.87 | 沿杂砂岩风化裂隙面破坏，裂隙面倾向坡外，页岩被剪断，剪切面右高左低 |
| | | $\tau_{岩}704$ | 1.15 | 1.72 | 1.28 | 1.65 | 沿杂砂岩风化裂隙面破坏，裂隙面倾向坡外，页岩被剪断，剪切面右高左低 |
| | | $\tau_{岩}705$ | 0.93 | 1.33 | 0.81 | 1.28 | 沿杂砂岩风化裂隙面破坏，裂隙面倾向坡外，页岩被剪断，剪切面右高左低 |

续表

| 试验部位 | 岩性及风化程度 | 试点编号 | 正应力/MPa | 剪应力特征值/MPa 抗剪断强度 | 剪应力特征值/MPa 抗剪强度 | 摩擦强度/MPa | 简要说明 |
|---|---|---|---|---|---|---|---|
| 右坝肩勘探平硐洞口右上方 | $P_3Pel^{9-3}$ 强风化砂页岩 | $\tau_{岩}801$ | 2.17 | 3.23 | 2.96 | 3.12 | 前半沿杂砂岩裂隙面破坏,后半杂砂岩剪断 |
| | | $\tau_{岩}802$ | 1.74 | 220 | 2.09 | 2.09 | 前半沿杂砂岩裂隙面破坏,后半杂砂岩剪断 |
| | | $\tau_{岩}803$ | 1.31 | 2.36 | 1.66 | 2.20 | 前半沿杂砂岩裂隙面破坏,后半杂砂岩剪断 |
| | | $\tau_{岩}804$ | 0.87 | 1.38 | 1.32 | 1.27 | 沿杂砂岩裂隙面破坏 |
| | | $\tau_{岩}805$ | 0.43 | 0.99 | 0.88 | 0.99 | 沿杂砂岩风化裂隙面破坏 |

表 3-18 岩体直剪试验强度参数表

| 试验部位 | 岩性 | 风化程度 | 剪切方式 | 试点组 | 抗剪断强度参数 | | 抗剪强度参数 | 摩擦强度参数 | |
|---|---|---|---|---|---|---|---|---|---|
| | | | | | $f'$ | $c'$/MPa | $f$ | $f_m$ | $c_m$/MPa |
| 左岸导流洞进口页岩试验平硐 | $P_3Pel^5$ 页岩 | 微新 | 直剪 | $\tau_{岩}1$ | 0.59 | 1.02 | 0.56 | 0.56 | 0.98 |
| 左岸坝肩 546 平台 | $P_3Pel^{10}$ 杂砂岩 | 微新 | 直剪 | $\tau_{岩}2$ | 1.96 | 1.90 | 1.76 | 1.88 | 1.70 |
| 引水洞进水口 2 号洞口 | 杂砂岩 | 强风化 | 直剪 | $\tau_{岩}4$ | 1.37 | 0.54 | 1.36 | 1.36 | 0.27 |
| 右坝肩灌浆平台下游侧 | $P_3Pel^{9-4}$ 砂页岩 | 弱风化 | 直剪 | $\tau_{岩}7$ | 1.13 | 0.29 | 1.06 | 1.10 | 0.23 |
| 右坝肩 462 勘探平硐洞口右上方 | $P_3Pel^{9-3}$ 砂页岩 | 强风化 | 直剪 | $\tau_{岩}8$ | 1.22 | 0.44 | 1.13 | 1.17 | 0.41 |

典型 $\tau \sim u$ 关系曲线、$\tau \sim \sigma$ 关系曲线见图 3-9～图 3-11。

2）直剪试验成果分析

从 5 组岩体直剪试验 $\tau \sim \sigma$ 关系曲线可以看出,点群相关系数达到 0.90 及以上,表明岩体直剪试验成果规律性较好。

（1）10 亚段杂砂岩

$\tau_{岩}2$ 组为左坝肩 546 平台微新杂砂岩,该组基本沿预剪面脆性破坏,剪切面下基岩一般都形成 3cm 左右凹槽,其抗剪断强度参数 $f' = 1.96$,$c' = 1.90$MPa,摩擦强度参数 $f_m =$

1.88，$c_m$ = 1.70MPa；比例极限强度参数 $f$ = 1.76，$c$ = 0.73MPa，抗剪强度参数 $f$ = 1.76。

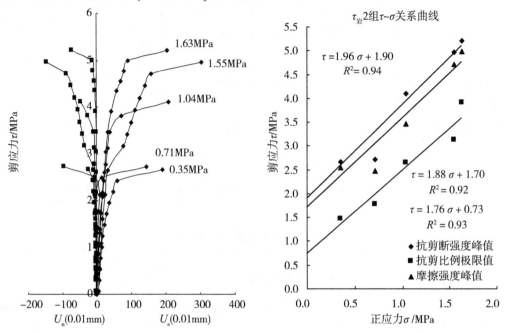

图 3-9　岩体直剪试验 $\tau\sim u$ 关系和 $\tau\sim\sigma$ 关系典型曲线（$\tau_{岩}2$ 组微新杂砂岩）

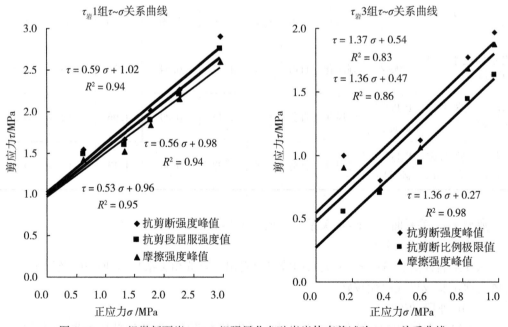

图 3-10　$\tau_{岩}1$ 组微新页岩、$\tau_{岩}4$ 组强风化杂砂岩岩体直剪试验 $\tau\sim\sigma$ 关系曲线

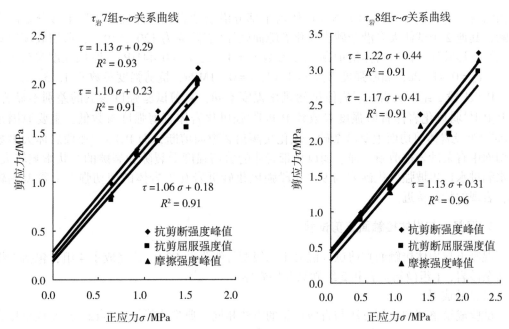

图 3-11 $\tau_岩$7 组弱风化砂页岩、$\tau_岩$8 组强风化砂页岩岩体直剪试验 $\tau\sim\sigma$ 关系曲线

试验成果反映：摩擦系数高而黏聚力较低，摩擦系数高主要是由于岩石石英含量大而硬度高，黏聚力较低与孔隙式胶结的内因吻合。因此，杂砂岩具有"脆性"的特征。

(2)引水洞进水口边坡强风化砂岩

$\tau_岩$4 组为引水洞进水口边坡强风化砂岩，坑槽四周岩体渗水，试点泡水 3 天以上，该组基本沿预剪面塑性破坏，剪切面下基岩起伏差 2~5cm，发育两组裂隙面近乎铅直，除第三点沿缓倾角裂隙面破坏外，其余均是剪断破坏，其抗剪断强度参数 $f'=1.37$，$c'=0.54$MPa，摩擦强度参数 $f_m=1.36$，$c_m=0.47$MPa；屈服强度参数 $f=1.36$，$c=0.27$MPa，抗剪强度参数 $f=1.36$。

强风化砂岩与微新杂砂岩直剪强度特性相比主要差别有：①破坏形式塑性发展；②摩擦系数降低较大，黏聚力降低的幅度更大。

(3)5 亚段微新页岩

$\tau_岩$1 组微新页岩岩体直剪大部分沿试体内裂隙面破坏，剪切后试体下部中间高，起伏差 3~5cm，有个别点剪切面平缓。剪切位移和铅直位移随剪应力变化平缓，剪切破坏形式为塑性变形破坏，其抗剪断强度参数 $f'=0.59$，$c'=1.02$MPa，摩擦强度参数 $f_m=0.53$，$c_m=0.96$MPa，屈服强度参数 $f=0.56$，$c=0.98$MPa，抗剪强度参数 $f=0.56$。

(4)9-4 亚段弱风化砂页岩互层岩体

$\tau_岩$7 组 $P_3Pel^{9-4}$ 亚段弱风化砂页岩互层岩体中页岩厚 11cm 左右，杂砂岩厚 17cm 左右，层面铅直。大多沿杂砂岩风化裂隙面破坏，裂隙面为 130°∠24°，倾向坡外，页岩被剪断，剪切破坏形式为塑性变形破坏，其抗剪断强度参数 $f'=1.13$，$c'=0.29$MPa，摩擦强度参数 $f_m=1.10$，$c_m=0.23$MPa，屈服强度参数 $f=1.06$，$c=0.18$MPa，抗剪强度参数 $f=1.06$。

(5)9-3 亚段强风化砂页岩互层岩体

$\tau_岩$8 组 $P_3Pel^{9-3}$ 亚段砂页岩互层强风化岩体中页岩厚 3cm 左右，杂砂岩厚 17~22cm，层面铅直。$\tau_岩 8$-1、$\tau_岩 8$-2 和 $\tau_岩 8$-3 试体前半部分沿杂砂岩裂隙面破坏,后半部分杂砂岩剪断,其他 2 个试体大多沿杂砂岩风化裂隙面破坏(裂隙面为 120°∠19°),剪切破坏形式为塑性变形破坏。该组岩体抗剪断强度参数 $f' = 1.22$,$c' = 0.44$MPa,摩擦强度参数 $f_m = 1.17$,$c_m = 0.41$MPa,屈服强度参数 $f = 1.13$,$c = 0.31$MPa,抗剪强度参数 $f = 1.13$。

$P_3Pel^9$段 2 组砂页岩互层岩体虽然风化程度不同,直剪试验强度参数的差别不显著,但 $P_3Pel^{9-4}$弱风化岩体直剪强度参数较 $P_3Pel^{9-3}$强风化岩体直剪强度参数低,主要原因是 $P_3Pel^{9-4}$亚段岩体剪切面主要沿杂砂岩风化缓倾角裂隙面剪断,而 $P_3Pel^{9-3}$亚段岩体大多数剪切面中有杂砂岩被剪断。强、弱风化带岩体的剪切强度受裂隙和裂隙的产状影响较大。引水洞进水口边坡强风化砂岩与 9-3 亚段强风化砂页岩互层岩体的剪切强度参数差别较小,表现的特征接近。

**4. 混凝土与岩体接触面直剪试验**

混凝土与岩体接触面直剪试验混凝土二级配等级强度 C20,共完成了 4 组,包括 1 组微新杂砂岩,1 组微新页岩和 2 组砂页互层岩体。

1)试验成果

试验成果整理和取值方法与直剪试验的方法相同。典型曲线见图 3-12,试验成果见表 3-19,抗剪断试验强度参数按峰值强度、抗剪强度参数按比例极限强度分别与相应的正应力拟合剪应力 $\tau$ 与正应力 $\sigma$ 的关系曲线,分别见图 3-13、图 3-14,计算的直剪试验强度参数见表 3-20。

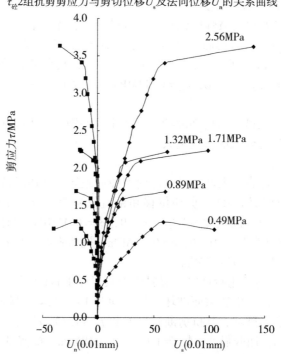

图 3-12 $\tau_{砼}2$ 组混凝土与微新杂砂岩岩体接触面直剪试验 $\tau \sim \sigma$ 关系曲线

表 3-19　　　　　　　　　　混凝土与岩体接触面直剪试验成果

| 试验部位 | 岩性 | 试点编号 | 正应力/MPa | 抗剪断强度/MPa 峰值强度 | 抗剪断强度/MPa 抗剪强度 | 摩擦强度/MPa | 简要说明 |
|---|---|---|---|---|---|---|---|
| 左岸导流洞进口页岩试验洞 | $P_3Pel^5$微新页岩 | $\tau_{砼}101$ | 3.11 | 3.47 | 2.31 | 3.07 | 30%沿岩石裂隙破坏 |
| | | $\tau_{砼}102$ | 1.87 | 2.45 | 1.78 | 1.96 | 沿接触面破坏 |
| | | $\tau_{砼}103$ | 1.67 | 1.30 | 1.07 | 1.11 | 沿接触面破坏 |
| | | $\tau_{砼}104$ | 2.27 | 2.92 | 2.14 | 2.52 | 沿接触面破坏 |
| | | $\tau_{砼}105$ | 1.49 | 2.29 | 1.54 | 1.92 | 50%沿接触面破坏 |
| 左坝肩546平台 | $P_3Pel^{10}$微新杂砂岩 | $\tau_{砼}201$ | 1.32 | 2.88 | 1.90 | 2.22 | 沿接触面破坏 |
| | | $\tau_{砼}202$ | 2.56 | 4.05 | 2.80 | 3.62 | 沿接触面破坏 |
| | | $\tau_{砼}203$ | 0.89 | 2.62 | 1.52 | 1.68 | 沿接触面破坏 |
| | | $\tau_{砼}204$ | 1.71 | 3.47 | 2.50 | 2.24 | 沿接触面破坏 |
| | | $\tau_{砼}205$ | 0.49 | 2.16 | 0.78 | 1.27 | 沿接触面破坏 |
| 右坝肩灌浆平台下游侧 | $P_3Pel^{9-4}$弱风化砂页岩 | $\tau_{砼}701$ | 1.76 | 2.59 | 1.66 | 1.90 | 沿接触面破坏 |
| | | $\tau_{砼}702$ | 1.46 | 2.54 | 1.41 | 1.81 | 沿接触面破坏 |
| | | $\tau_{砼}703$ | 1.05 | 1.88 | 1.05 | 1.25 | 沿接触面破坏 |
| | | $\tau_{砼}704$ | 1.06 | 2.09 | 1.11 | 1.44 | 沿岩石裂隙破坏 |
| | | $\tau_{砼}705$ | 0.73 | 1.51 | 0.84 | 1.05 | 沿接触面破坏 |
| 右坝肩勘探平硐左上方 | $P_3Pel^{9-3}$强风化砂页岩 | $\tau_{砼}801$ | 1.64 | 2.43 | 1.56 | 2.12 | 沿接触面破坏 |
| | | $\tau_{砼}802$ | 1.16 | 1.50 | 1.18 | 1.36 | 沿岩石裂隙面破坏，剪切面破碎 |
| | | $\tau_{砼}803$ | 0.73 | 1.41 | 0.78 | 1.41 | 沿岩石裂隙面破坏 |
| | | $\tau_{砼}804$ | 2.13 | 2.88 | 1.71 | 2.56 | 沿岩石裂隙面破坏 |
| | | $\tau_{砼}805$ | 0.18 | 0.85 | 0.30 | 0.72 | 沿岩石裂隙面破坏 |

表 3-20　　　　　　　　　混凝土与岩体接触面直剪试验强度参数表

| 试验部位 | 岩性 | 风化程度 | 剪切方式 | 试点组 | 抗剪断强度 $f'$ | 抗剪断强度 $c'$/MPa | 抗剪强度 $f$ | 摩擦强度 $f_m$ | 摩擦强度 $c_m$/MPa |
|---|---|---|---|---|---|---|---|---|---|
| 左岸导流洞进口页岩试验平硐 | $P_3Pel^5$页岩 | 微新 | 直剪 | $\tau_{砼}1$ | 0.59 | 1.40 | 0.53 | 0.47 | 1.26 |
| 左坝肩546平台 | $P_3Pel^{10}$杂砂岩 | 微新 | 直剪 | $\tau_{砼}2$ | 1.06 | 1.50 | 0.96 | 1.00 | 0.85 |
| 右坝肩灌浆平台下游侧 | $P_3Pel^{9-4}$砂页岩 | 弱风化 | 直剪 | $\tau_{砼}7$ | 1.09 | 0.80 | 0.80 | 0.88 | 0.43 |
| 右坝肩勘探平硐洞口左上方 | $P_3Pel^{9-3}$砂页岩 | 强风化 | 直剪 | $\tau_{砼}8$ | 1.06 | 0.58 | 0.75 | 0.92 | 0.56 |

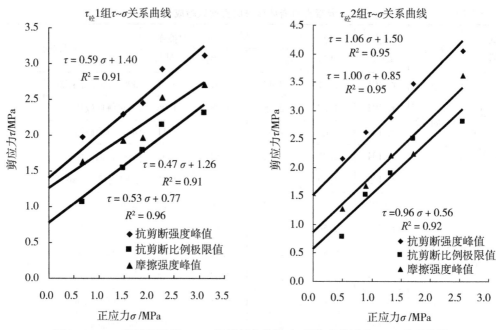

图 3-13　$\tau_{砼}$1 组微新页岩、$\tau_{砼}$2 组微新杂砂岩砼/岩体直剪试验 $\tau\sim\sigma$ 关系曲线

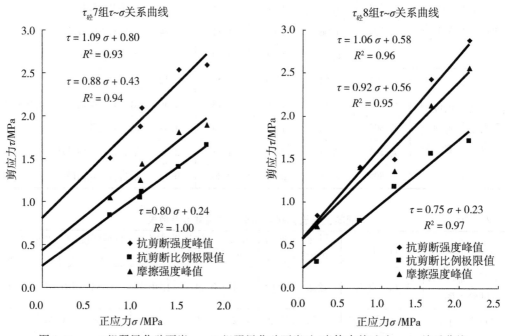

图 3-14　$\tau_{砼}$7 组弱风化砂页岩、$\tau_{砼}$8 组强风化砂页岩砼/岩体直剪试验 $\tau\sim\sigma$ 关系曲线

2）混凝土与岩体接触面直剪试验成果分析

从 4 组混凝土与岩体接触面直剪试验 $\tau\sim\sigma$ 关系曲线可以看出，点群规律性较好，相关性在 0.90 以上，表明混凝土与岩体接触面直剪试验成果规律性较好。

(1) 10亚段杂砂岩

左坝肩546平台$\tau_{砼}2$组混凝土与微新杂砂岩岩体接触面直剪试验，剪切破坏形式为脆性破坏，均沿接触面破坏，试件面上少见有残留的砂浆，其抗剪断强度峰值参数$f'=1.06$，$c'=1.50$MPa，摩擦强度参数$f_m=1.00$，$c_m=0.85$MPa，抗剪断比例极限强度参数$f=0.96$、$c=0.56$MPa，抗剪强度参数$f=0.96$。

试验表明：当无缓倾角裂隙的较完整岩体强度比混凝土试件强度大时，与微新杂砂岩岩体接触面的剪切强度，主要受混凝土强度控制。

(2) 9-4亚段弱风化砂页岩互层岩体

右坝肩$P_3Pel^{9-4}$亚段$\tau_{砼}7$组混凝土与弱风化砂页岩岩体接触面直剪试验，除1个点外其余试点均沿接触面破坏，剪切破坏形式为脆性破坏，其抗剪断强度峰值参数$f'=1.09$，$c'=0.80$MPa，摩擦强度参数$f_m=0.88$，$c_m=0.43$MPa，抗剪断比例极限强度参数$f=0.80$，$c=0.24$MPa，抗剪强度参数$f=0.80$。

(3) 9-3亚段强风化砂页岩互层岩体

右坝肩$P_3Pel^{9-3}$亚段$\tau_{砼}8$组混凝土与强风化砂页岩岩体接触面直剪试验，沿岩石裂隙面破坏有3个试点，沿接触面破坏有2个试点，剪切破坏形式为脆性破坏，其抗剪断强度峰值参数$f'=1.06$，$c'=0.58$MPa，摩擦强度参数$f_m=0.92$，$c_m=0.56$MPa，抗剪断比例极限强度参数$f=0.75$，$c=0.23$MPa，抗剪强度参数$f=0.75$。

该亚段岩体裂隙面较多，大部分岩体被泥化，仅少数杂砂岩岩块中心部分为弱风化，故混凝土与岩体直剪试验受裂隙面控制，其强度参数低于$P_3Pel^{9-4}$亚段。

(4) 5亚段微新页岩

导流洞进口边坡微新页岩试验平硐$\tau_{砼}1$组混凝土与页岩岩体接触面直剪试验，沿接触面剪切破坏有3个试点，沿岩石裂隙面破坏有2个试点，塑性变形破坏，其抗剪断强度峰值参数$f'=0.59$，$c'=1.40$MPa，摩擦强度参数$f_m=0.47$，$c_m=1.26$MPa，抗剪断比例极限参数$f=0.53$，$c=0.77$MPa，抗剪强度参数$f=0.53$。

**5. 结构面直剪试验**

在施工开挖后，根据工程需要，对缓倾角结构面直剪试验共完成4组：2组泥化面、2组硬性结构面。分别在导流洞出口边坡杂砂岩、右坝肩546m高程平台边坡杂砂岩出露缓倾角泥化结构面，右坝肩546m高程平台边坡2组杂砂岩出露缓倾角硬性结构面选点布置，现场采用无爆破的开挖剥离风化及松动岩层，切割成标准试样进行原位试验。

1) 试验成果

根据实测资料分别计算剪切面上的法向应力和剪应力及对应的位移，绘制剪应力$\tau$与剪切位移$u_s$及法向位移$u_n$的关系曲线图。抗剪断强度取峰值强度平均值，抗剪强度取屈服强度值，摩擦试验强度值仅作参考。

试验成果见表3-21，根据抗剪断和抗剪试验强度特征值与相应的正应力拟合剪应力$\tau$与正应力$\sigma$的关系曲线，见图3-15~图3-18，计算的剪切强度参数见表3-22。

表 3-21　　　　　　　　　　　　缓倾角结构面直剪试验成果

| 试验部位 | 岩性 | 试点编号 | 正应力/MPa | 抗剪断强度/MPa | | 摩擦强度/MPa | 简　要　说　明 |
|---|---|---|---|---|---|---|---|
| | | | | 峰值强度 | 抗剪强度 | | |
| 左岸导流洞出口 | 杂砂岩泥化结构面 | $\tau_{结}101$ | 0.41 | 0.29 | 0.20 | 0.29 | 沿预剪面破坏，剪切面平整，充填黄色粉砂状物质 |
| | | $\tau_{结}102$ | 0.56 | 0.47 | 0.25 | 0.47 | 沿预剪面破坏，剪切面平整，充填黄色粉砂状物质 |
| | | $\tau_{结}103$ | 1.09 | 0.69 | 0.48 | 0.69 | 沿预剪面破坏，剪切面平整，充填黄色粉砂状物质。半湿润见水 |
| | | $\tau_{结}104$ | 0.89 | 0.49 | 0.38 | 0.49 | 沿预剪面破坏，剪切面平整，充填黄色粉砂状物质。湿润见水 |
| | | $\tau_{结}105$ | 1.36 | 0.70 | 0.50 | 0.70 | 沿预剪面破坏，剪切面平整，充填黄色粉砂状物质。湿润见水 |
| 右坝肩546平台 | 杂砂岩泥化结构面 | $\tau_{结}201$ | 1.11 | 0.71 | 0.58 | 0.71 | 沿预剪面破坏，剪切面平直光滑。结构面55°∠20° |
| | | $\tau_{结}202$ | 0.23 | 0.22 | 0.19 | 0.22 | 沿预剪面破坏，剪切面平直光滑。结构面90°∠24° |
| | | $\tau_{结}203$ | 0.73 | 0.48 | 0.23 | 0.48 | 沿预剪面破坏，剪切面平直光滑。结构面115°∠20° |
| | | $\tau_{结}204$ | 0.46 | 0.22 | 0.19 | 0.22 | 沿预剪面破坏，剪切面平直光滑。结构面50°∠20° |
| | | $\tau_{结}205$ | 0.79 | 0.32 | 0.37 | 0.32 | 沿预剪面破坏，右高左低。起伏差3cm |
| | | $\tau_{结}206$ | 0.87 | 0.45 | 0.40 | 0.45 | 沿预剪面破坏，剪切面起伏差2cm |
| 右坝肩546平台 | 杂砂岩硬性结构面 | $\tau_{结}301$ | 1.55 | 1.47 | 1.08 | 1.42 | 沿结构面破坏，剪切面平直。结构面140°∠15° |
| | | $\tau_{结}302$ | 0.76 | 0.78 | 0.63 | 0.78 | 沿结构面破坏，剪切面平直光滑。见原生擦痕，走向175°。结构面45°∠11° |
| | | $\tau_{结}303$ | 1.09 | 1.05 | 0.76 | 1.00 | 沿结构面破坏，剪切面平直。结构面80°∠8° |
| | | $\tau_{结}304$ | 0.25 | 0.27 | 0.20 | 0.27 | 沿结构面破坏，剪切面平直光滑。见原生擦痕，走向175°。结构面210°∠8° |
| | | $\tau_{结}305$ | 0.40 | 0.38 | 0.24 | 0.34 | 沿结构面破坏，剪切面平直光滑。见原生擦痕，走向165°。结构面170°∠10° |

续表

| 试验部位 | 岩性 | 试点编号 | 正应力/MPa | 抗剪断强度/MPa 峰值强度 | 抗剪断强度/MPa 抗剪强度 | 摩擦强度/MPa | 简 要 说 明 |
|---|---|---|---|---|---|---|---|
| 右坝肩546平台 | 杂砂岩硬性结构面 | $\tau_{结}401$ | 0.99 | 0.96 | 0.69 | 0.94 | 沿裂隙面破坏，剪切面起伏差5cm |
| | | $\tau_{结}402$ | 1.36 | 1.38 | 0.91 | 1.38 | 沿结构面破坏，剪切面微曲，起伏差3cm。见原生擦痕，走向175° |
| | | $\tau_{结}403$ | 0.48 | 0.63 | 0.39 | 0.63 | 沿结构面破坏，剪切面平直稍粗。结构面235°∠8° |
| | | $\tau_{结}404$ | 0.93 | 1.09 | 0.62 | 1.04 | 沿结构面破坏，剪切面平直稍粗。结构面145°∠8° |
| | | $\tau_{结}405$ | 1.26 | 1.44 | 0.81 | 1.39 | 沿结构面破坏，剪切面起伏差3cm |

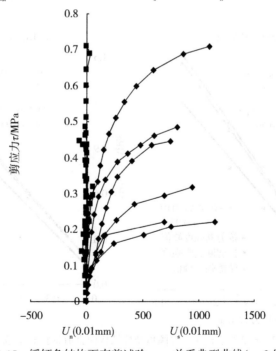

图3-15 缓倾角结构面直剪试验 $\tau \sim u$ 关系典型曲线（$\tau_{结}$2组）

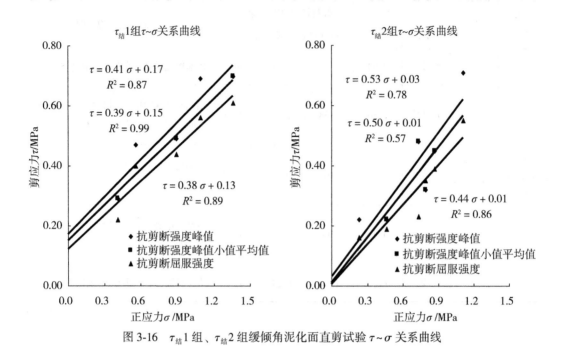

图 3-16 $\tau_{结}1$ 组、$\tau_{结}2$ 组缓倾角泥化面直剪试验 $\tau\sim\sigma$ 关系曲线

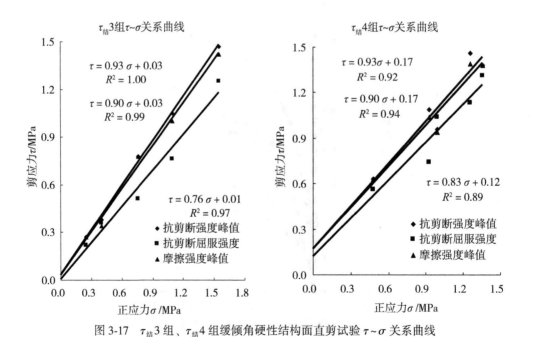

图 3-17 $\tau_{结}3$ 组、$\tau_{结}4$ 组缓倾角硬性结构面直剪试验 $\tau\sim\sigma$ 关系曲线

## 3.7 室内及现场岩体物理力学试验

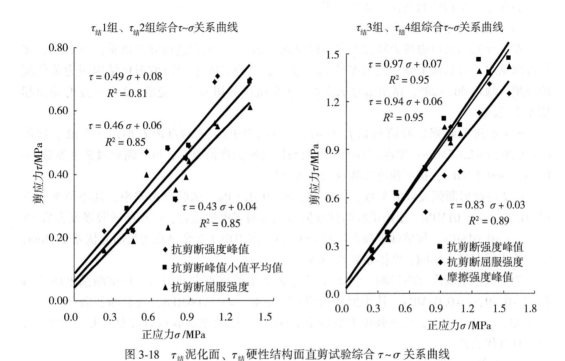

图 3-18 $\tau_{结}$泥化面、$\tau_{结}$硬性结构面直剪试验综合 $\tau$~$\sigma$ 关系曲线

表 3-22 结构面直剪强度综合参数表

| 试验部位 | 岩性及结构面类型 | 剪切方式 | 试组编号 | 抗剪断强度 | | 抗剪强度 | 摩擦强度 | |
|---|---|---|---|---|---|---|---|---|
| | | | | $f'$ | $c'$/MPa | $f$ | $f_m$ | $c_m$/MPa |
| 左岸导流洞出口边坡 | 杂砂岩、泥化结构面 | 直剪 | $\tau_{结}1$ | 0.39 | 0.15 | 0.38 | 0.41 | 0.17 |
| 右岸 546 平台边坡 | 杂砂岩、泥化结构面 | 直剪 | $\tau_{结}2$ | 0.50 | 0.01 | 0.44 | 0.53 | 0.02 |
| 左岸导流洞出口边坡 右岸 546 平台边坡 | 杂砂岩、泥化结构面 | 直剪 | $\tau_{结}1$、$\tau_{结}2$ | 0.46 | 0.06 | 0.43 | 0.49 | 0.08 |
| 右坝肩 546 平台边坡 | 杂砂岩、硬性结构面 | 直剪 | $\tau_{结}3$ | 0.93 | 0.03 | 0.76 | 0.90 | 0.03 |
| 右坝肩 546 平台边坡 | 杂砂岩、硬性结构面 | 直剪 | $\tau_{结}4$ | 0.93 | 0.17 | 0.83 | 0.90 | 0.17 |
| 右坝肩 546 平台边坡 | 杂砂岩、硬性结构面 | 直剪 | $\tau_{结}3$、$\tau_{结}4$ | 0.97 | 0.07 | 0.83 | 0.94 | 0.06 |

2）缓倾角结构面直剪试验成果分析

（1）缓倾角泥化结构面

左岸导流洞出口边坡杂砂岩泥化结构面倾角31°，充填黄色粉砂状物质，厚2mm，多数湿润见水，剪切面平整，试组编号$\tau_{结}$1组。右坝肩546平台边坡泥化结构面为黄色泥膜充填，倾角20°~24°，试组编号$\tau_{结}$2组。3个试点剪切面平直光滑，2个试点剪切面起伏差2~3cm。

$\tau_{结}$1组抗剪断强度峰值参数$f=0.41$，$c=0.17$MPa，试验点离差小，其小值平均值$f'=0.39$，$c=0.15$MPa；摩擦试验的强度值与抗剪断强度值重合，抗剪断屈服强度参数$f=0.38$，$c=0.13$MPa，抗剪强度参数取值$f=0.38$。

$\tau_{结}$2组抗剪断强度峰值参数$f'=0.53$，$c'=0.02$MPa，试验点离差小，其小值平均值$f'=0.50$，$c=0.01$MPa，摩擦试验的强度值与抗剪断强度值重合，抗剪断屈服强度参数$f=0.44$，$c=0.01$MPa，抗剪强度参数取值$f=0.44$。该组由于2个试点剪切面起伏差2~3cm，对试验成果有较大影响，摩擦系数值偏高。

为了减小试验离差的影响，将$\tau_{结}$1组与$\tau_{结}$2组的试点合并拟合，抗剪断强度峰值参数$f'=0.49$，$c=0.08$MPa，其小值平均值$f'=0.46$，$c=0.06$MPa，抗剪断屈服强度参数$f=0.43$，$c=0.04$MPa，抗剪强度参数取值$f=0.34$。该两组试验点合并整理相关性较好，成果具有代表性。

（2）缓倾角硬性结构面

2组砂岩硬性结构面位置接近，结构面风化明显为黄色，无充填，面平直，剪切变形呈塑性变形。

$\tau_{结}$3组抗剪断强度峰值平均值$f'=0.93$，$c=0.03$MPa，摩擦试验的强度参数$f_m=0.90$，$c_m=0.03$MPa，抗剪断屈服强度参数$f=0.76$，$c=0.01$MPa，抗剪强度参数$f=0.76$。

$\tau_{结}$4组抗剪断强度峰值参数$f'=0.93$，$c=0.17'$MPa，摩擦强度参数$f_m=0.90$，$c_m=0.17$MPa，屈服强度参数$f=0.83$，$c=0.12$MPa，抗剪强度参数$f=0.83$。

$\tau_{结}$3组与$\tau_{结}$4组试点合并拟合的抗剪断强度峰值参数$f'=0.97$，$c=0.07$MPa，摩擦试验的强度参数$f_m=0.94$，$c_m=0.04$MPa，抗剪断屈服强度参数$f=0.83$，$c=0.03$MPa，抗剪强度参数$f=0.83$。该两组试验点合并整理相关性较好，成果具有代表性。

### 3.7.3 岩体物理力学参数建议值

根据现场及室内试验成果，类比同类工程进行坝址区各类岩石（体）物理力学参数取值，建议岩石（体）物理力学参数值及结构面抗剪断强度参数值分别见表3-23、表3-24。

表3-23  岩石（体）物理力学参数值

| 岩石名称 | 密度 /(kN/m³) | 变模 /GPa | 泊松比 | 岩体抗剪断强度 | | 砼/岩接触面抗剪断强度 | |
|---|---|---|---|---|---|---|---|
| | | | | $f'$ | $c'$/MPa | $f'$ | $c'$/MPa |
| $P_3Pel^{9-1}$(SW) | 25.5 | 3~5 | 0.3 | 0.8~0.9 | 0.6~0.8 | 0.7 | 0.5 |
| $P_3Pel^{9-1}$(MW) | 23.0 | 2~3 | 0.32 | 0.6 | 0.5 | | |

续表

| 岩石名称 | 密度 /(kN/m³) | 变模 /GPa | 泊松比 | 岩体抗剪断强度 | | 砼/岩接触面抗剪断强度 | |
|---|---|---|---|---|---|---|---|
| | | | | $f'$ | $c'$/MPa | $f'$ | $c'$/MPa |
| $P_3Pel^{9-1}$(HW) | 22.0 | 0.4~0.6 | 0.35 | 0.3 | 0.1 | | |
| $P_3Pel^{9-2}$(SW) | 25.2 | 1.5~3.5 | 0.32~0.35 | 0.6~0.7 | 0.5~0.7 | 0.6~0.7 | 0.45~0.55 |
| $P_3Pel^{9-2}$(MW) | 23.0 | 1.0 | 0.34 | 0.4~0.5 | 0.35~0.5 | | |
| $P_3Pel^{9-2}$(HW) | 22.0 | 0.3~0.5 | 0.35 | 0.25 | 0.1 | | |
| $P_3Pel^{9-3}$(SW) | 25.5 | 8~11 | 0.28~0.31 | 1~1.2 | 1~1.2 | 0.9~1.0 | 0.9~1.0 |
| $P_3Pel^{9-3}$(MW) | 23.0 | 5~7 | 0.32 | 0.8 | 0.8 | | |
| $P_3Pel^{9-3}$(HW) | 22.0 | 0.5~0.8 | 0.35 | 0.3 | 0.1 | | |
| $P_3Pel^{9-4}$(SW) | 25.5 | 3~5 | 0.3 | 0.8~0.9 | 0.6~0.8 | 0.7 | 0.5 |
| $P_3Pel^{9-4}$(MW) | 23.0 | 2~3 | 0.32 | 0.6 | 0.5 | | |
| $P_3Pel^{9-4}$(HW) | 22.0 | 0.4~0.6 | 0.35 | 0.3 | 0.1 | | |
| $P_3Pel^{10}$(SW) | 25.2 | 9~12 | 0.28 | 1.1~1.3 | 1.1~1.3 | 1.0 | 1.0 |
| $P_3Pel^{10}$(MW) | 25.0 | 6~8 | 0.3 | 0.85 | 0.85 | | |
| $P_3Pel^{10}$(HW) | 22.0 | 0.5~1.0 | 0.35 | 0.3 | 0.1 | | |
| $P_3Pel^{11}$(SW) | 25.5 | 8~11 | 0.28~0.31 | 1~1.2 | 1~1.2 | 0.9~1.0 | 0.9~1.0 |

表 3-24  **结构面抗剪断强度参数值**

| 结构面类型 | | 抗剪断强度 | | 代表结构面 |
|---|---|---|---|---|
| | | $f'$ | $c'$/MPa | |
| 裂隙 | 泥化 | 0.2~0.25 | 0.02 | 强风化岩体中的裂隙 |
| | 碎屑充填、局部泥化 | 0.3~0.35 | 0.05 | T263、T236、T237、T240、T241 |
| | 无充填 | 0.45~0.55 | 0.1 | 河床坝段下微新岩体中的随机裂隙 |
| | 方解石胶结 | 0.6~0.7 | 0.2 | |
| 卸荷裂隙 | 泥化 | 0.18~0.2 | 0.005 | |
| | 局部泥化 | 0.25~0.3 | 0.005 | T81、T82、T83 |
| 软弱夹层 | | 0.45~0.55 | 0.3~0.4 | 新鲜状态的 T1、T2、T3、T16、T17、T18、T30、T32 等 |
| 断层 $F_7$ | | 0.25~0.3 | 0.2~0.3 | |

# 第4章 各主要建筑物工程地质研究

## 4.1 大坝工程地质研究

### 4.1.1 坝基岩体与结构面

**1. 坝基岩体**

大坝坝基岩体为 $P_3Pel^9$、$P_3Pel^{10}$、$P_3Pel^{11}$ 段(见图4-1~图4-4)。左岸坝基岩体由第10段与第11段组成,河床及右岸坝基岩体大多为第10段,仅前部坝踵部位置少量位于第9段岩体,河床坝段坝趾部位利用了部分 $P_3Pel^{11}$ 段岩体。

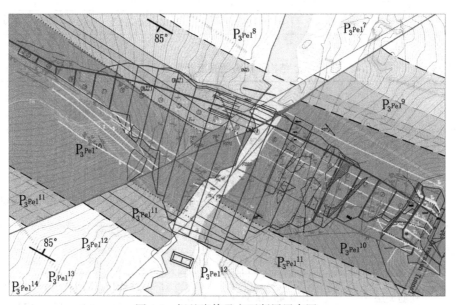

图4-1 坝基岩体及主要断层展布图

第9段共分为4层,总体特征为"两软两硬"(见图4-2),其中最为不利的控制性岩体为第2层"软岩",即 $P_3Pel^{9-2}$,分布在河床及右岸坝踵部位,对大坝坝基的变形影响很大。该层为灰绿色薄层页岩夹少量砂岩或砂岩透镜体,厚度为26.8~28.4m,其中页岩厚度占61.3%~69%,砂岩厚度占31%~38.7%。该层岩体厚度不均,在第11坝段及第12坝段实测岩层厚度分别为 26.8m 与 28.4m，岩性也有变化，页岩剪切破坏明显，且剪切破坏作用极为强烈(见图 4-5)，性状很差。施工过程中采取了深挖后置换混凝土的处理措施(见图 4-6)。

图 4-2　右岸坝基第 9 段岩体

图 4-3　左岸坝基第 10 段岩体

图 4-4 河床坝基第 11 段岩体

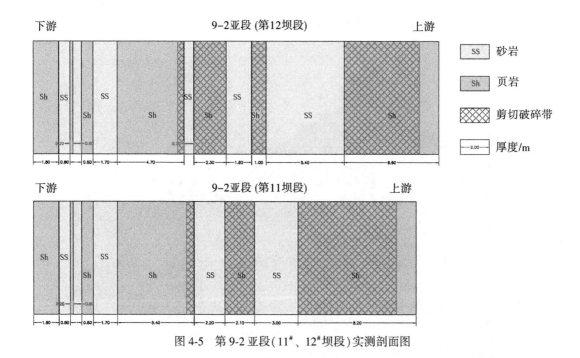

图 4-5 第 9-2 亚段($11^{\#}$、$12^{\#}$坝段)实测剖面图

第 10 段是大坝大部分的坝基岩体，主要为层厚质纯的厚层、巨厚层砂岩，厚达 130m，强度高，除浅表部受结构面切割形成不利块体外，深部岩体的完整性好，是理想的重力坝建坝岩体。由于大坝开挖深度有限，大坝基础特别是左岸基本上处于岸坡强卸荷

带中，顺坡向卸荷结构面、中缓倾角结构面发育，常常围限形成不稳定块体，有的占大坝基础范围较大，对大坝的抗滑稳定十分不利。整个大坝基础范围内，共发现 16 个块体（见图 4-6~图 4-16），各块体特征见表 4-1。

图 4-6　河床坝基深挖置换的 $P_3Pel^{9-2}$ 软岩

图 4-7　左岸坝基 476 平台(1)、(2)号块体

图 4-8　右岸坝基(3)号块体

图 4-9　右岸坝基 533m 高程(4)号块体

## 4.1 大坝工程地质研究

图 4-10　左岸坝基 488 平台(5)、(6)号块体

图 4-11　左岸坝基(7)号块体

# 第4章 各主要建筑物工程地质研究

图 4-12　左岸坝基(8)号块体

图 4-13　左岸坝基(9)号块体

## 4.1 大坝工程地质研究

图 4-14　左岸坝基(10)号风化破碎带

图 4-15　左岸坝基(11)、(12)号块体

图 4-16 左岸坝基(13)、(14)、(15)、(16)号块体

表 4-1 坝基主要块体特征一览表

| 编号 | 位置 | 规模 | 主要特征 | 处理方式 |
| --- | --- | --- | --- | --- |
| 块体(1) | 3#~4#坝段 | 体积约5500m³ | 由T82、T32、F₇、T85围限而成，呈上窄下宽的"靠椅式"形状，495m高程处长16.2m，468m高程处长40m、高27m，上部厚4~5m，下部厚13m | 已大部分挖除 |
| 块体(2) | 3#~4#坝段 | 体积约1200m³ | 由T83、T32、F₇、T85围限而成，为块1的外侧部分，由T83切割而成，呈三角体，长40m，宽2~8m，厚8~10m | 已挖除 |
| 块体(3) | 18#~19#坝段 | 方量约2600m³ | T4为底滑面，T90为侧滑面，上、下游被T11、T4切割，形成了块体3，后缘长18m，临空面约25.4m，底面长约40m | 待处理 |
| 块体(4) | 位于21#坝段 | 方量约300m³ | 由底部T141和T88缓倾角裂隙以及两侧T2、T11围限而成，底部宽大 | |
| 块体(5) | 位于5#坝段平台上 | 体积约250m³ | T205构成底界面，T205倾向坡外，倾角30°，较陡，裂面微张开，沿面岩体风化强烈，呈黄色，雨天可见沿面渗水 | 已挖除 |
| 块体(6) | 位于5#坝段平台以上靠近坝体尾部 | 体积为40~60m³ | 两块体受卸荷结构面及爆破影响呈松弛状态，特别是块7位于坝趾部位，对大坝稳定不利 | 已挖除 |
| 块体(7) | | | | 部分挖除 |

58

续表

| 编号 | 位置 | 规模 | 主要特征 | 处理方式 |
|------|------|------|----------|----------|
| 块体(8) | 位于 4#~5# 坝段齿槽处 | 体积约 200m³ | 受 T81 等一系列卸荷结构面切割破碎,岩体风化强烈,强度低 | 挖除 |
| 块体(9) | 底高程 455m,处于 T54 至 $F_7$ 间 | 体积约 150m³ | 底部存在缓倾角结构面,后部存在卸荷结构面,结构面风化较强烈 | 挖除 |
| 块体(10) | 夹层 T82 与 T83 之间 | 体积约 2800m³ | 大多宽 1.5~2.5m,局部宽达 5m,其内岩体风化破碎强烈,不宜直接作为坝基岩体,建议适当掏槽置换处理,深部加强固结灌浆 | 掏槽深 1~2m |
| 块体(11) | 位于 441m 齿槽 | 约 30m³ | 底部存在缓倾角结构面,后部存在卸荷结构面,不宜埋于坝体中,建议予以挖除 | 已挖除 |
| 块体(12) | 位于 448m 平台下游坝后 | 约 3600m³ | 岩体破碎,风化较强,虽然不是直接作为坝基岩体,如对坝体稳定有影响,应研究处理措施 | 已挖除 |
| 块体(13) | 位于 6# 坝段 433m 平台 | 约 1400m³ | T234、T237 为底切割面,外侧以 T239 切割,内侧以 $F_{194}$ 为切割面,不宜作为坝基岩体 | 已挖除 |
| 块体(14) | 位于 7# 坝段 $F_7$ 下游侧 | 约 400m³ | 以 T235 为底切割面,受 $F_7$、T235 切割,形成三角块体,不宜作为坝基岩体 | 已挖除 |
| 块体(15) | 6#~7# 坝段分缝线 0+50 桩号 | 约 450m³ | T236 为底切割面,内侧受 T259 切割形成 | 已挖除 |
| 块体(16) | 12#~14# 坝段中部 | 约 500m³ | T263 为底滑面,在 T2、$F_{7-2}$ 之间,分布高程 EL420~430m,不宜作为建坝岩体 | 已挖除 |

施工过程中,对这些块体基本上予以了挖除,对所占坝基比例不大、影响较小的块体进行了部分挖除,对局部风化破碎带进行了槽挖置换砼的处理措施。通过上述处理增强了坝基岩体的完整性,增强了大坝的稳定性。

第 11 段仅于河床坝段坝址部位出露,为"两软两硬"特征,上、中部分别为厚约 6.3m、7.6m 的页岩带,中、下部为中厚层砂岩夹极少量页岩(见图 4-17)。其中两层页岩皆埋在坝基之内,对浅表部风化相对较强、性状较差的部分进行了深挖置换处理(见图 4-18),以减轻对坝基不均匀变形的影响。

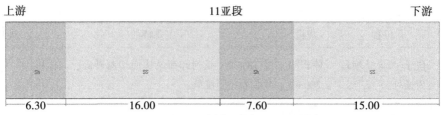

图 4-17　河床部位第 11 亚段实测剖面图

图 4-18　河床坝段第 $P_3Pel^{11-1}$ 掏槽置换处理

**2. 结构面**

坝基岩体中发育的结构面主要有断层、剪切带（或软弱夹层）、裂隙等，其中断层发育较少，主要有 $F_7$、$F_{280}$、$F_{281}$、$F_{283}$、$F_{194}$ 等；剪切带（或软弱夹层）较发育，左岸主要有 T16、T18、T30、T32、T54 等，右岸主要有 T1、T2、T3 等；裂隙发育。坝基岩体结构面分布见图 4-19。

1) 断层

坝基下共编录 11 条断层，各断层特征统计见表 4-2。

这些断层规模多较小，以压性或压扭性为主，多为陡倾角，断层破碎带窄，呈线状，在靠近地表受卸荷及溶蚀影响性状较差，深部构造岩胶结紧密。这些断层总体上对大坝稳定基本不存在大的影响。

## 4.1 大坝工程地质研究

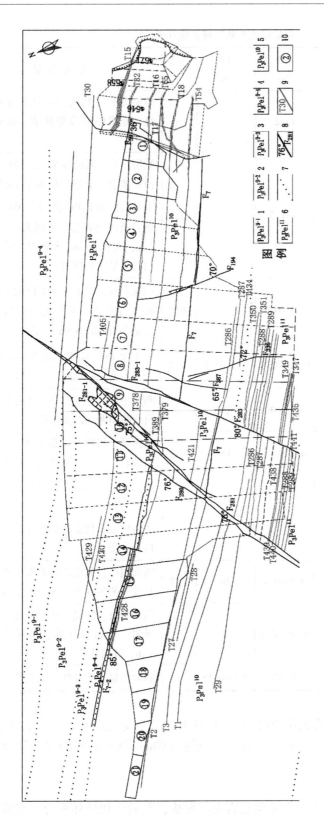

图 4-19 坝基岩体结构面分布图

1. 第 9 亚段第一层:砂岩夹页岩;2. 第 9 亚段第二层:页岩夹少量砂岩;3. 第 9 亚段第三层:砂岩夹极少量页岩夹层;4. 第 9 亚段第四层:砂岩与页岩互层;5. 第 10 亚段:厚层,巨厚层砂岩,夹页岩夹层;6. 第 11 亚段:砂岩夹页岩;7. 地层界线;8. 断层及其编号;9. 软弱夹层及其编号;10. 坝段编号

表 4-2  坝址区主要断层特征统计表

| 编号 | 位置 | 倾向/(°) | 倾角/(°) | 长度/m | 宽度/m | 断距/m | 性质 | 主要特征 |
|---|---|---|---|---|---|---|---|---|
| $F_7$ | 左岸 | 210 | 83 | 220 | 1~2 | | | 顺层发育,断面局部见有光面及擦痕,充填碎屑及糜棱岩,影响带宽约2m |
| $F_{7-2}$ | 右岸 | 215 | 85 | 125 | 1~1.5 | | 压扭性 | 顺层发育,断面较平直,局部见有光面和擦痕。上盘岩体为$P_3Pel^{10}$亚段,下盘岩体为$P_3Pel^9$亚段,构造岩为角砾岩及碎裂岩等,角砾大小一般5~7cm,大者20cm,角砾呈次棱角—次圆状,呈定向排列 |
| $F_{11}$ | 右岸 | 210 | 86 | | 0.3~0.8 | | 扭性 | 顺层发育,位于$P_3Pel^9$段的中部,破碎带为泥钙质胶结的角砾岩,大小2cm×3cm~4cm×5cm,呈次棱角状 |
| $F_{59}$ | 左岸 | 145 | 36 | 94 | 0.05~0.2 | 0.2~0.5 | 压性 | 位于$P_3Pel^{10}$段中,逆推性,构造岩为碎裂岩,充填断层泥及碎屑 |
| $F_{194}$ | 左岸 | 85 | 70 | 65 | 0.5~1 | 2 | | 断面粗糙,张开,局部见有光面及擦痕,充填断层泥及碎屑 |
| $F_{280}$ | 河床 | 340 | 76 | 205 | 0.2~0.3 | 18 | 扭性 | 断面平直粗糙,局部光滑,构造岩为糜棱岩,充泥质及碎屑,胶结差 |
| $F_{281}$ | 河床 | 340 | 76 | 350 | 0.2~4 | 40 | 扭性 | 断面平直、粗糙,充填碎屑、角砾岩及碎裂岩,胶结差 |
| $F_{281-1}$ | 河床 | 340 | 76 | 63 | 0.1 | 5 | | 断面粗糙,构造岩为糜棱岩,充填碎屑及泥质 |
| $F_{283}$ | 河床 | 320 | 80 | 240 | 0.2~0.4 | 28 | 扭性 | 断面粗糙,充填角砾岩及泥质,角砾直径一般为0.5~3cm,胶结差 |
| $F_{283-1}$ | 河床 | 320 | 78 | 53 | 0.05~0.1 | | | 断面平直、粗糙,见有擦痕,充填角砾岩、碎屑及泥质,角砾大小2~4cm,棱角状 |
| $F_{387}$ | 左岸 | 320 | 65 | 41 | 0.01 | 0.1~0.15 | | 断面粗糙,张开状,无充填 |

河谷两岸浅海相贝拉加岩组第10段$P_3Pel^{10}$砂岩错开主要是由$F_{280}$、$F_{281-1}$、$F_{281}$、$F_{283}$四条扭性断层造成,这四条断层水平方向总错距约为90m,从而造成两岸山体地形的不对称。

2)剪切带(或软弱夹层)

坝址区剪切带(或软弱夹层)主要顺页岩夹层形成,有的剪切破坏充分,有的破坏轻微。在第10段($P_3Pel^{10}$)建坝岩体中共发育31条,宽一般0.5~1m,倾向210°~220°,倾角75°~85°,各软弱夹层特征统计见表4-3。

表4-3　　　　　　　　　　　　坝基主要剪切带(或软弱夹层)特征统计表

| 编号 | 位置 | 倾向/(°) | 倾角/(°) | 长度/m | 宽度/m | 主 要 特 征 |
|---|---|---|---|---|---|---|
| T1 | 右岸 | 210 | 85 | 135 | 1 | 薄层粉砂岩夹页岩,内风化呈灰黄色,呈碎屑或土状,性状差,在微新岩体中局部呈灰黄色,性状逐渐转好。此面局部形成右岸圣石的下游面 |
| T2 | 右岸 | 215 | 85 | 195 | 0.4~1 | 薄层粉砂岩夹页岩,风化呈灰黄色,呈碎屑或土状,性状差,在微新岩体中,上界面处形成宽10cm的黄泥带。该软弱夹层构成右岸"圣石"的上游界面 |
| T3 | 右岸 | 210 | 85 | 142 | 1 | 薄层粉砂岩夹页岩,风化呈灰黄色,呈碎屑或土状,性状差。与T1在右岸"圣石"中形成一宽5~7m凹槽,此夹层将右岸圣石Ⅲ号危岩体分为上、下游两块,形成Ⅲ-1和Ⅲ-2危岩体 |
| T15 | 左岸 | 355 | 60 | 59 | 1.5 | 薄层粉砂质页岩,风化呈灰黄色,呈碎屑或土状,性状差 |
| T16 | 左岸 | 210 | 77 | 189 | 0.6~1 | 薄层粉砂质页岩夹炭质细线,风化呈灰黄色,呈碎屑或土状,性状差 |
| T17 | 左岸 | 210 | 85 | 113 | 0.1~0.5 | 薄层粉砂质页岩,风化呈灰黄色,呈碎屑或土状,性状差 |
| T18 | 左岸 | 215 | 80 | 186 | 0.5~1 | 薄层粉砂质页岩夹炭质细线,风化呈灰黄色,呈碎屑或土状,性状差 |
| T27 | 右岸 | 220 | 85 | 93 | 0.4~0.8 | 粉砂岩夹薄层页岩,宽40~80cm,局部风化呈碎屑及土状,面粗糙,闭合 |
| T28 | 右岸 | 220 | 85 | 80 | 0.4~0.8 | 粉砂岩夹薄层页岩,宽40~80cm,局部风化呈碎屑及土状,面粗糙,闭合 |
| T29 | 右岸 | 210 | 85 | 107 | 1 | 粉砂岩夹薄层页岩,在风化岩体中性状差,为黄褐色,充填碎屑及土 |
| T30 | 左岸 | 215 | 85 | 173 | 1.1.5 | 薄层粉砂岩夹页岩,在强、弱风化带内风化呈灰黄色,呈碎屑或土状,性状差 |
| T32 | 左岸 | 210 | 80 | 186 | 0.5 | 黄色薄层粉砂质页岩夹炭质细线,风化呈灰黄色,碎屑或土状,性状差,强风化上部充填10cm厚的粉土 |
| T54 | 左岸 | 215 | 70 | 123 | 1 | 黄色薄层粉砂质页岩夹炭质细线,风化呈灰黄色,碎屑或土状,性状差 |

续表

| 编号 | 位置 | 倾向/(°) | 倾角/(°) | 长度/m | 宽度/m | 主 要 特 征 |
|---|---|---|---|---|---|---|
| T65 | 左岸 | 230 | 60 | 42 | 0.5 | 黄色薄层粉砂质页岩夹炭质细线,风化呈灰黄色,碎屑或土状,性状差 |
| T286 | 河床 | 215 | 85 | 113 | 0.15 | 薄层页岩,风化性状差,充填碎屑 |
| T287 | 河床 | 215 | 85 | 114 | 0.15 | 薄层页岩,风化性状差,充填碎屑 |
| T288 | 河床 | 210 | 85 | 113 | 0.15 | 薄层页岩,风化性状差,充填碎屑 |
| T289 | 河床 | 210 | 85 | 115 | 0.3 | 薄层页岩,风化性状差,充填碎屑 |
| T350 | 河床 | 210 | 85 | 62 | 0.6 | 粉砂岩夹薄层页岩,在风化岩体中性状差,为黄褐色,充填碎屑及泥质 |
| T351 | 河床 | 210 | 85 | 53 | 0.2 | 粉砂岩夹薄层页岩,在风化岩体中性状差,为黄褐色,充填碎屑及泥质 |
| T378 | 河床 | 210 | 85 | 20 | 0.3 | 粉砂岩夹薄层页岩,面粗糙,闭合无充填 |
| T379 | 河床 | 210 | 85 | 38 | 0.1 | 薄层页岩,在风化岩体中性状差,为黄褐色,充填碎屑 |
| T389 | 河床 | 220 | 88 | 33 | 0.5 | 粉砂岩夹薄层页岩,在风化岩体中性状差,为黄褐色,充填碎屑 |
| T421 | 河床 | 210 | 87 | 40 | 0.2 | 粉砂岩夹薄层页岩,在风化岩体中性状差,为黄褐色,充填碎屑及泥质 |
| T428 | 右岸 | 215 | 85 | 65 | 0.5~1 | 薄层页岩夹粉砂岩,碎裂状,性状较差,闭合,充填碎屑及泥质 |
| T434 | 左岸 | 215 | 85 | 12 | 0.3 | 薄层粉砂岩夹页岩,闭合,性状差,充填碎屑 |
| T436 | 河床 | 215 | 88 | 63 | 0.15 | 薄层页岩,风化性状差,充填碎屑 |
| T438 | 河床 | 215 | 85 | 62 | 0.15 | 薄层页岩,风化性状差,充填碎屑 |
| T439 | 河床 | 215 | 85 | 63 | 0.2 | 薄层页岩,面粗糙,闭合 |
| T440 | 河床 | 215 | 85 | 64 | 0.6 | 薄层页岩夹细砂岩,面粗糙,闭合,充填碎屑 |
| T441 | 河床 | 215 | 85 | 60 | 0.3 | 薄层页岩夹细砂岩,面光滑,闭合,充填碎屑及泥质 |

坝基第10段$P_3Pel^{10}$内剪切带(或软弱夹层)原岩主要为页岩,剪切作用较强时泥化程度较高,在浅表层部位由于风化影响常呈黄色、黄褐色,夹泥或为泥夹碎屑等。

由于坝基岩层陡倾,又是横向谷,剪切带(或软弱夹层)厚度也不大,除构成块体的边界外,对大坝的坝基抗滑稳定及大坝不均匀变形影响皆不大。施工过程中针对局部性状较差段进行了槽挖后回填混凝土的处理措施,增强了坝基岩体的完整性。

3)裂隙

坝址区裂隙较发育,根据施工期揭示及钻孔录像,共统计裂隙635条,对这些裂隙的走向、倾向、倾角进行了统计分析,成果见图4-20。

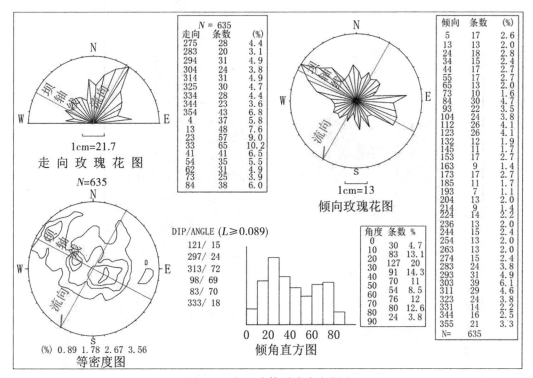

图 4-20 坝基岩体裂隙玫瑰花图

由图 4-20 可知,坝址区裂隙按其倾向可分为三组:①倾向 60°~90°,倾角 20°~40°;②倾向 90°~120°,倾角 40°~60°;③倾向 270°~300°,倾角 20°~40°或 70°~85°。缓倾角裂隙占 37.8%,中倾角裂隙占 33.8%,高倾角裂隙占 28.4%。

坝基裂隙中,对大坝抗滑稳定起控制作用的为中、缓倾角结构面,陡倾角裂隙仅对坝基岩体的完整性产生影响。缓倾角结构面主要指倾角小于 30°的结构面,包括缓倾角断层及裂隙,坝址区缓倾角断层极少。

根据坝址区裂隙统计,坝基内中、缓倾角裂隙(见图 4-21、图 4-22)可分为四组:第一组,倾向 80°~110°,倾角 38°~49°,占 23.8%;第二组,倾向 120°~140°,倾角 39°~54°,占 13.4%;第三组,倾向 220°~240°,倾角 27°~30°,占 6.2%;第四组,倾向 260°~290°,倾角 17°~19°,占 8.3%。总体上左岸的缓倾角裂隙以倾向右岸偏下游为主,右岸的缓倾角裂隙以倾向左岸偏下游为主,河床坝段以缓倾下游的张开裂隙和中倾上游的方解石胶结裂隙为主。特点如下:

(1)分布特征:①坝基岩体为第 9 段、第 10 段、第 11 段,据缓倾角结构面的发育及分布情况分析,长大的缓倾角结构面主要发育于硬岩地层中,即主要在第 10 段地层中,软岩即第 9 段页岩中少见长大缓倾结构面,但短小的缓倾角结构面发育较多。在坝基共编录 64 条缓倾角裂隙,以 5#~12#坝段最为发育。②左岸缓倾角结构面最为发育,河床次之,右岸发育较少。③缓倾结构面与两岸的岸坡卸荷存在相互的依存性,两岸的缓倾角结

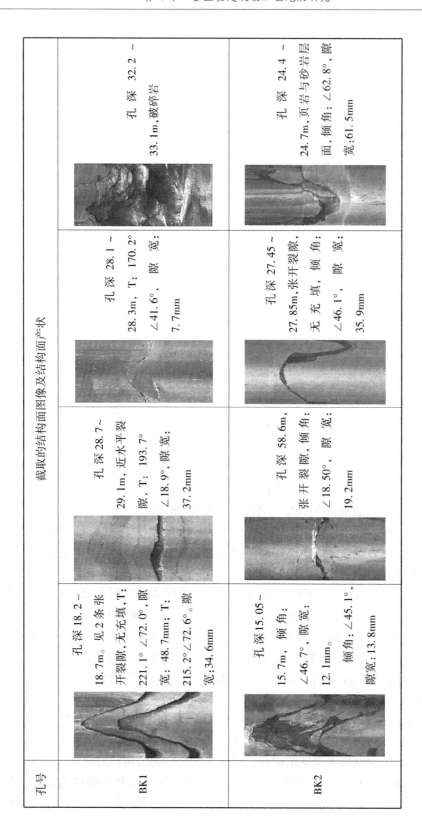

图 4-21 坝基小口径钻孔结构面映像图

## 4.1 大坝工程地质研究

| 孔号 | 截取的结构面图像及结构面产状 | | | |
|---|---|---|---|---|
| BK3 | 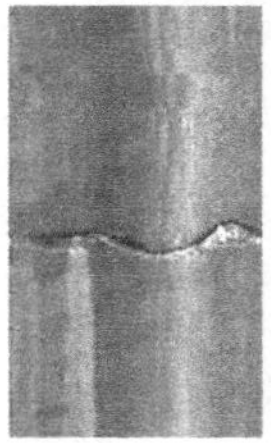 深度 3.8~4.0m，T: 164.4°，∠18.9°，隙宽: 11.6mm | 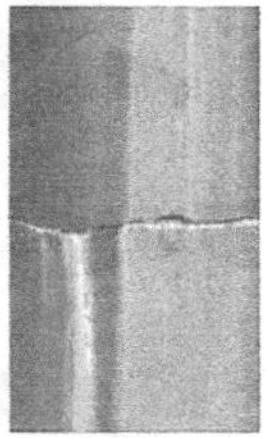 深度 5.8~6.0m，T: 92.0°，∠14.4°，隙宽: 10.3mm | 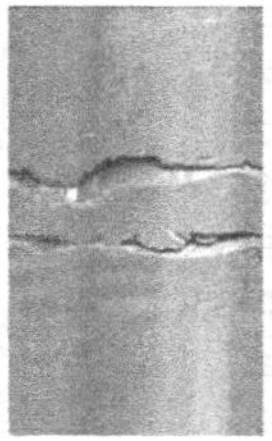 深度 21.6~21.8m，T: 240.65°，∠15.28°，隙宽: 18.0mm T:297.39°∠8.74° 隙宽:21.8mm | 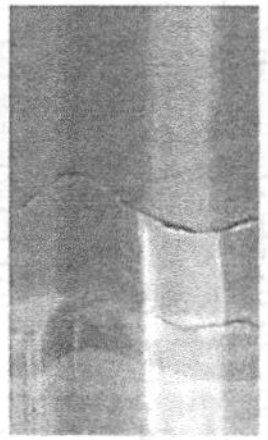 深度 31.3~31.7m，T: 95.87°，∠51.27°，隙宽: 9.0mm T:86.09°∠52.75°，隙宽:7.7mm |
| BK4 |  T: 330.9°∠44.2°，隙宽: 12.6mm T: 327.7°∠47.4°，隙宽: 4.7mm | 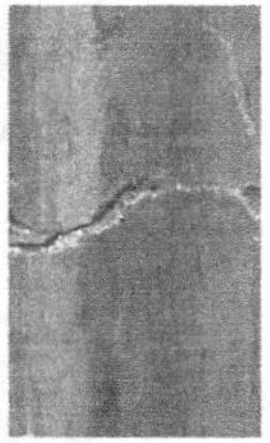 T: 7.8°∠29.4°，隙宽:15.3 |  深度 16.18~16.8m，T:3.9°∠29.4°，隙宽:20.5mm；T:356.1°∠70.0°，隙宽:26.9mm；T:0.0°∠56.7°，隙宽:20.5mm；T:5.9°∠33.0°，隙宽:16.6mm；T:0°∠26.4°，隙宽:7.5mm | |

图 4-22 坝基小口径钻孔结构面映像图

构面主要发育在卸荷带岩体中,其延伸一般受卸荷结构面的控制。④在卸荷带中缓倾角结构面性状差,连通性较好,在微新岩体中缓倾角结构面性状好,且充填物以硬性结构面充填物为主。

(2)长度发育特征:坝基内所有缓倾角裂隙长度一般小于20m,发育于 $5^{\#} \sim 7^{\#}$ 坝段的T236、T237、T238、T240,在坡外裂隙间距0.5~2m,向内至第 $5^{\#} \sim 6^{\#}$ 坝段下,逐渐闭合为一条,统一编号为T237,总的长度约65m。

(3)纵向分布特征:勘探钻孔揭示坝基缓倾角裂隙多发育浅表部的12m深度以内,以下岩体则较完整,裂隙线密度极不均匀,一般超过2条/米,以 $9^{\#}$ 坝段的BZK45钻孔最为密集,在5条/米以上(图4-23)。

(4)泥化特征:坝基下缓倾角裂隙一般张开2~5cm,以风化碎屑充填为主,部分裂隙局部有泥化现象。一般两岸的裂隙多有风化现象,并局部有泥化或附有泥膜,裂隙面连续、平直,河床坝段裂隙一般起伏粗糙,顺裂隙风化程度较弱或少有风化,为无充填的硬性结构面或方解石胶结充填。

(5)连通率:坝基缓倾角结构面的连通率较高,实测表明左岸坝肩以上边坡上连通率为80%,以下一级边坡则为31%。对坝基下缓倾角裂隙连通率在实际工作过程中根据不同坝段进行单独分析具体确定。

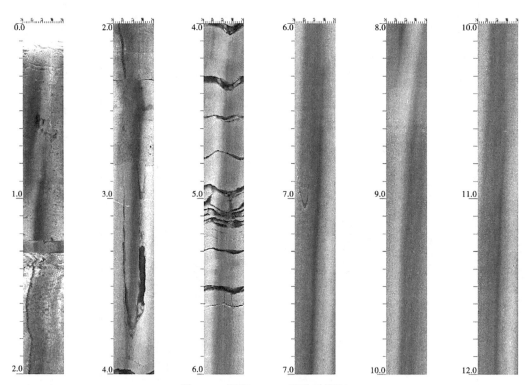

图4-23 河床BZK45钻孔录像图

(坝基5.7m深度以上裂隙密集发育,以下岩体完整)

### 3. 岩石(体)物理力学性质与岩体质量

1)岩石(体)物理性质

本工程前期的试验资料较少,工程开工后,根据开挖情况,对坝址区进行了大量的现场及室内物理力学试验。

对坝址区各类岩石分别进行取样试验,试验结果见表4-4。

由表4-4可知,砂岩微新岩块的天然密度为 2.41~2.60g/cm$^3$,饱和密度为 2.44~2.61g/cm$^3$;砂岩强风化天然状态和饱和状态下的密度分别为 2.16g/cm$^3$、2.31g/cm$^3$,孔隙率为 3.04%~7.38%,表明岩石风化后其密度显著降低,属于中等孔隙率岩石。由于岩石为孔隙式胶结类型,基质组分为绢云母和少量零星分布的钙质,受扰动和在风化营力作用下易碎。泥、页岩微新岩块天然状态和饱和状态下的密度分别为 2.47~2.54g/cm$^3$,饱和状态的体密度为 2.52~2.56g/cm$^3$,孔隙率为 10.42%~14.15%,为高孔隙率岩石。

2)岩石(体)力学性质

(1)室内岩石力学试验

对坝址区砂岩和页岩取样后进行室内力学性质试验,成果见表4-5。

由表可知,微新砂岩饱和单轴抗压强度范围值为 121~131MPa,平均值为 126MPa,变形模量(饱和)范围值为 23~24.2GPa,平均值为 23.6GPa,软化系数范围值为 0.84~0.95,平均值为 0.895,属于坚硬岩;微风化砂岩饱和单轴抗压强度范围值为 55.4~126MPa,平均值为 100.5MPa,变形模量(饱和)范围值为 7.8~25.1GPa,平均值为 19.1GPa,软化系数范围值为 0.53~0.92,平均值为 0.78,属于坚硬岩。可见砂岩具有典型的"高强度低变形模量"特征,变形模量值与强度值相比,明显要低(一般情况下,岩石有如此高的强度时,变形指标要比该试验值大 1 倍以上)。泥岩饱和单轴抗压强度为 11.2~17.2MPa,平均值为 12.5MPa;变形模量(饱和)平均值为 2.43GPa,软化系数为 0.59,属于软岩。页岩饱和单轴抗压强度为 1.37~6.7MPa,平均值为 4.04MPa,变形模量(饱和)平均值为 0.98GPa,软化系数为 0.66,属于极软岩。

(2)现场岩体力学试验

在左岸 EL546m 平台、右岸 EL462m 勘探平硐 $P_3Pel^{10}$ 段砂岩,右岸 $P_3Pel^{9-3}$ 段砂岩夹页岩、$P_3Pel^{9-4}$ 段砂岩与页岩互层,导流洞进口 $P_3Pel^5$ 段页岩的试验坑槽中进行了刚性承压板变形试验、载荷试验、岩体直剪试验以及砼与岩体接触面直剪试验,在导流洞出口边坡及右岸 EL546m 平台上部边坡上进行了缓倾角结构面的直剪试验,在右岸 EL546m 平台上进行了强风化状态下的 T2 软弱夹层变形试验。

①岩体变形试验

试验成果见表4-6。

表4-4 室内岩石物理性质试验综合成果表

| 组号 | 取样位置 | 试件编号 | 取样深度/m | 岩石名称 | 风化程度 | 块体密度/(g/cm³) 天然 | 块体密度/(g/cm³) 烘干 | 块体密度/(g/cm³) 饱和 | 颗粒密度/(g/cm³) | 天然含水率/% | 吸水率/% | 饱水率/% | 孔隙率/% |
|---|---|---|---|---|---|---|---|---|---|---|---|---|---|
| 1 | 大坝BZK2钻孔 | 609 | 54.2~54.5 | 杂砂岩 | 新鲜 | 2.53 | 2.50 | 2.56 | 2.67 | 1.17 | 2.41 | 2.60 | 6.49 |
| 2 | 大坝BZK2钻孔 | 611 | 107.7~107.9 | 杂砂岩 | 微风化 | 2.55 | 2.54 | 2.58 | 2.66 | 0.64 | 1.69 | 1.81 | 4.59 |
| 3 | 大坝BZK3钻孔 | 1269 | 4.9~18.9 | 杂砂岩 | 微风化 | 2.41 | 2.44 | 2.49 | 2.61 | 1.12 | 2.97 | 3.06 | 7.38 |
| 4 | 大坝BZK4钻孔 | 1262 | 51.4~86.25 | 砂岩与页岩互层 | 微风化 | 2.55 | 2.58 | 2.61 | 2.72 | 1.17 | 2.35 | 2.46 | 6.26 |
| 5 | 大坝BZK5钻孔 | 1264 | 14.77~19.65 | 细砂岩 | 微风化 | 2.60 | 2.61 | 2.63 | 2.68 | 0.63 | 1.10 | 1.17 | 3.04 |
| 6 | 引水系统CZK3钻孔 | 618 | 59.4~59.7 | 泥岩 | 新鲜 | 2.47 | 2.38 | 2.52 | 2.78 | 3.87 | | 5.94 | 14.15 |
| 7 | 引水系统CZK14钻孔 | 613 | 22.0~22.4 | 泥岩 | 微新 | 2.52 | 2.44 | 2.55 | 2.74 | 3.16 | | 4.48 | 10.92 |
| 8 | 引水系统CZK14钻孔 | 617 | 115.0~115.3 | 页岩 | 新鲜 | 2.54 | 2.46 | 2.56 | 2.75 | 3.07 | | 4.24 | 10.42 |

注:BZK4钻孔岩石物理试验部分为杂砂岩。

## 4.1 大坝工程地质研究

表4-5 坝址区室内岩石力学性质试验综合成果表

| 组号 | 取样位置 | 试件编号 | 取样深度/m | 岩石名称 | 风化程度 | 单轴抗压强度/MPa 天然 | 单轴抗压强度/MPa 饱和 | 软化系数 | 单轴变形/GPa 变形模量 $E_0$ 天然 | 单轴变形/GPa 变形模量 $E_0$ 饱和 | 单轴变形/GPa 弹性模量 $E_e$ 天然 | 单轴变形/GPa 弹性模量 $E_e$ 饱和 | 泊松比 $\mu$ 天然 | 泊松比 $\mu$ 饱和 |
|---|---|---|---|---|---|---|---|---|---|---|---|---|---|---|
| 1 | 大坝BZK1钻孔 | 612 | 130.8~131.2 | 杂砂岩 | 微新 | 138.0 | 131.0 | 0.95 | 26.8 | 24.2 | 33.2 | 29.2 | 0.28 | 0.28 |
| 2 | 大坝BZK2钻孔 | 608、609 | 50.0~54.5 | 杂砂岩 | 新鲜 | 144.0 | 121.0 | 0.84 | 27.1 | 23.0 | 29.8 | 27.0 | 0.29 | 0.32 |
| 3 | 大坝BZK2钻孔 | 610、611 | 106.6~107.9 | 杂砂岩 | 微风化 | 139.0 | 126.0 | 0.90 | 26.4 | 25.1 | 31.3 | 31.2 | 0.29 | 0.31 |
| 4 | 大坝BZK3钻孔 | 1270 | 4.9~18.9 | 杂砂岩 | 微风化 | 105.0 | 55.4 | 0.53 | 25.4 | 7.80 | 33.9 | 12.0 | 0.25 | 0.28 |
| 5 | 大坝BZK4钻孔 | 1262 | 86.0~86.26 | 砂岩与页岩互层 | 微风化 | | 13.7 | | | 3.30 | | 3.86 | | |
| 6 | 大坝BZK5钻孔 | 1266 | 22.68~40.66 | 细砂岩 | 微风化 | 131.0 | 120.1 | 0.92 | 14.9 | 24.3 | 27.4 | 38.5 | 0.23 | 0.23 |
| 7 | 引水系统CZK14钻孔 | 613、614、615 | 22.0~23.6 | 泥岩 | 微新 | 21.3 | 12.5 | 0.59 | 2.89 | 2.43 | 3.92 | 3.34 | 0.33 | 0.33 |
| 8 | 引水系统CZK14钻孔 | 616、617 | 29.4~115.3 | 页岩 | 新鲜 | 6.1 | 4.0 | 0.66 | 1.63 | 0.98 | 2.45 | 1.78 | — | 0.35 |

表 4-6　　　　　　　　　　　　　　岩体变形试验成果表

| 试验部位 | 岩性 | 加荷方向 | 试点编号 | 变形模量/GPa | 弹性模量/GPa | 简要地质说明 |
|---|---|---|---|---|---|---|
| 左岸546m平台 | $P_3Pel^{10}$砂岩微新 | 铅直 | E201 | 14.45 | 19.04 | 新鲜完整 |
|  |  |  | E202 | 18.42 | 24.43 | 新鲜完整 |
|  |  |  | E203 | 8.23 | 10.21 | 新鲜完整，点面旁有一裂隙 |
| 右岸462m勘探平硐 | $P_3Pel^{10}$砂岩微新 | 铅直 | E601 | 9.56 | 14.95 | 新鲜，点面有2裂隙 |
|  |  |  | E602 | 10.80 | 17.72 | 新鲜，点面有2裂隙 |
|  |  |  | E603 | 9.94 | 11.15 | 新鲜，点面有1裂隙 |
| 左岸导流洞进口页岩 | $P_3Pel^5$页岩微新 | 铅直 | E101 | 2.32 | 3.55 | 深灰色与褐色互层，层面15°∠89° |
|  |  |  | E102 | 1.81 | 3.40 |  |
|  |  |  | E103 | 2.11 | 4.08 |  |
| 右岸546m平台 | T2夹层强风化 | 水平 | E301 | 0.22 | 0.37 | 强风化页岩夹层，近乎直立，试面加工磨平后为灰色，夹层厚度85cm，承压厚度75cm |
|  |  |  | E302 | 0.18 | 0.30 |  |
|  |  |  | E303 | 0.18 | 0.27 |  |
|  |  |  | E304 | 0.15 | 0.34 |  |
| 右岸462m勘探平硐 | T2夹层微新 | 水平 | E501 | 4.41 | 5.71 | 微新，层面直立，承压厚度47cm |
|  |  |  | E502 | 4.86 | 8.19 |  |
|  |  |  | E503 | 4.77 | 7.27 |  |
|  |  |  | E504 | 4.84 | 9.15 |  |
| 右岸462m平硐左上边坡 | $P_3Pel^{9-3}$砂页岩强风化 | 铅直 | E801 | 0.90 | 1.83 | 比较完整 |
|  |  |  | E802 | 0.42 | 0.74 | 1条较大裂隙 |
|  |  |  | E803 | 0.17 | 0.51 | 2条较大裂隙，点面破碎，接近全风化 |
| 右岸灌浆平台下游 | $P_3Pel^{9-4}$砂页岩弱风化 | 铅直 | E701 | 3.16 | 4.54 | 砂岩与页岩互层，1条短小裂隙 |
|  |  |  | E702 | 0.82 | 1.54 | 砂岩与页岩互层，2条较大裂隙 |
|  |  |  | E703 | 1.68 | 2.16 | 砂岩与页岩互层，1条较大裂隙 |

新鲜砂岩的变形模量为8.23~18.42GPa，弹性模量为10.21~24.43GPa；页岩的变形模量为1.81~2.32GPa，弹性模量为3.4~4.08GPa；$P_3Pel^{9-3}$段强风化砂岩夹页岩的变形模量为0.17~0.9GPa，弹性模量为0.51~1.83GPa；$P_3Pel^{9-4}$段弱风化砂岩与页岩互层的变形模量为0.82~3.16GPa，弹性模量为1.54~4.54GPa；T2夹层强风化与微新状态的差异较

大，在强风化状态下，变形模量为 0.15~0.22GPa，弹性模量为 0.27~0.37GPa；在微新状态下，变形模量为 4.41~4.86GPa，弹性模量为 5.71~9.15GPa。

②岩体载荷试验

对坝址区右岸边坡、引水洞进口边坡部位分别进行了岩体载荷试验，试验成果见表 4-7。

表 4-7　　　　　　　　　　　　岩体载荷试验成果表

| 试验部位 | 岩性 | | 岩体载荷试验/MPa | | |
|---|---|---|---|---|---|
| | | | 比例极限 | 极限承载力 | 允许承载力 |
| 右岸 462 勘探平硐右部边坡 | $P_3Pel^{9-3}$砂岩夹页岩强风化 | 灌前 | 6.59~23.5 | >23.5 | 6.59 |
| | | 灌后 | 11.29~23.5 | >23.5 | 7.83 |
| 右岸固结灌浆区下游侧 | $P_3Pel^{9-4}$砂岩与页岩互层，弱风化 | | 8.47~23.5 | >22.12 | 8.47 |
| 引水洞进口边坡 | 砂岩强风化 | | 3.53~5.41 | >11.06 | 3.53 |
| | 页岩强风化 | | 4~4.94 | 8.24~10.59 | 2.75 |

砂岩、砂岩与页岩互层岩体表现出"高强度"的承载力特征，且灌浆后岩体的允许承载力有明显提高。强风化砂岩极限值大于 11.06MPa，允许值 3.53MPa；$P_3Pel^{9-4}$亚段弱风化砂岩与页岩互层岩体极限值大于 22.5MPa，允许值 8.47MPa；$P_3Pel^{9-3}$亚段强风化砂岩夹页岩岩体极限值大于 23.5MPa，允许值 6.59MPa，灌后允许值为 7.83MPa；强风化页岩极限值 8.24~10.59MPa，允许值 2.75MPa。

③岩体直剪试验

对坝址区砂岩、页岩、砂页岩互层段地层分别进行了现场直剪试验，试验强度参数见表 4-8。新鲜砂岩的抗剪断强度参数为 $f' = 1.96$，$c' = 1.90$MPa，抗剪强度参数为 $f = 1.88$，$c = 1.70$MPa；页岩的抗剪断强度参数为 $f' = 0.59$，$c' = 1.02$MPa，抗剪强度参数为 $f = 0.53$，$c = 0.96$MPa；$P_3Pel^{9-3}$亚段强风化砂岩夹页岩抗剪断强度参数为 $f' = 1.22$，$c' = 0.44$MPa，抗剪强度参数为 $f = 1.17$，$c = 0.41$MPa；$P_3Pel^{9-4}$亚段弱风化砂岩与页岩互层抗剪断强度参数为 $f' = 1.13$，$c' = 0.29$MPa，抗剪强度参数为 $f = 1.1$，$c = 0.23$MPa。可见 $P_3Pel^{9-3}$亚段岩体、$P_3Pel^{9-4}$亚段岩体、$P_3Pel^{10}$亚段岩体抗剪断强度参数表现出高摩擦系数低黏聚力的特征。

表 4-8  坝区岩体直剪试验强度参数表

| 岩性 | 试验部位 | 剪切方式 | 试点组 | 抗剪断强度参数 | | 抗剪(摩擦)强度参数 | |
|---|---|---|---|---|---|---|---|
| | | | | $f'$ | $c'$/MPa | $f$ | $c$/MPa |
| $P_3Pel^{10}$砂岩新鲜 | 左岸546m平台 | 直剪 | $\tau_{岩}2$ | 1.96 | 1.90 | 1.88 | 1.70 |
| $P_3Pel^5$页岩微风化 | 左岸导流洞进口边坡 | 直剪 | $\tau_{岩}1$ | 0.59 | 1.02 | 0.53 | 0.96 |
| $P_3Pel^{9-3}$砂岩夹页岩,强风化 | 右岸462m平硐右边坡 | 直剪 | $\tau_{岩}8$ | 1.22 | 0.44 | 1.17 | 0.41 |
| $P_3Pel^{9-4}$砂岩与页岩互层,弱风化 | 右岸固灌区下游侧 | 直剪 | $\tau_{岩}7$ | 1.13 | 0.29 | 1.1 | 0.23 |

④混凝土(C20)与岩体接触面直剪试验

工程开工后,对坝址区进行了混凝土与岩体接触面的直剪试验,试验强度参数见表4-9。

混凝土与砂岩接触面的抗剪断强度参数为$f'=1.06$,$c'=1.50$MPa,抗剪强度(摩擦)参数为$f=1.00$,$c=0.85$MPa;混凝土与页岩接触面的抗剪断强度参数为$f'=0.59$,$c'=1.40$MPa,抗剪强度(摩擦)参数为$f=0.50$,$c=1.20$MPa;$P_3Pel^{9-3}$亚段强风化砂岩夹页岩抗剪断强度参数为$f'=1.06$,$c'=0.58$MPa,抗剪强度参数为$f=0.92$,$c=0.56$MPa;$P_3Pel^{9-4}$亚段弱风化砂岩与页岩互层抗剪断强度参数为$f'=1.09$,$c'=0.8$MPa,抗剪强度参数为$f=0.88$,$c=0.43$MPa。可见$P_3Pel^9$亚段强、弱风化岩体与混凝土接触面的摩擦系数变化不大,主要是黏聚力依次降低,而微新砂岩、页岩与混凝土接触面的黏聚力变化不大,摩擦系数降低较多。

表 4-9  砼与岩体接触面直剪试验强度参数表

| 岩性 | 试验部位 | 剪切方式 | 试点组 | 抗剪断强度参数 | | 抗剪(摩擦)强度参数 | |
|---|---|---|---|---|---|---|---|
| | | | | $f'$ | $c'$/MPa | $f$ | $c$/MPa |
| $P_3Pel^{10}$砂岩新鲜 | 左岸546m平台 | 直剪 | $\tau_{岩}2$ | 1.06 | 1.5 | 1.0 | 0.85 |
| $P_3Pel^5$页岩微风化 | 左岸导流洞进口边坡 | 直剪 | $\tau_{岩}1$ | 0.59 | 1.4 | 0.47 | 1.26 |
| $P_3Pel^{9-3}$砂岩夹页岩,强风化 | 右岸462m平硐右边坡 | 直剪 | $\tau_{岩}8$ | 1.06 | 0.58 | 0.92 | 0.56 |
| $P_3Pel^{9-4}$砂岩与页岩互层,弱风化 | 右岸固灌区下游侧 | 直剪 | $\tau_{岩}7$ | 1.09 | 0.8 | 0.88 | 0.43 |

⑤缓倾角结构面直剪试验

分别对2组泥化结构面和2组硬性结构面进行直剪试验,试验强度参数见表4-10。为了减小试验离差的影响,将$\tau_{岩}1$组与$\tau_{岩}2$组,$\tau_{岩}3$组与$\tau_{岩}4$组的试点值合并整理,缓倾角砂岩泥化结构面抗剪断强度参数为$f'=0.48$,$c'=0.03$MPa,抗剪强度(摩擦)参数为$f=0.43$,$c=0.03$MPa;缓倾角砂岩硬性结构面抗剪断强度参数为$f'=0.97$,$c'=0.07$MPa,抗剪强度(摩擦)参数为$f=0.94$,$c=0.06$MPa。

表4-10　　缓倾角结构面直剪试验强度参数表

| 岩性 | 试验部位 | 剪切方式 | 试点组 | 抗剪断强度参数 | | 抗剪(摩擦)强度参数 | |
|---|---|---|---|---|---|---|---|
| | | | | $f'$ | $c'$/MPa | $f$ | $c$/MPa |
| 砂岩泥化结构面 | 左岸导流洞进口边坡 | 直剪 | $\tau_{岩}1$ | 0.41 | 0.17 | 0.32 | 0.15 |
| | 右岸546m平台边坡 | 直剪 | $\tau_{岩}2$ | 0.53 | 0.03 | 0.44 | 0.01 |
| | $\tau_{岩}1$与$\tau_{岩}2$综合 | | | 0.48 | 0.03 | 0.43 | 0.03 |
| 砂岩硬性结构面 | 右岸546m平台边坡 | 直剪 | $\tau_{岩}3$ | 0.93 | 0.03 | 0.9 | 0.03 |
| | 右岸546m平台边坡 | 直剪 | $\tau_{岩}4$ | 0.92 | 0.17 | 0.9 | 0.17 |
| | $\tau_{岩}3$与$\tau_{岩}4$综合 | | | 0.97 | 0.07 | 0.94 | 0.06 |

**4. 岩体及结构面物理力学参数建议值**

根据现场及室内试验成果,类比同类工程进行坝址区各类岩石(体)物理力学参数取值,建议岩石(体)物理力学参数值及结构面抗剪断强度参数值分别见表4-11、表4-12。

表4-11　　岩石(体)物理力学参数建议值

| 岩石名称 | 密度/(kN/m³) | 变模/GPa | 泊松比 | 岩体抗剪断强度参数 | | 砼/岩接触面抗剪断强度参数 | |
|---|---|---|---|---|---|---|---|
| | | | | $f'$ | $c'$/MPa | $f'$ | $c'$/MPa |
| $P_3Pel^{9-1}$(SW) | 25.5 | 3~5 | 0.3 | 0.8~0.9 | 0.6~0.8 | 0.7 | 0.5 |
| $P_3Pel^{9-1}$(MW) | 23.0 | 2~3 | 0.32 | 0.6 | 0.5 | | |
| $P_3Pel^{9-1}$(HW) | 22.0 | 0.4~0.6 | 0.35 | 0.3 | 0.1 | | |

续表

| 岩石名称 | 密度/(kN/m³) | 变模/GPa | 泊松比 | 岩体抗剪断强度参数 | | 砼/岩接触面抗剪断强度参数 | |
|---|---|---|---|---|---|---|---|
| | | | | $f'$ | $c'$/MPa | $f'$ | $c'$/MPa |
| $P_3Pel^{9-2}$(SW) | 25.2 | 1.5~3.5 | 0.32~0.35 | 0.6~0.7 | 0.5~0.7 | 0.6~0.7 | 0.45~0.55 |
| $P_3Pel^{9-2}$(MW) | 23.0 | 1.0 | 0.34 | 0.4~0.5 | 0.35~0.5 | | |
| $P_3Pel^{9-2}$(HW) | 22.0 | 0.3~0.5 | 0.35 | 0.25 | 0.1 | | |
| $P_3Pel^{9-3}$(SW) | 25.5 | 8~11 | 0.28~0.31 | 1~1.2 | 1~1.2 | 0.9~1.0 | 0.9~1.0 |
| $P_3Pel^{9-3}$(MW) | 23.0 | 5~7 | 0.32 | 0.8 | 0.8 | | |
| $P_3Pel^{9-3}$(HW) | 22.0 | 0.5~0.8 | 0.35 | 0.3 | 0.1 | | |
| $P_3Pel^{9-4}$(SW) | 25.5 | 3~5 | 0.3 | 0.8~0.9 | 0.6~0.8 | 0.7 | 0.5 |
| $P_3Pel^{9-4}$(MW) | 23.0 | 2~3 | 0.32 | 0.6 | 0.5 | | |
| $P_3Pel^{9-4}$(HW) | 22.0 | 0.4~0.6 | 0.35 | 0.3 | 0.1 | | |
| $P_3Pel^{10}$(SW) | 25.2 | 9~12 | 0.28 | 1.1~1.3 | 1.1~1.3 | 1.0 | 1.0 |
| $P_3Pel^{10}$(MW) | 25.0 | 6~8 | 0.3 | 0.85 | 0.85 | | |
| $P_3Pel^{10}$(HW) | 22.0 | 0.5~1.0 | 0.35 | 0.3 | 0.1 | | |
| $P_3Pel^{11}$(SW) | 25.5 | 8~11 | 0.28~0.31 | 1~1.2 | 1~1.2 | 0.9~1.0 | 0.9~1.0 |

表 4-12　　结构面抗剪断强度参数建议值

| 结构面类型 | | 抗剪断强度参数 | | 代表结构面 |
|---|---|---|---|---|
| | | $f'$ | $c'$/MPa | |
| 裂隙 | 泥化 | 0.2~0.25 | 0.02 | 强风化岩体中的裂隙 |
| | 碎屑充填、局部泥化 | 0.3~0.35 | 0.05 | T263、T236、T237、T240、T241 |
| | 无充填 | 0.45~0.55 | 0.1 | 河床坝段下微新岩体中的随机裂隙 |
| | 方解石胶结 | 0.6~0.7 | 0.2 | |
| 卸荷裂隙 | 泥化 | 0.18~0.2 | 0.005 | T81、T82、T83 |
| | 局部泥化 | 0.25~0.3 | 0.005 | |
| 软弱夹层 | | 0.45~0.55 | 0.3~0.4 | 新鲜状态的 T1、T2、T3、T16、T17、T18、T30、T32 等 |
| 断层 $F_7$ | | 0.25~0.3 | 0.2~0.3 | |

**5. 岩体结构与质量分级**

1) 坝基岩体结构与工程地质分类

坝址区岩体主要有三种类型的岩石组合：第一类为厚—巨厚层砂岩夹少量页岩；第二

类为砂岩与页岩组合岩体；第三类为薄层页岩及泥岩夹少量砂岩。根据三类岩体的完整性、岩层厚度及结构面发育情况，按《水利水电工程地质勘察规范》(GB 50487—2008)岩体结构分类标准，将坝址区岩体结构分为以下五类，见表4-13。

表4-13　　　　　　　　　　　坝址区、岩体结构分类表

| 岩体结构类型 | 特征描述 | 岩性代表 |
| --- | --- | --- |
| 巨厚层状结构 | 岩体完整，呈巨厚状，层厚大于100cm，结构面不发育，间距大于100cm | $P_3Pel^{10}$亚段砂岩、杂砂岩 |
| 互层结构 | 岩体较完整或完整性差，呈互层状，层厚一般10~30cm，结构面较发育或发育，间距一般10~30cm | $P_3Pel^{9-3}$亚段砂岩与页岩互层岩体 |
| 薄层结构 | 岩体完整性差，呈薄层状，层面发育，层厚一般小于10cm | $P_3Pel^{9-2}$亚段页岩 |
| 镶嵌、碎裂结构 | 岩体完整性差，岩块镶嵌紧密，结构面发育很好，间距一般10~30cm | $F_7$、$F_{280}$、$F_{281}$、$F_{283}$断层影响带 |
| 散体结构 | 岩体破碎，岩块夹碎屑及泥质或碎屑夹岩块 | 全、强风化带岩体 |

坝址区由砂岩、杂砂岩夹少量页岩岩体，强度高，完整性较好，但岩体密度较小，孔隙率较高，陡、缓倾角结构面较发育，按$A_{Ⅲ1}$类(见表4-14)。坝基岩体考虑其岩体工程性质；砂岩与页岩组合岩体，按$B_{Ⅳ1}$类坝基岩体考虑其岩体工程性质；薄层页岩及泥岩夹少量砂岩岩体，以软岩为主，按$C_Ⅳ$类坝基岩体考虑其岩体工程性质。

表4-14　　　　　　　　　　　坝址区岩体工程地质分类表

| 类别 | A 坚硬岩($R_c$>60MPa) | | B 中硬岩($R_c$=60~30MPa) | | C 软质岩($R_c$≤30MPa) | |
| --- | --- | --- | --- | --- | --- | --- |
| | 岩体特征 | 岩体工程性状评价 | 岩体特征 | 岩体工程性状评价 | 岩体特征 | 岩体工程性状评价 |
| Ⅲ | 砂岩、杂砂岩夹少量页岩<br><br>$A_{Ⅲ1}$：岩体呈次块状或中厚层状结构，结构面中等发育岩体中分布有缓倾角或陡倾角软弱结构面或影响坝基或坝肩稳定的楔体或棱体 | 岩体较完整，局部完整性差，强度较高，抗滑、抗变形性能在一定程度上受结构面控制，对影响岩体变形或稳定的结构面应做专门处理 | | | | |

续表

| 类别 | A 坚硬岩($R_c$>60MPa) | | B 中硬岩($R_c$=60~30MPa) | | C 软质岩($R_c$≤30MPa) | |
|---|---|---|---|---|---|---|
| | 岩体特征 | 岩体工程性状评价 | 岩体特征 | 岩体工程性状评价 | 岩体特征 | 岩体工程性状评价 |
| | | | 砂岩与页岩组合岩体 | | 薄层页岩、泥岩夹少量砂岩 | |
| Ⅳ | | | $B_{Ⅳ1}$：岩体呈互层状或薄层状，存在不利坝基稳定的软弱结构面、楔体或棱体 | 岩体完整性差，抗滑、抗变形性能明显受结构面和岩块间嵌合能力控制，需进行专门处理 | $C_Ⅳ$：岩石强度大于15MPa，结构面发育或岩体强度小于15MPa，结构面中等发育 | 岩体较完整，强度低，抗滑、抗变形性能较差，需进行专门处理 |

2) 岩体基本质量分级

根据《工程岩体分级标准》(GB/T 50218—2014)，岩体的基本质量由岩石的坚硬程度和岩体的完整程度两个因素确定，岩石的坚硬程度定量评价是以岩石饱和(湿)单轴抗压强度($R_c$)来评定的，而岩体的完整程度定量评价是以岩体与岩块的弹性纵波速度比值的平方(岩体完整性系数$K_v$)来确定的。根据试验与测试所确定的$R_c$、$K_v$，由下式确定岩体的基本质量指标(BQ)：BQ=100+3$R_c$+250$K_v$。其中，当$R_c$>90$K_v$+30 时，应以$R_c$=90$K_v$+30 代入；当$K_v$>0.04$R_c$+0.4 时，应以$K_v$=0.04$R_c$+0.4 代入。

岩体的基本质量级别按表 4-15 确定，由好至差分为Ⅰ至Ⅴ级。

表 4-15　　　　　　　　　　岩体的基本质量分级表

| 岩体的基本质量指标 BQ | >550 | 550~451 | 450~351 | 350~251 | <250 |
|---|---|---|---|---|---|
| 基本质量级别 | Ⅰ | Ⅱ | Ⅲ | Ⅳ | Ⅴ |

岩体完整性系数($K_v$)指岩体的纵波速度($V_{pm}$)与岩石的纵波速度($V_{pr}$)之比的平方值，即$K_v=(V_{pm}/V_{pr})^2$，该项指标能综合反映岩体完整性程度。根据物探测试成果进行综合分析，坝址区三类岩体的纵波波速建议值见表 4-16。

表 4-16　　　　　　　　　　坝区岩体及岩块声波建议值表

| 岩类 | 砂岩 | | | 砂岩与页岩组合岩体 | | | 页岩 | | |
|---|---|---|---|---|---|---|---|---|---|
| | 强风化 | 弱风化 | 微新 | 强风化 | 弱风化 | 微新 | 强风化 | 弱风化 | 微新 |
| $V_{pm}$/(m/s) | 1800~2000 | 2800~3000 | 3800~4000 | 1500~1800 | 2200~2500 | 3500~3800 | 1000~1300 | 1500~1800 | 2500~2800 |

续表

| 岩类 | 砂岩 | | | 砂岩与页岩组合岩体 | | | 页岩 | | |
|---|---|---|---|---|---|---|---|---|---|
| | 强风化 | 弱风化 | 微新 | 强风化 | 弱风化 | 微新 | 强风化 | 弱风化 | 微新 |
| $V_{pr}/(m/s)$ | | | 4200~4500 | | | 4000~4200 | | | 3000~3200 |

根据《岩土工程勘察规范(2009年版)》(GB 50021—2001)、现场声波测试成果及岩体宏观特征分析,坝址区各类岩体完整程度划分见表 4-17。

表 4-17　　　　　　　　　各类岩体完整程度表

| 岩类 | 砂岩 | | | 砂岩与页岩组合岩体 | | | 页岩、泥岩 | | |
|---|---|---|---|---|---|---|---|---|---|
| | 强风化 | 弱风化 | 微新 | 强风化 | 弱风化 | 微新 | 强风化 | 弱风化 | 微新 |
| 完整性系数 $K_v$ | 0.12 | 0.45 | 0.80 | 0.12 | 0.30 | 0.70 | 0.10 | 0.20 | 0.60 |
| 完整程度 | 极破碎 | 较破碎 | 完整 | 极破碎 | 破碎 | 较完整 | 极破碎 | 破碎 | 较完整 |

根据室内岩石力学试验成果 $R_c$ 值及岩石完整性系数 $K_v$ 值,确定坝址区三类岩体基本质量指标 BQ 值见表 4-18。

表 4-18　　　　　　　坝址区三类岩体基本质量指标 BQ 值表

| 岩性 | 岩块单轴饱和抗压强度 $R_c$/MPa | 岩体完整性 $K_v$ | BQ | 岩体基本质量级别 |
|---|---|---|---|---|
| 砂岩夹少量页岩 | 60~80 | 0.80 | 470~530 | Ⅱ |
| 砂、页岩组合岩体 | 30~45 | 0.70 | 355~400 | Ⅲ |
| 页岩、泥岩 | 5~15 | 0.60 | 255~285 | Ⅳ |

工程岩体级别应在岩体基本质量级别的基础上,结合不同建筑物的特点、部位,考虑地下水状态、初始应力状态、建筑物轴线与主要软弱结构面的组合关系等进行修正。对于各具体工程,岩体基本质量指标修正值[BQ]可按下式计算。

$$[BQ] = BQ - 100(K_1 + K_2 + K_3) \tag{4-1}$$

式中,$K_1$——地下水影响修正系数;

$K_2$——主要软弱结构面产状影响修正系数;

$K_3$——初始应力影响修正系数;

$K_1$、$K_2$、$K_3$ 值可分别按表 4-19、表 4-20、表 4-21 确定。

表4-19　地下水影响修正系数 $K_1$

| 地下水状态 \ BQ | >450 | 450~351 | 350~251 | <250 |
|---|---|---|---|---|
| 地下水位以上：潮湿或点滴出水 | 0 | 0.1 | 0.2~0.3 | 0.4~0.6 |
| 地下水位以下 0~10m：淋雨状或涌流状出水，水压小于 0.1MPa | 0.1 | 0.2~0.3 | 0.4~0.6 | 0.7~0.9 |
| 地下水位 10m 以下：淋雨状或涌流状出水，水压大于 0.1MPa | 0.2 | 0.4~0.6 | 0.7~0.9 | 1.0 |

表4-20　主要软弱结构面产状影响修正系数 $K_2$

| 结构面产状与建筑物轴线的组合关系 | 结构面走向与建筑物轴线夹角<30°，结构面倾角 30°~70° | 结构面走向与建筑物轴线夹角>60°，结构面倾角>75° | 其他组合 |
|---|---|---|---|
| $K_2$ | 0.2~0.6 | 0~0.2 | 0.2~0.4 |

表4-21　地应力状态影响修正系数 $K_3$

| $\dfrac{R_c}{\gamma H}$ \ BQ | >450 | 450~351 | 350~251 | <251 |
|---|---|---|---|---|
| <4 | 1.0 | 1.0~1.5 | 1.0~1.5 | 1.0 |
| 4~7 | 0.5 | 0.5 | 0.5~1.0 | 0.5~1.0 |
| >7 | 0 | 0 | 0 | 0 |

### 4.1.2　各坝段坝基岩体工程地质条件及评价

建坝岩体主要为 $P_3Pel^9$、$P_3Pel^{10}$、$P_3Pel^{11}$ 段地层，建坝岩体以 $P_3Pel^{10}$ 第10段砂岩为主，部分坝段置于第9段及第11段页岩地层上。由于断层 $F_{281}$ 的斜切，将两岸地层错开约 65m，使左岸坝基大部落在 $P_3Pel^{10}$ 段，仅 $6^{\#}$~$8^{\#}$ 坝段下游部分基础置于 $P_3Pel^{11}$ 段；河床坝基上游齿槽落在 $P_3Pel^9$ 段，其余分布在 $P_3Pel^{10}$ 段；右岸坝基上游齿槽落在 $P_3Pel^9$ 段，其余分布在 $P_3Pel^{10}$ 段，下游面与"圣石"连接，见图 4-24。

建坝岩体以 $P_3Pel^{10}$ 亚段浅灰色厚层—巨厚层砂岩、杂砂岩为主，岩体强度较高。但由于两岸浅表层的风化、卸荷作用以及部分缓倾角结构面的发育，使岩体的完整性降低。

**1. $1^{\#}$~$2^{\#}$ 坝段**

1）基础地质条件

$1^{\#}$~$2^{\#}$ 坝段位于左岸 EL 490~545m 高程段，沿坝轴线方向呈三级下台阶状，该坝段顺河向长度为 30~42m，垂直沐若河方向坝基宽度约 45m。

4.1 大坝工程地质研究

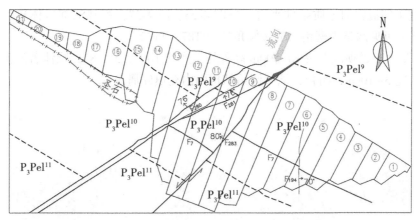

图 4-24 大坝地层岩性及构造分布示意图

大坝建基岩体岩性为 $P_3Pel^{10}$ 段浅灰色巨厚层砂岩夹软弱夹层(见图 4-25),地层走向与河流近于正交,倾角 80°~85°。岩体为 $A_{Ⅲ1}$ 类。

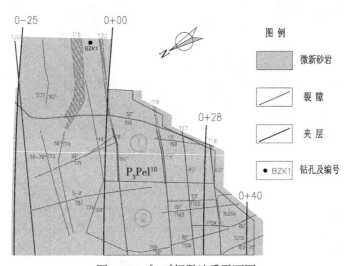

图 4-25 1#~2#坝段地质平面图

结构面以陡倾角裂隙和顺层剪切带(或软弱夹层)为主,少量缓倾角裂隙发育,一般在坝基下延伸长度为 15~20m,地表出露结构面多风化后色变呈黄褐色,充填碎屑物。沿结构面发育的弱风化带深度 20~25m。

EL 546m 平台的 BZK1 钻孔压水试验成果显示,至孔深 71m 以下透水率基本小于 1Lu。

2)大坝坝基抗滑稳定条件

1#~2#坝段建坝岩体全部为浅灰色巨厚层砂岩,在微新状态下,岩体本身的抗剪强度高,其抗剪断强度建议参数 $f' = 1.1~1.3$, $c' = 1.1~1.3$MPa,混凝土与基岩接触面抗剪断

强度参数 $f'=1.0$，$c'=1.0$MPa。

根据施工期揭露的地质条件来看，见图 4-26、图 4-27，坝基深部岩体较完整，仅在 1#坝段坝基下可见两条规模稍大的缓倾角裂隙 T87、T102。

T87：发育于 2#坝段上游 EL 500m 高程处，产状 100°∠5°~8°，顺沐若河流向延伸长度约 35m，宽 3~10cm，闭合，该缓倾角结构面内充填碎屑。

图 4-26  1#~2#坝段坝基开挖形态

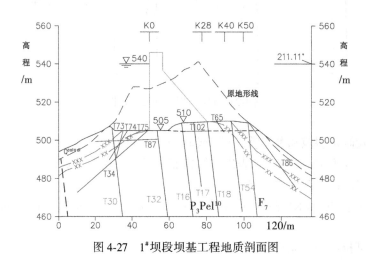

图 4-27  1#坝段坝基工程地质剖面图

T102：发育于 2#坝段下游 EL507m 高程处，产状 120°∠15°，顺沐若河流向延伸长度约 13m，裂隙宽 3~5cm，张开状，沿裂面强风化锈蚀为黄褐色，并夹有泥膜。

T87、T102 抗剪强度参数建议值为 $f'=0.3$~$0.35$，$c'=0.05\text{MPa}$。

3）坝基地质缺陷的处理措施及建议

大坝坝基岩体大部分为微新状岩体，坝基上游开挖成长约 10m，深约 5m 的齿槽，有利于大坝抗滑稳定。施工过程中对剪切带（或软弱夹层）T32、T16、T17、T18 等进行了掏槽置换处理。

同时，在施工过程中，地质对坝基岩体及岩体中的长大结构面提出以下地质建议：①加强坝基固结灌浆；②对 T87 和 T102 对大坝抗滑稳定的影响进行复核；③根据需要增加对 T87 和 T102 的勘探工作，通过补充勘探工作，进一步查明了该长大结构面的空间性状。

### 2. 3#~4#坝段

1）基础地质条件

3#~4#坝段位于左岸 EL 450~472m 高程，顺河向长度为 53~72m，垂直沭若河流向宽约 40m。

建坝岩体地层岩性为 $P_3pel^{10}$ 段浅灰色巨厚层砂岩夹泥岩及页岩等软弱夹层。地层走向 300°~310°，倾 SW，倾角 80°~85°。结构面以陡倾角顺层剪切带（或软弱夹层）与卸荷裂隙为主，顺坝轴线方向的剪切带（或软弱夹层）主要有 T32、T16、T17、T18、T54 等，陡倾角断层 $F_7$ 从尾部约 0+57m 桩号垂直河向穿过坝基。卸荷裂隙主要有 T82、T83 等两条宽大的卸荷张开裂隙顺沭若河流向切割坝基。坝基下顺卸荷裂隙两侧岩体风化较为强烈，多为强风化，形成块状风化，锈蚀为黄褐色，局部夹泥。坝后岩体风化强烈，弱风化带深度 40~45m（见图 4-28）。

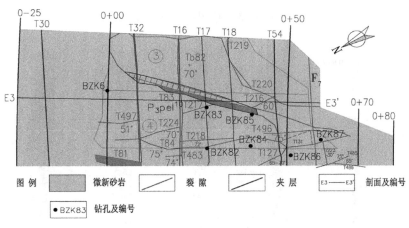

图 4-28 3#~4#坝段地质平面图

对该段坝基进行补充勘探，通过对勘探钻孔 BZK6 的压水试验成果进行分析，可以看出孔深 15m 以上至地表段岩体透水率大于 10Lu，为中等透水，在孔深 15~80m 范围内透水率为 3~10Lu，属弱透水。

2)坝基抗滑稳定边界条件分析

$3^{\#} \sim 4^{\#}$ 坝段坝基岩体均为贝拉加岩组第 10 段 $P_3Pel^{10}$ 巨厚层砂岩,在微新状态下,砂岩岩体抗剪强度高,建议抗剪断强度参数 $f' = 1.1 \sim 1.3$,$c' = 1.1 \sim 1.3$MPa,与砼接触面的抗剪断强度参数 $f' = 1.0$,$c' = 1.0$MPa。

通过对开挖揭露(图 4-29)及布置于 $4^{\#}$ 坝段的 BZK82、BZK83、BZK84、BZK85、BZK86、BZK87 等钻孔录像(图 4-30、图 4-31)综合分析,建基面以下没有长大缓倾角结构面,主要发现卸荷裂隙 T82、T83,在 T54 下游的坝基岩体中含有部分风化裂隙。$3^{\#}$、$4^{\#}$ 坝段坝基工程地质剖面示意图见图 4-32。

图 4-29 $3^{\#} \sim 4^{\#}$ 坝段基础开挖形态

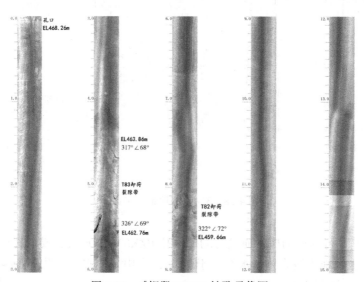

图 4-30 $4^{\#}$ 坝段 BZK83 钻孔录像图

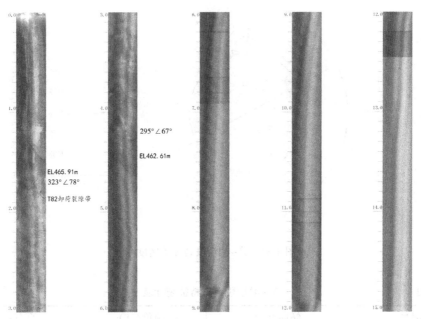

图 4-31 4#坝段 BZK85 钻孔录像图

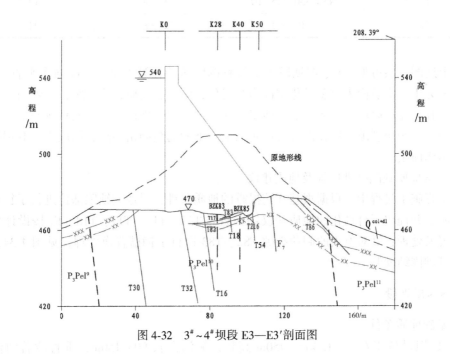

图 4-32 3#~4#坝段 E3—E3′剖面图

对开挖揭露裂隙及 BZK82~BZK87 钻孔内裂隙进行统计分析，共计 38 条，其特征见图 4-33 及表 4-22。

# 第4章 各主要建筑物工程地质研究

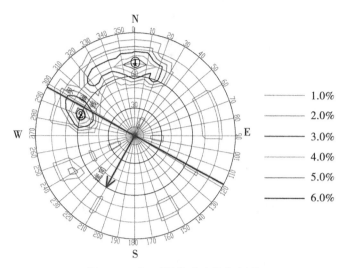

图 4-33  3#~4#坝段裂隙等密度图

表 4-22          3#~4#坝段裂隙特征统计表

| 编号 | 倾向/(°) | 倾角/(°) | 百分比/% |
| --- | --- | --- | --- |
| ① | NNW350~NNE10 | 66~74 | 13.2 |
| ② | 280~300 | 52~68 | 21.1 |

由上述图、表可见，3#、4#坝段主要发育两组裂隙：第①组，裂隙面多平直，粗糙，以无充填为主，沿裂面表层多风化锈蚀为黄褐色，附铁、钙质；第②组，裂隙面平直，粗糙，微张开，充填碎块及岩屑，沿裂面多风化锈蚀。建基面以下主要发育倾向上游或倾向右岸的中、高倾角裂隙，钻孔内未发现倾向上、下游的缓倾角裂隙，深层无控制坝基抗滑稳定的结构面组。

3）坝基地质缺陷处理措施及地质建议

在工程施工过程中，根据坝基开挖揭露的地质条件，对地质缺陷部位进行了针对性的处理措施，并提出了合理化的地质建议：①应对T32、T16、T17、T18、$F_7$按设计要求进行掏槽置换处理；②对宽大的卸荷裂隙T82、T83进行了掏槽置换处理，见图4-34；③建议加强基础固结灌浆。

### 3. 5#~8#坝段

1）基础地质条件

5#~8#坝段位于左岸EL 405~450m高程，顺河向长90~150m，垂直沐若河流向宽约100m。

桩号K0+0m至K0+95m地层岩性为$P_3Pel^{10}$段浅灰色巨厚层砂岩夹软弱夹层；桩号K0+95m至K0+130m地层岩性为$P_3Pel^{11}$段浅灰色中厚层至厚层砂岩夹深灰色薄层页岩。地层倾向210°~220°，倾角80°~85°。

图 4-34　3#坝段卸荷裂隙 T83 掏槽

$P_3Pel^{10}$砂岩中主要的软弱夹层有 T32、T16、T18、T54 等,断层 $F_{194}$ 从 6#坝段上游齿槽延伸至 5#坝段下游,长约 65m,与卸荷裂隙 T81 共同作用,将 5#坝基切割为三角状块体;断层 $F_7$ 从坝段下游 K0+55m 桩号处通过,顺层面发育,见图 4-35。

结构面以缓倾角和陡倾角卸荷裂隙为主,沿结构面存在风化加剧现象,风化色变呈黄褐色,裂隙内多为岩块、岩屑型充填。弱风化深度一般 20~25m。主要的卸荷裂隙为 T81,顺流向切穿第 5 坝段大部分坝基,裂隙张开宽 1~3m,沿卸荷带呈强风化,强风化岩体锈蚀为黄褐色,充填岩屑及泥质,性状差。

坝基下主要的缓倾角裂隙有 T236、T237、T240、T241 等,5#~8#坝段的坝基抗滑稳定条件主要受控于上述几条缓倾角裂隙,因此查清其埋藏范围及裂隙充填性质非常重要,为此在施工期针对这些长大结构面在各个坝段布置了钻孔并录像进行分析。

(1)T236、T237 空间展布特征

T236、T237 缓倾角裂隙主要出露高程为坝基下 426~429m 高程段,影响 5#、6#两个坝段。为了确定该缓倾角裂隙在空间的分布特征,施工期在 6#坝段 433m 平台布置 BZK72、BZK74、BZK75、BZK76、BZK79 五个钻孔,在 5#坝段 448m 平台布置 BZK73、BZK75 两个钻孔。通过补充勘察,结果表明在 6#坝段 433m 平台上的 4 个钻孔全部穿过 T236、T237、T238 裂隙。其中在桩号 0+40 上的 BZK72、BZK73 两个钻孔分别布置于 $F_{194}$

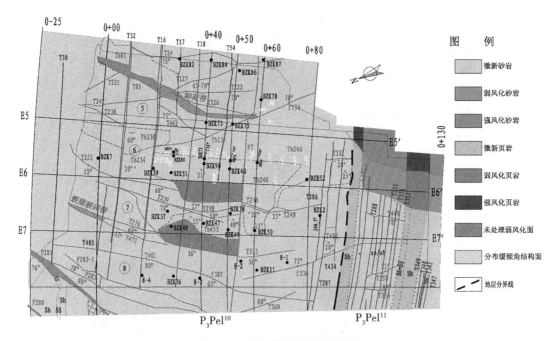

图 4-35 5#~8#坝段地质平面图

断层的两盘，结果显示位于 $F_{194}$ 断层内侧的 BZK73 孔没有发现上述缓倾角结构面（见图 4-36），说明 T236、T237 缓倾角结构面没有穿过 $F_{194}$ 断层。6#坝段 BZK73 钻孔录像见图 4-37。T236、T237 在坝轴线方向的延伸见图 4-38。

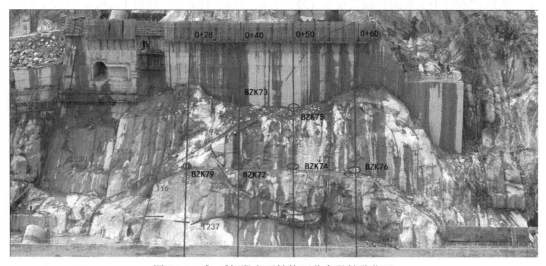

图 4-36 5#~7#坝段主要结构面分布及钻孔位置

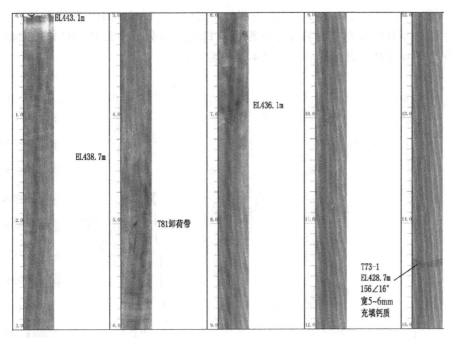

图 4-37　6#坝段 BZK73 钻孔录像图

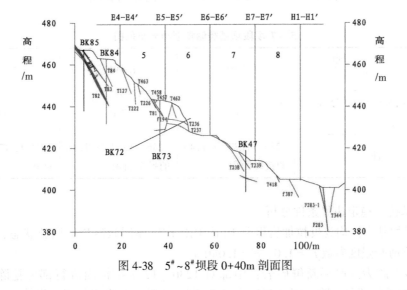

图 4-38　5#~8#坝段 0+40m 剖面图

(2) T241、T240 空间展布特征

T241 主要出露于 407~419m 平台间斜坡，上、下游以 T16 及 F7 为界。在施工期为了进一步查明 T240、T241 缓倾角裂隙的分布特征，在 419m 平台上布置 BZK37、BZK38、BZK47、BZK48、BZK49 等 5 个钻孔查明，该裂隙在 419m 平台延伸，施工期对该裂隙采取了挖除回填混凝土的措施，在开挖过程中揭露该裂隙被发育于 419m 平台内侧的顺河向陡倾裂隙 T238、T239 截断，没有向山内延伸，因此对 6#坝段无影响。T240 主要出露于

F7断层下游,基本与T237相接。钻孔及部分开挖显示,T240向山内延伸至f194。

通过对坝基开挖及施工期补充钻孔勘探资料的综合分析,T236、T237、T240、T241等缓倾角裂隙在坝基下展布的范围见图4-39、表4-23。

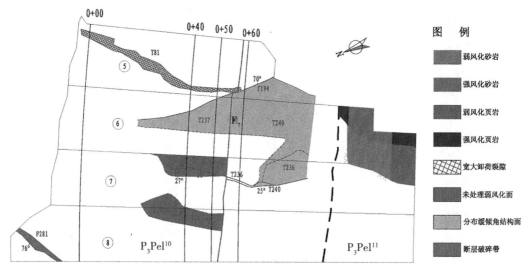

图4-39 5#~8#坝段T236、T237等缓倾角结构面分布图

表4-23　　　　　　　　5#~7#坝段坝基缓倾角裂隙分布范围

| 裂隙 \ 坝段 | 5#坝段 | 6#坝段 | 7#坝段 |
|---|---|---|---|
| 坝基下缓倾角结构面分布面积/m² | 165 | 750 | 145 |
| 备注 | T236、T237及T240的投影面积 | T236、T237及T240的投影面积 | T236及T240的投影面积 |

2)坝基抗滑稳定边界条件分析

5#坝段坝基岩体均为贝拉加岩组第10段$P_3Pel^{10}$巨厚层状砂岩,微新状态,建议与砼接触面的抗剪断强度参数$f'=1.0$,$c'=1.0$MPa。

6#坝段上游为巨厚层新鲜砂岩;中部对T236、T237结构面进行部分挖除;下游对T240结构面进行部分挖除;坝趾部位为$P_3Pel^{11-1}$亚段砂岩与页岩的组合岩体,呈强—弱风化状。

7#坝段上游为$P_3Pel^{10}$巨厚层新鲜砂岩;中部对T237结构面进行挖除,但在施工时部分T237风化面没有完全处理到新鲜面,残留厚度2~5cm的风化薄层,面积约230m²;下游为$P_3Pel^{11-1}$亚段砂岩与页岩的组合岩体,局部为强—弱风化状。

8#坝段上游为$P_3Pel^{10}$巨厚层新鲜砂岩;中部对T241结构面分布范围进行挖除,表层残留厚度2~5cm的风化薄层,面积约150m²;下游为$P_3Pel^{11-1}$亚段砂岩与页岩的组合岩体，新鲜状。

各坝段岩体分布范围及抗剪断强度参数建议值见表4-24。

表4-24　　　　$6^{\#} \sim 8^{\#}$坝段建基面岩体分布及建议抗剪断强度参数值

| 岩性 | 面积/m² | | | 建议砼/岩抗剪断强度值 | |
| --- | --- | --- | --- | --- | --- |
| | $6^{\#}$ | $7^{\#}$ | $8^{\#}$ | $f'$ | $c'$/MPa |
| 强风化砂岩 | 120 | — | | 0.3 | 0.1 |
| 弱风化砂岩 | 160 | 35 | | 0.8 | 0.5 |
| 微新砂岩 | 2290 | 2070 | 2400 | 1.0 | 1.0 |
| 强风化页岩 | 60 | | | 0.2 | 0.1 |
| 弱风化页岩 | 70 | 60 | | 0.4 | 0.2 |
| 微新页岩 | 50 | 170 | 200 | 0.5 | 0.5 |
| 弱风化裂隙面 | — | 230 | 150 | 0.8~1.0 | 0.5~0.7 |

(1) $5^{\#}$、$6^{\#}$坝段以 $F_{194}$ 断层为界，内侧深部岩体较完整，未见长大的缓倾角结构面，外侧受T236、T237、T240裂隙的影响，坝基岩体完整性局部较差。钻孔录像显示上述缓倾角裂隙以下岩体完整，坝基岩体条件见图4-40。

T237、T236、T240结构面都张开，沿裂面风化厚40~50cm，以无充填或充填岩块岩屑为主，建议取抗剪断强度参数 $f' = 0.45$，$c' = 0.1$MPa。

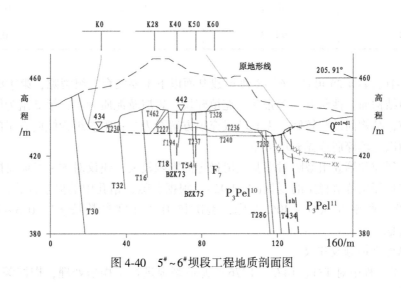

图4-40　$5^{\#} \sim 6^{\#}$坝段工程地质剖面图

(2) $7^{\#}$、$8^{\#}$坝段对T236、T237、T240、T241的展布范围均进行了挖除，深层抗滑稳定不受长大缓倾角结构面的控制。

(3)5#~8#坝段在上述缓倾角结构面以下无长大结构面发育,但 BZK8-1、BZK8-2、BZK8-3、BZK8-4、BZK11、BZK36~BZK38、BZK39、BZK40、BZK47~BZK52、BZK79、BZK90 等 18 个钻孔揭示还有部分随机裂隙发育,分布范围主要在坝基以下 10~15m 以内。裂隙统计分析见图 4-41 及表 4-25。

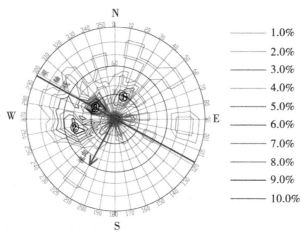

图 4-41　5#~8#坝段裂隙等密度图

表 4-25　　　　　　　　　　6#~8#坝段坝基岩体裂隙特征统计表

| 组号 | 倾向/(°) | 倾角/(°) | 百分比/% |
| --- | --- | --- | --- |
| ① | 10~40 | 30 | 6.0 |
| ② | 250~270 | 40~52 | 6.0 |
| ③ | 290~310 | 25~30 | 10.0 |

由图 4-41、表 4-25 可见,6#~8#坝段建基面以下主要发育三组裂隙,第①组为倾向上游的缓倾角结构面,性状差,多张开,充填碎块、岩屑及泥质为主;第②组为倾向下游的中倾角裂隙,结构面性状较好,无充填或充填方解石为主;第③组为倾向右岸的缓倾角裂隙,结构面以充填碎屑或无充填为主。

第①组裂隙和第③组裂隙对坝基抗滑稳定的影响较大,建议对 5#~8#坝段按该两组裂隙的组合进行深层抗滑稳定的复核(图 4-42)。根据裂隙在钻孔中的揭示性状,建议第①、③组裂隙线连通率按 30%~40% 考虑,裂隙抗剪断强度参数按 $f' = 0.3 \sim 0.35$,$c' = 0.05$MPa 考虑。

3)坝基处理措施及建议

(1)施工过程中对 T81、T473、T276 等卸荷裂隙进行了掏槽处理,掏挖深 1~3m,宽 1~2m,见图 4-43。

## 4.1 大坝工程地质研究

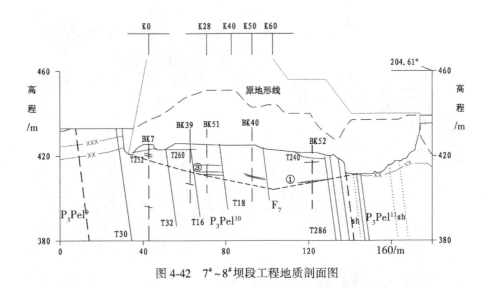

图 4-42  7#~8#坝段工程地质剖面图

图 4-43  5#坝段下游 T81 掏槽

(2)对 T236、T237、T240 进行了部分挖除,对 T241 进行了全部挖除(见图 4-44、图 4-45)。

图 4-44 6#坝段中部挖除后的 T237 裂隙面

图 4-45 7#~8#坝段挖除后的 T241 裂隙面

(3)坝基地质缺陷处理措施及地质建议：①T237、T240等缓倾角裂隙对5#、6#坝段的抗滑稳定有较大的影响，建议对该坝段进行抗滑稳定复核；②对5#~8#坝段坝基下优势结构面组进行抗滑稳定复核；③加强基础固结灌浆。

**4. 9#~12#坝段**

1）基础地质条件

9#~12#坝段主要为河床坝段，高程约EL 393~410m，顺河向长约150m，垂河向宽约81m，上游齿槽深约7m，中、下游为高程约EL 400m的平台。

上游桩号K0-30~K0+30地层为$P_3Pel^9$亚段浅灰色中厚层至厚层砂岩与薄层页岩组合岩体，中部坝段为$P_3Pel^{10}$亚段浅灰色厚层至巨厚层砂岩夹少量软弱夹层，下游坝段为$P_3Pel^{11}$亚段中厚层至厚层砂岩夹薄层页岩，岩层倾向210°~220°，倾角80°~85°。

断层$F_{280}$、$F_{281-1}$、$F_{281}$、$F_{283}$从河床通过，水平断距分别为18m、5m、40m、28m，这四条断层造成了大坝左、右岸地层的不一致，也是造成左、右岸山头不对称的原因（见图4-46）。但这几条断层破碎带皆不宽，一般为0.1~0.4m，呈线状构造，对大坝基础变形及抗滑稳定基本没影响。

根据勘探钻孔压水试验成果，$P_3Pel^9$亚段共进行压水试验63段，其中Lu值≤1，占17.5%；1<Lu值≤10，占71.4%；10<Lu值≤100，占7.9%；Lu值>100，占3.2%，以微透水和弱透水为主。$P_3Pel^{10}$亚段共进行压水试验32段，其中1<Lu值≤10，占62.5%；10<Lu值≤100，占37.5%，以弱透水和中等透水为主。

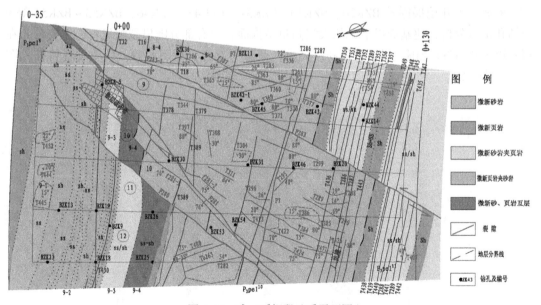

图4-46 9#~12#坝段地质平面图

2）河床坝基抗滑稳定边界条件分析

9#~12#坝段为河床坝段，大坝坝基岩体主要为贝拉加岩组第10段$P_3Pel^{10}$巨厚层砂岩体,微新状态,建议砼/岩接触面抗剪断强度参数 $f' = 1.0$, $c' = 1.0$MPa。

由于断层 $F_{280}$、$F_{281-1}$、$F_{281}$、$F_{283}$ 斜穿河床,造成地层错位,使河床坝段上游分布 $P_3Pel^9$ 亚段页岩与砂岩互层岩体,其中页岩占 69%;下游分布 $P_3Pel^{11}$ 段砂岩夹页岩地层,其中页岩占 31%。

页岩与砼接触面的抗剪断强度低,在微新状态下,建议与砼接触面的抗剪断强度值 $f' = 0.5$, $c' = 0.2$MPa。各坝段岩体分布统计见表 4-26。

表 4-26　　9#~12#坝段建基岩体分布面积统计一览表

| 大坝河床坝段建基岩体类型 | | 建议砼/岩抗剪断参数 | | 各坝段坝基分布面积/m² | | | |
| --- | --- | --- | --- | --- | --- | --- | --- |
| | | $f'$ | $c'$/MPa | 9# | 10# | 11# | 12# |
| $P_3Pel^{9-1}$ | 微新砂岩 | 0.85 | 0.85 | 80 | 160 | 156 | 91 |
| $P_3Pel^{9-2}$ | 微新页岩夹砂岩 | 0.5~0.6 | 0.5~0.6 | 460 | 435 | 551 | 570 |
| $P_3Pel^{9-3}$ | 微新砂岩夹页岩 | 0.8~0.9 | 0.8~0.9 | 45 | 100 | 159 | 195 |
| $P_3Pel^{9-4}$ | 微新砂、页岩互层 | 0.7~0.8 | 0.7~0.8 | 17 | 155 | 96 | 240 |
| $P_3Pel^{10}$ | 微新砂岩 | 1.0 | 1.0 | 1648 | 1449 | 1649 | 1480 |
| $P_3Pel^{11}$ | 微新砂岩 | 1.0 | 1.0 | 400 | 472 | 155 | 201 |
| | 微新页岩 | 0.5 | 0.5 | 219 | 191 | 81 | 92 |

根据施工开挖揭露及 BZK20、BZK30~BZK31、BZK43~BZK46、BZK53~BZK54 等 9 个钻孔录像分析,建基面以下无长大缓倾角结构面,但有部分随机裂隙发育,主要分布在坝基以下 0~12m 范围,以下岩体新鲜完整,裂隙不发育,见图 4-47。裂隙发育特征见图 4-48 及表 4-27。

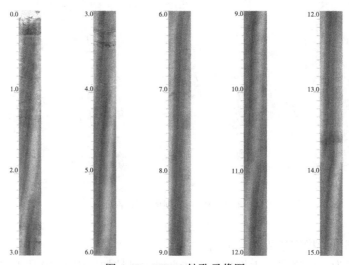

图 4-47　BZK43 钻孔录像图

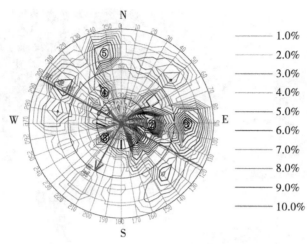

图 4-48 9#~12#坝段裂隙等密度图

表 4-27　　　　　　　　　9#~12#坝段裂隙特征统计表

| 组号 | 倾向/(°) | 倾角/(°) | 百分比/% |
| --- | --- | --- | --- |
| ① | 80~100 | 65~77 | 13.0 |
| ② | 80~110 | 35~43 | 12.0 |
| ③ | 220~240 | 20~30 | 6.0 |
| ④ | 320~340 | 37~50 | 7.0 |
| ⑤ | 330~360 | 66~80 | 7.0 |

由图 4-48、表 4-27 可见，坝基下主要发育五组裂隙，多以倾向上游或两岸的中高倾角裂隙为主，但是第③组为倾向下游的缓倾角裂隙，是影响坝基抗滑稳定的优势裂隙组，面多粗糙，张开，以无充填或充填方解石为主。缓倾角裂隙组抗剪断强度参数建议值为 $f'=0.45\sim0.55$，$c'=0.1\mathrm{MPa}$，线连通率为 30%~40%。

3）坝基处理措施及建议

河床坝基施工过程中，坝段上游 $P_3Pel^9$ 段地层为页岩与砂岩互层岩体，开挖形成深 7~12m 的齿槽，见图 4-49。对 $F_{280}$、$F_{281}$、$F_{283}$ 等断层进行了掏槽置换处理，见图 4-50。对 12#坝段中部的破碎岩体进行了固结灌浆。

河床坝段坝基地质缺陷处理措施及地质建议：（1）在施工期根据施工开挖揭露情况，对第③组裂隙抗滑稳定边界条件进行概化后提交设计并进行计算复核（见图 4-51）；（2）在施工期对河床坝段坝基岩体加强基础固结灌浆。

图 4-49 河床坝段上游齿槽

图 4-50 10#坝段断层 F283 处理

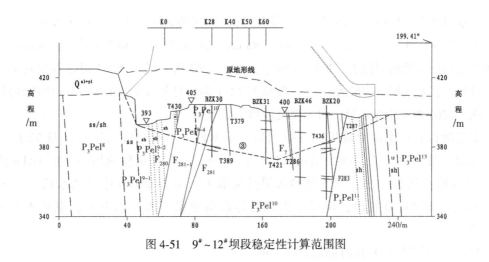

图 4-51 9#~12#坝段稳定性计算范围图

### 5. 13#~15#坝段

1) 基础地质条件

13#~15#坝段位于右岸 EL 420~475m 高程，顺沐若河流向长 65~140m，垂直沐若河横向宽约 60m，13#及 14#坝段上游为一齿槽，中部为向上凸起宽约 10m 的平台，第 15#坝段上游为高程 EL 453m 齿槽，下游为高程 EL 475m 平台，与"圣石"上游面连接。

上游齿槽为贝拉加岩组第 9 段 $P_3Pel^9$ 段页岩与砂岩组合岩体，页岩单层厚一般 8~10cm，砂岩单层厚一般 20~50cm，最厚约 1.5m；中部为贝拉加岩组第 10 段 $P_3Pel^{10}$ 浅灰色厚层—巨厚层砂岩，局部夹少量软弱夹层，砂岩单层厚度大于 2m，13#及 14#坝基下游岩体局部呈强—弱风化状，见图 4-52。

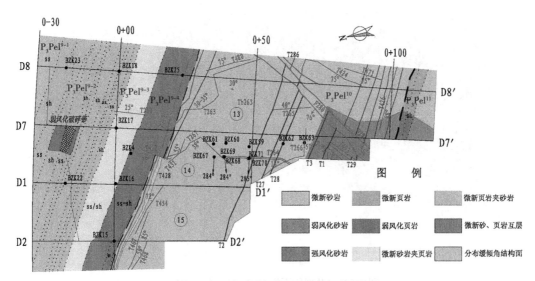

图 4-52 13#~15#坝段工程地质平面图

坝基岩体中结构面以剪切带（或软弱夹层）及中倾角裂隙为主。在该坝段揭露的主要软弱夹层有 T2、T3、T1 等，一般厚 80~100cm，其中砂岩中分布的软弱夹层在近地表部分风化强烈；主要的裂隙有 T263、T264、T265、T267 等，其中 T263 裂隙在坝基下延伸长，性状差，对大坝影响最大，T265 发育于 T2 下游，延伸较短，T264 仅向山内延伸 2m 即尖灭，T267 由于中倾上游，对大坝抗滑稳定影响小。

根据勘探孔压水试验成果，贝拉加岩组第 9 段 $P_3Pel^9$ 共进行压水试验 32 段，其中压水试验成果吕荣值 Lu≤1 微透水段占比 40.6%；压水试验成果吕荣值 1<Lu 值≤10 弱透水段占比 53.1%；压水试验成果吕荣值 10<Lu 值≤100 中等透水段占 6.3%，由压水试验成果可以看出，坝基下岩体总体以微透水和弱透水为主，中等透水段岩体极少。

2) 13#~14#坝段坝基抗滑稳定条件分析

13#~14#坝段坝基中部均为贝拉加岩组第 10 段 $P_3Pel^{10}$ 巨厚层微新状砂岩，该段砂岩在微新状态下，地质建议其抗剪断强度 $f'=1.0$，$c'=1.0$MPa；上游坝基均分布有页岩，而且在 14#坝段坝基下游部位分布强风化砂岩（图 4-53），建议其与砼接触面的抗剪断强度参数 $f'=0.3$，$c'=0.1$MPa。15#坝段坝基岩体均为贝拉加岩组第 9 段 $P_3Pel^9$ 段微新状岩体。各坝段岩体分布面积见表 4-28。

图 4-53　14#坝段下游 $P_3Pel^{10}$ 段强风化砂岩

表4-28　　　　　　　　　　13#~15#坝段建基岩体分布面积统计

| 建基面岩体类型 | | 建议砼/岩抗剪断参数 | | 各坝段坝基分布面积/m² | | |
|---|---|---|---|---|---|---|
| | | $f'$ | $c'$/MPa | 13# | 14# | 15# |
| $P_3Pel^{9-1}$ | 砂岩 | 微新 | 1.0 | 1.0 | 8 | — | — |

| 建基面岩体类型 | | | 建议砼/岩抗剪断参数 | | 各坝段坝基分布面积/m² | | |
|---|---|---|---|---|---|---|---|
| | | | $f'$ | $c'$/MPa | 13# | 14# | 15# |
| $P_3Pel^{9-1}$ | 砂岩 | | 1.0 | 1.0 | 8 | — | — |
| $P_3Pel^{9-2}$ | 页岩夹砂岩 | 微新 | 0.5~0.6 | 0.5~0.6 | 547 | 255 | 67 |
| | | 弱风化 | 0.3~0.4 | 0.3~0.4 | — | — | — |
| | | 强风化 | 0.2~0.3 | 0.2~0.3 | — | — | — |
| $P_3Pel^{9-3}$ | 微新砂岩夹页岩 | | 0.8~0.9 | 0.8~0.9 | 195 | 192 | 180 |
| $P_3Pel^{9-4}$ | 微新砂岩、页岩互层 | | 0.7~0.8 | 0.7~0.8 | 246 | 232 | 196 |
| $P_3Pel^{10}$ | 砂岩 | 微新 | 1.0 | 1.0 | 1290 | 926 | 784 |
| | | 弱风化 | 0.8 | 0.5 | 137 | 6 | — |
| | | 强风化 | 0.3 | 0.1 | 86 | 169 | — |
| $P_3Pel^{11}$ | 页岩 | 微新 | 0.5 | 0.5 | 39 | — | — |
| | | 弱风化 | 0.4 | 0.2 | 42 | — | — |
| | 砂岩 | 微新 | 1.0 | 1.0 | 81 | — | — |
| | | 弱风化 | 0.8 | 0.5 | 59 | — | — |

在施工期,根据施工地质揭露情况,对该坝段坝基岩体中分布的结构面统计后逐条进行分析,可以看出,该段坝基对坝基抗滑稳定有影响的结构面主要有T263及随机分布的裂隙。

(1)T263长大裂隙对坝基抗滑稳定的影响

根据施工开挖揭示(图4-54)可知,13#~14#坝段发育长大缓倾角结构面T263,倾向120°~130°,倾角30°~35°,宽93~105mm,裂面平直,闭合,充填褐黄色泥质及碎屑。

开挖揭露T263裂隙后,为查明13#~14#坝段T263裂隙在坝基下的空间分布特征,在该段坝基施工期布置钻孔并进行钻孔内采点(BZK59、BZK60、BZK61、BZK62、BZK71),通过对钻孔录像进行分析,T263裂隙在坝基的分布范围为:上游至第9段与第10段分界,下游至T2,向山内侧至T264和T267截止,总的分布高程为EL 420~450m,面积约500m²。

T263裂隙主要影响13#、14#坝段的抗滑稳定,建议对顺流向(图4-55)和顺坡向(图4-56)均进行抗滑稳定复核。其抗剪断强度参数建议值为$f'=0.3~0.35$,$c'=0.05$MPa。

(2)其他裂隙对坝基抗滑稳定的影响

除 T263 长大裂隙以外,在施工过程中,通过施工地质编录及钻孔内采点还揭露有部分随机裂隙,其统计规律见图 4-57 和表 4-29。

图 4-54  13#~14#坝段 T263 裂隙分布

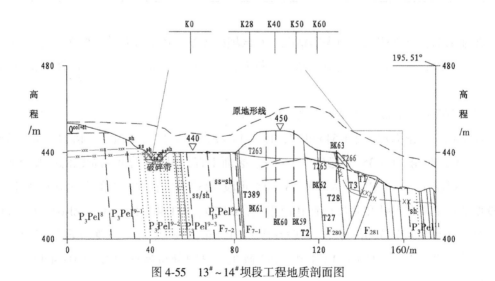

图 4-55  13#~14#坝段工程地质剖面图

## 4.1 大坝工程地质研究

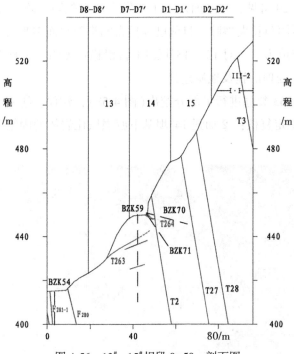

图 4-56 13#~15#坝段 0+50m 剖面图

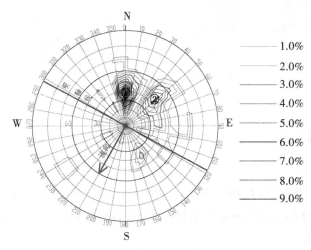

图 4-57 15#坝段裂隙等密度图

表 4-29  15#坝段坝基岩体裂隙特征统计表

| 裂隙组 | 倾向/(°) | 倾角/(°) | 百分比/% |
| --- | --- | --- | --- |
| ① | NNW350~NNE10 | 35~50 | 11 |
| ② | 40~60 | 31~45 | 13 |

103

由图4-57、表4-29可见,建基面以下主要发育两组裂隙,均为倾向上游的中倾角裂隙,坝基下未发现缓倾角长大裂隙。目前已经揭露的裂隙裂面多平直粗糙,闭合,以无充填或方解石及岩屑充填为主,对13#~15#坝段的抗滑稳定无明显影响。

3)坝基地质缺陷处理措施及地质建议

施工过程中对T263裂隙进行了部分挖出(图4-58),建议:①对于13#~15#坝段,对T263裂隙进行抗滑稳定复核;②加强14#坝基下游强风化岩体的固结灌浆。

图4-58　14#坝段T263结构面清挖处理

### 6. 16#~21#坝段

1)基础地质条件

16#~21#坝段位于右岸EL 465~533m,大坝顺河向长7~50m,宽约121m,坝段下游均与"圣石"连接。该部分坝基下游以不超过T2软弱夹层为界,T2下游的"圣石"岩体作为大坝的一部分挡水。

除16#上游齿槽为$P_3Pel^{9-3}$段砂岩夹页岩、$P_3Pel^{9-4}$段砂岩与页岩互层岩体以外,其余坝段基本全部为$P_3Pel^{10}$段浅灰色厚层至巨厚层砂岩夹软弱夹层,岩层倾向210°~220°,倾角80°~85°,见图4-59。

T2宽0.4~1m,施工开挖后,根据开挖揭露,该裂隙在EL460m以下T2较新鲜,再往下则呈强风化疏松状。根据15#坝段EL 463m高程的勘探平硐及地表开挖揭示,T2分布在15#~21#坝段部分性状差,夹一层10cm厚的泥化层。

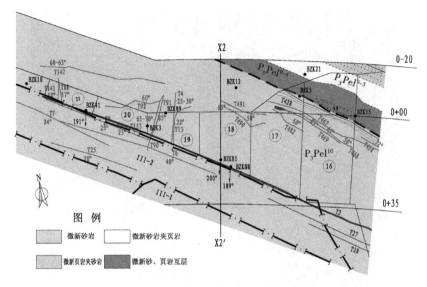

图 4-59　16#~21#坝段地质平面图

施工开挖后,根据需要对该坝段进行补充地质勘察,对坝址区 $P_3Pel^9$ 段钻孔进行了压水试验,共进行压水试验 23 段。对钻孔内压水试验成果统计分析,其中透水率 $q \leqslant 1Lu$ 的微透水地层占 39.1%;透水率 $1Lu<q \leqslant 10Lu$ 的弱透水地层占 47.8%;透水率 $10Lu<q \leqslant 100Lu$ 的中等透水地层占 13.1%,总体来看,该段地层总体以微、弱透水地层为主,有少量的中等透水地层。在 $P_3Pel^{10}$ 段地层中共进行了 55 段压水试验,其中透水率 $q \leqslant 1Lu$ 的微透水地层占 52.7%;透水率 $1Lu<q \leqslant 10Lu$ 的弱透水地层占 30.9%;透水率 $10Lu<q \leqslant 100Lu$ 的中等透水地层占 16.4%,总体以微、弱透水地层为主,有少量的中等透水地层。

2) 坝基抗滑稳定边界条件分析

16#坝段上游主要分布 $P_3Pel^9$ 段地层,其中 $P_3Pel^{9-4}$ 段地层分布面积 $170m^2$,在微新状态下,与砼接触面的抗剪断强度参数值 $f'=0.7$,$c'=0.5MPa$;$P_3Pel^{9-3}$ 段分布面积 $100m^2$,在微新状态下,与砼接触面的抗剪断强度参数值 $f'=0.9\sim1.0$,$c'=0.9\sim1.0MPa$;下游全为巨厚层砂岩。

17#~21#坝段建坝基岩全为浅灰色巨厚层砂岩,在微新状态下,建议混凝土与基岩接触面抗剪断强度参数 $f'=1.0$,$c'=1.0MPa$。

根据施工开挖揭示(图 4-60),在 16#~21#坝段主要的缓倾结构为发育于高程 EL 506m 附近的 T4、T13 裂隙,主要影响 19#坝段,该产状分别为 221°∠23°、110°∠22°。其中 T4 裂面粗糙,闭合,无充填或充填岩屑;T13 裂面粗糙,弱风化锈蚀为黄褐色,闭合,充填岩屑及泥质。

图 4-60　16#~21#坝段主要结构面分布

(1) 长大缓倾角裂隙 T4、T13 在坝基下的展布

通过施工期地质编录结合布置于 18#~20# 坝段的钻孔综合分析，T4、T13 裂隙在坝轴线方向延伸至 EL 506m 平台（图 4-61），向下游延伸至 T2。

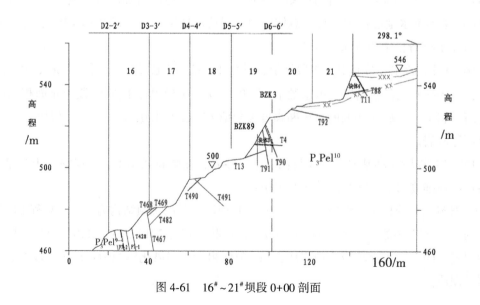

图 4-61　16#~21# 坝段 0+00 剖面

T4裂隙沿坝轴线方向分布于高程EL 507~512m,延伸长约7m,分布面积约125m²;T13裂隙沿坝轴线方向分布于高程EL 506~510m,延伸长约7m,分布面积约130m²。

(2)坝基下其他随机裂隙

对钻孔录像及坝基编录的47条裂隙进行统计分析,其特征见图4-62。

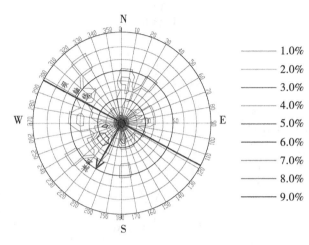

图4-62 16#~21#坝段裂隙等密度图

由图4-62可见,坝基下裂隙分布散乱,无明显优势方向。

(3)"圣石"坝基以下岩体结构面发育情况

由于16#~21#坝段下游将依托"圣石"砂岩,因此,坝基下"圣石"岩体的完整性至关重要,为此在18#、20#坝段分别布置BZK41、BZK88勘探孔,钻孔顺流向斜向下游,钻孔深度均为80m。

钻孔录像表明,坝基以下"圣石"砂岩在T2至T3之间岩体完整,基本无裂隙发育(图4-63、图4-64)。

3)坝基地质缺陷处理措施及地质建议

根据对T2夹层分布在19#~21#坝段部分进行槽挖置换混凝土处理(掏槽深一般5~6m,宽约1m)的经验。建议:①挖除以T4为底滑面形成的3号块体;②对于16#~21#坝段,建议对T4、T13进行抗滑稳定复核;③在"圣石"研究过程中加强对T2至T3之间岩体抗滑稳定性研究;④加强基础固结灌浆。

### 4.1.3 大坝防渗帷幕工程地质条件及评价

水库正常蓄水位540m,大坝下游枯水位412m,水库蓄水后,大坝最大挡水水头约128m。坝址区两岸最高高程630m左右,630m以下为"V"型河谷地貌,两岸地形封闭条件总体较好,但顶部山脊厚度较薄。建坝岩体为杂砂岩、泥岩及页岩等,岸坡浅表部裂隙发育，存在坝基及绕坝渗漏的可能，必须设置防渗帷幕。

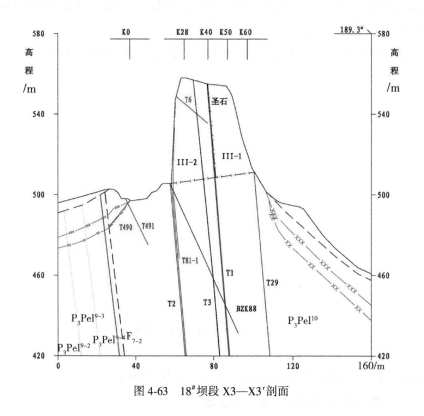

图 4-63　18#坝段 X3—X3′剖面

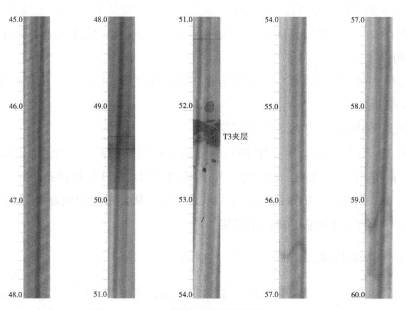

图 4-64　BZK88 钻孔录像图(孔深 45~60m)

**1. 防渗帷幕线路选择**

帷幕线路布置必须符合如下原则:

(1)帷幕端点必须可靠:①可接具有一定厚度的未被断层错断的隔水层;②可接厚度较大的未被断层错断的、可靠的相对隔水层;③可接经勘察充分证实的微弱透水岩体(透水率<3Lu);④可接与正常蓄水位高程一致的、可靠的、高地下水位岩体。

(2)帷幕必须进入隔水层、可靠的相对隔水层或微弱透水(透水率<3Lu)岩体,对高坝大库而言,河床坝基和近岸段帷幕下限应进入微透水(透水率<1Lu)岩体。

(3)帷幕线路应尽量短。

沐若水电站建坝岩体以砂岩、泥岩及页岩为主;其中砂岩岩体透水性受结构面发育程度影响较大,为裂隙型网络状水文地质结构,而发育在第9段的泥岩页岩可作为隔水岩组;浅表部弱风化及卸荷岩体裂隙较发育,属透水岩体,其下微风化状岩体完整性较好,为坝址区微弱透水岩组。

根据沐若水电站坝址区两岸地下水长期观测资料,坝址两岸近岸地段地下水位埋深略高于沐若河水位,且地下水位受降雨影响较大,水位变幅较大,因此,帷幕端点无法接两岸地下水位。两岸帷幕端点应选择在540m高程处接 $q<3Lu$ 的相对隔水岩组,帷幕下限在河床及近岸坝段接 $q<1Lu$ 微透水岩组。

**2. 防渗帷幕工程地质条件与评价**

大坝防渗帷幕线(图4-65)沿坝轴线EL 546m高程以下布置,左岸帷幕端头在546m高程灌浆平硐内封闭,右岸帷幕线到达高程EL 546m平台后沿"圣石"方向平行布置,轴线总长约800m。

沿帷幕线主要分布 $P_3Pel^{10}$ 段、$P_3Pel^9$ 段地层,其中 $10^\#\sim16^\#$ 坝段为 $P_3Pel^9$ 段相对隔水岩体,长约140m,占总长的17.5%。

沿左岸帷幕轴线以发育宽大的高倾角卸荷裂隙、软弱夹层及高倾角裂隙为主,如T81、T82、T83、T32、T15、T473、T276等;河床 $9^\#\sim11^\#$ 坝段主要发育有高倾角断层 $F_{283-1}$、$F_{283}$、$F_{281}$、$F_{281-1}$、$F_{280}$,形成了一个宽大的断层破碎带影响区,宽约27m;右岸 $19^\#\sim21^\#$ 坝段帷幕线下游平行发育宽大夹层T2,距帷幕线仅约5m。

沿帷幕轴线共布置13个压水试验钻孔,其中 $P_3Pel^9$ 段布置6个钻孔,$P_3Pel^{10}$ 段布置5个钻孔,断层影响带布置2个钻孔。根据压水试验成果统计,共进行176段岩体透水试验,每段长约为5m,其中透水率 $q\leq1Lu$ 的微透水岩体59段,占33.5%;透水率 $1Lu<q\leq10Lu$ 的弱透水岩体100段,占56.8%;透水率 $10Lu<q\leq100Lu$ 的中等透水岩体15段,占8.5%;透水率 $q>100Lu$ 的强透水岩体2段,占1.2%。岩体以微、弱透水为主。

对坝址区钻孔压水试验成果进行统计分析可以看出,在 $P_3Pel^9$ 段地层,一般建基面以

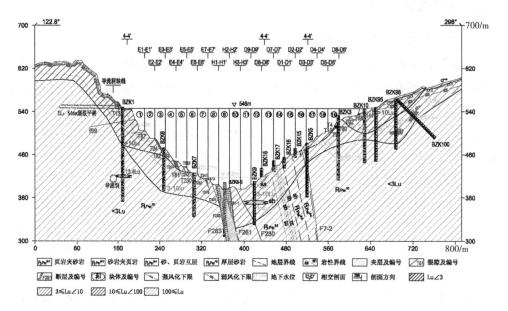

图 4-65 大坝防渗帷幕轴线渗透剖面图

下 50m，透水率 $q<10$Lu；在埋深 50m 以下，透水率 $q<3$Lu。$P_3Pel^{10}$ 段地层一般建基面以下 70m，透水率 $q<10$Lu；建基面 70m 以下，透水率 $q<3$Lu。

坝段地下水位埋深较浅，一般在建基面以下 10~30m，钻孔 BZK3 水位埋深最大，约 73m。根据水位长期观测孔 BZK1、BZK3、BZK10 的监测结果，观测孔 BZK1 水位在高程 EL 480~510m 间变化，观测孔 BZK3 水位在高程 EL 440~455m 间变化，观测孔 BZK10 水位在 EL 490~510m 高程间变化，地下水位动态变化幅度不大。

2）防渗帷幕工程地质条件评价

（1）$P_3Pel^{10}$ 段为厚层至巨厚层砂岩、$P_3Pel^9$ 段为砂岩与页岩组合岩体，无岩溶渗透问题，有利于实施防渗帷幕工程。

（2）左岸坝段发育 T81、T82、T83 高倾角卸荷裂隙，与帷幕轴线近乎正交，延伸长，影响范围宽；7#坝段高倾角裂隙 T276、T473 形成的弱风化破碎带，与帷幕轴线近乎正交，影响宽度 1~2m；9#~10#坝段发育断层 $F_{280}$、$F_{281}$、$F_{281-1}$、$F_{283}$，斜穿河床，与帷幕轴线成 50°夹角。均易与上、下游连通，形成地下水的渗流通道，建议加强帷幕灌浆。

（3）左岸防渗帷幕端头接 $P_3Pel^{10}$ 段巨厚层砂岩体；右岸帷幕线到达 EL 546m 后，建议将右岸帷幕端头接至 $P_3Pel^{9-2}$ 段地层。帷幕端头应满足防渗标准要求。

（4）建议在帷幕实施过程中，结合先导孔确定帷幕下限及端头。

### 4.1.4 施工过程中的工程地质问题及处理措施

**1. 左坝肩边坡稳定及软弱结构面的处理措施建议**

至2009年10月2日,左坝肩边坡已经开挖至510m高程。从开挖揭示的情况看,坝基岩体贝拉加岩组第10段($P_3Pel^{10}$)厚层、巨厚层砂岩呈微风化至新鲜状态,但发育有7条竖向较宽大且性状较差的软弱结构面;在大坝上、下游两侧分别由卸荷裂隙、临空面、断层等围限而成2个稳定性较差的危岩体。总体面貌见图4-66,基本情况如下。

图4-66 左坝肩边坡开挖形态

1)危岩体

在大坝上、下游边坡岩体卸荷均较严重,其中上游严重卸荷带以T15为后缘边界界线,下游严重卸荷带以T54为后缘边界界线,T54与T65之间为弱卸荷带。严重卸荷带内裂隙发育且普遍张开,形成众多不稳定块体,其中Ⅴ号及Ⅵ号危岩体均分别发育于上、下游严重卸荷带中。性状分别如下:

(1)Ⅴ号危岩体(见图4-67):发育于大坝上游边坡,距坝轴线约5m,前缘高陡临空,后缘为卸荷张开裂隙T15,中下部发育缓倾角断层$F_{59}$。其中T15宽50~100cm,顺裂隙张开且强风化充填粉砂、黏土、砂屑等,危岩体与后缘山体联结较弱。

危岩体长约40m,高约35m,最厚15m左右,断面呈上宽下窄"倒梯形"结构,上部宽大,向下逐渐变窄,总体积1.2万 m³。该危岩体整体稳定性差,极易产生倾倒破坏可能,对下部大坝边坡施工安全存在严重威胁。

(2)Ⅵ号危岩体(见图4-68):发育于大坝下游,距坝轴线46m,顺坡面发育,后缘为断层$F_7$,底部为一条中缓倾角裂隙T66。其中$F_7$断层在此卸荷张开,充填碎块石夹土,使得危岩体与后缘岩体切开；底部的T66走向340°，倾向SW，倾角39°，张开宽80～100cm，断续充填块石夹土，局部有架空现象。

图4-67　Ⅴ号危岩体

图4-68　Ⅵ号危岩体

该危岩体呈"上小下大"的楔形结构,顺河向长约43m,高约40m,厚约18m,总体积约1.5万 $m^3$,主要向230°方向滑动破坏为主;该危岩体现状整体稳定性差,且控制性结构面受地表降雨入渗,结构面参数降低,会在强降雨或施工爆破时产生破坏解体的可能性。Ⅵ号危岩体高悬于生态电站之上,对下部道路及边坡施工也构成了很大威胁。

2)结构面

边坡由上游至下游分别发育 T15、T32、T16、T17、T65、T18、T54、$F_7$ 等竖向软弱结构面,各结构面特征见表4-30。

表4-30　　　　　　　　　　　　左坝肩软弱结构面特征统计表

| 编号 | 产状 | | | 宽度/m | 主要特征 |
| --- | --- | --- | --- | --- | --- |
| | 走向/(°) | 倾向 | 倾角/(°) | | |
| T15 | 292 | NE | 60~76 | 1~2.5 | 卸荷张开裂隙,顺层发育,岩性为薄层粉砂岩,风化呈灰黄色,呈碎屑或土状,性状差 |
| T32 | 300 | SW | 80 | 0.5 | 软弱夹层,粉砂岩、页岩,风化成黄色碎屑土 |
| T16 | 300 | SW | 77 | 0.6~1 | 为软弱夹层,顺层发育,岩性为薄层粉砂岩,在强、弱风化带内风化呈灰黄色,呈碎屑或土状 |
| T17 | 320 | SW | 60~78 | 0.5 | 为软弱夹层,顺层发育,岩性为薄层粉砂岩,在强、弱风化带内风化呈灰黄色,呈碎屑或土状 |
| T65 | 345 | SW | 47 | 0.5~1 | 卸荷张开裂隙,岩性为薄层粉砂岩,风化呈灰黄色,呈碎屑或土状,性状差 |
| T18 | 305 | SW | 80 | 0.5~1 | 为软弱夹层,顺层发育,岩性为薄层粉砂岩,在强、弱风化带内风化呈灰黄色,呈碎屑或土状 |
| T54 | 320 | SW | 75 | 1.0 | 软弱夹层,顺层发育,岩性为薄层粉砂岩,在强、弱风化带内风化呈灰黄色,呈碎屑或土状 |
| $F_7$ | 300 | SW | 70~83 | 2~4 | 构造岩为断层角砾岩,角砾大小一般2~5cm,大者30cm,角砾物质成分为泥岩及砂岩,呈次棱角状、次圆状,断层角砾呈定向排列,角砾长轴方向120°,局部见有光面和擦痕,局部顺断层面卸荷张开 |

(1)边坡中竖向软弱结构面较多,且均顺结构面强风化较深,风化后结构面抗压缩、抗剪切性能均较差,且易沟通缓倾角裂隙,降低大坝的抗滑稳定性,另外这些结构面的透水性较强,对大坝抗滑稳定也不利。

(2) 在已开挖形成的坡面中，长大的缓倾角结构面仅有 $F_{59}$ 断层，倾向 145°，倾角 36°。主要特征为：宽 5~20cm，平直，构造岩为碎裂岩，上断面约有 0.2cm 的断层泥或砂屑，下部主要为碎裂岩，发育较多剪张裂隙，呈逆推性质，错距 20~50cm。

在该断层下盘有 6 条缓倾角裂隙，为断层影响裂隙，间距 20~50cm，平直，面附泥膜，断续状见有方解石充填。

这些缓倾角结构面在坝基下均完全连通，且附泥膜，与竖向结构面互相沟通，对大坝的抗滑稳定十分不利。

3) 地质建议

(1) 对 Ⅴ、Ⅵ 号危岩体应进行处理，可以采取锚固或清除。在未处理之前应加强安全监测。

(2) 竖向软弱结构面的处理：在建基面附近应进行槽挖后置换混凝土处理，难以置换的深部应进行固结灌浆处理；缓倾角结构面的处理：$F_{59}$ 发育高程 521~531m，在坝体范围内完全贯通，顺断层面附有泥膜，抗剪断强度低（$f'=0.25~0.28$，$c'=0.05$MPa）。建议进行阻滑处理，可以采取阻滑键的处理措施。

(3) 边坡系统支护应及时进行，并加强安全监测。

图 4-69 为左坝肩平面地质图；图 4-70 为左坝肩危岩体剖面图。

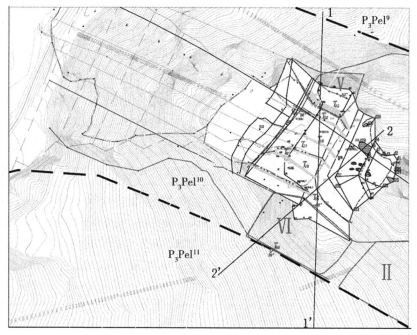

图 4-69　左坝肩平面地质图

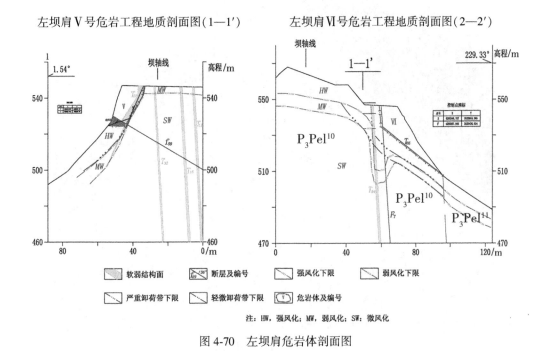

图 4-70 左坝肩危岩体剖面图

## 2. 左坝肩第 3、4 坝段坝基岩体稳定问题及处理措施建议

至 2010 年 3 月 20 日，左坝肩边坡已经开挖至 463m 高程，即已完成 $1^{\#} \sim 4^{\#}$ 坝段的开挖，第一坝段已开始浇筑（总体面貌见图 4-71）。从开挖揭示的情况看，坝基岩体为贝拉加岩组第 10 段（$P_3Pel^{10}$）厚层、巨厚层砂岩，在 463m 高程以上岩体呈微风化至新鲜状态，463m 高程以下岩体风化强烈。495m 平台外侧发育 4 条顺河向的卸荷裂隙（T81、T82、T83、T84）；高程 468m、501m 处发育两条缓倾角裂隙（T85、T87），其中 T85 与 T82、T83、$F_7$、T32 等竖向软弱结构面围限形成两块体①、②。T85 缓倾角结构面发育在 468m 高程处，倾向 125°，倾角 12°～15°，宽 3～8cm，为硬性结构面，沿裂隙面两侧风化呈黄色，黄色岩体厚 10～20cm，上游延伸至 T32，下游延伸至 $F_7$，长 40m 左右。此缓倾角位于坝体之中，对坝基稳定存在一定影响。

块体①：由 T82（图 4-72）、T32、T7、T85 切割后形成，呈上窄下宽的"靠椅式"形状，495m 高程处长 16.2m、468m 高程处长 40m、高 27m，上部厚 4～5m，下部厚 13m，体积约 5500m³。块体②：由 T83、T32、$F_7$、T85 围限而成，为块体①的外侧部分，由 T83 切割而成，呈三角体，长 40m，宽 2～8m，厚 8～10m，体积约 1200m³。见图 4-73。

图 4-71 左坝肩边坡开挖形态

图 4-72 T82 风化卸荷裂隙

## 4.1 大坝工程地质研究

图 4-73 块体②

T81、T82、T83、T84、T85、T87 六条裂隙发育于高程 463~505m 之间，各结构面特征见表 4-31。

表 4-31 左坝肩结构面特征统计表

| 编号 | 产状/(°) | | | 宽度/m | 主要特征 | 强度系数参考值 | |
| --- | --- | --- | --- | --- | --- | --- | --- |
| | 走向 | 倾向 | 倾角 | | | $c'$/MPa | $f'$ |
| T81 | 40 | NW | 60~70 | 0.5~2.5 | 卸荷张开，夹灰黄色风化薄层粉砂岩，呈碎屑及碎块状，性状差 | | |
| T82 | 25 | NW | 62~75 | 0.5~2.5 | 卸荷张开，夹灰黄色风化薄层粉砂岩，呈碎屑及碎块状，其间同方向的裂隙面发育，间距 0.5m 左右，性状差 | 0.02 | 0.35 |
| T83 | 15 | NW | 62~75 | 0.2~0.4 | 卸荷张开，夹灰黄色风化薄层粉砂岩，呈碎屑及碎块状，性状差 | | |
| T84 | 320 | SW | 75~80 | 0.5~2.5 | 卸荷张开，夹灰黄色风化薄层粉砂岩，呈碎屑及碎块状，其间同方向的裂隙面发育，间距 0.5m 左右，性状差 | | |

续表

| 编号 | 产状/(°) | | | 宽度/m | 主要特征 | 强度系数参考值 | |
|---|---|---|---|---|---|---|---|
| | 走向 | 倾向 | 倾角 | | | $c'$/MPa | $f'$ |
| T85 | 35 | SE | 12~15 | 0.03~0.08 | 沿裂面两侧风化呈黄色 | 0.05 | 0.25~0.28 |
| T87 | 10 | SE | 5~8 | 0.03~0.1 | 充填碎屑，顺河向延伸25m左右 | | |

地质建议：

(1) 左岸坝基开挖揭示了较多的顺河向裂隙，与缓倾角结构面组合后必定对坝基抗滑稳定不利，存在坝基抗滑稳定问题，应加强处理措施。特别是左岸 $F_{59}$ 山内侧，可能也存在顺河向结构面的切割问题，但难以准确定位，应有相应的处理考虑。

(2) 对块体①、②应考虑加固措施或予以挖除。

(3) 高程463m平台已形成，主要为强风化及强卸荷岩体（图4-74、图4-75），不宜作为建基面，应考虑开挖方案及处理对策。左坝肩平面地质图见图4-76；左坝肩块体剖面图见图4-77。

图4-74 严重风化卸荷带

## 4.1 大坝工程地质研究

图 4-75 463m 平台严重风化卸荷岩体

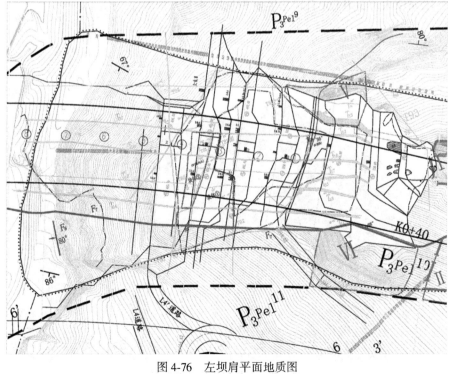

图 4-76 左坝肩平面地质图

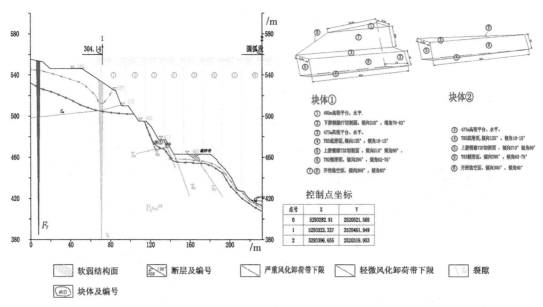

图 4-77 左坝肩块体剖面图

## 3. 右坝肩 18#~21# 坝段坝基岩体稳定问题及处理措施建议

至 2010 年 3 月 28 日，右坝肩边坡已经开挖至 510m 高程，完成了 21#~19# 坝段的开挖，18 坝段完成大部分开挖(右岸总体面貌见图 4-78)。

图 4-78 右坝肩边坡开挖形态

18#~21#坝段坝基岩体为贝拉加岩组第10段($P_3Pel^{10}$)厚层、巨厚层砂岩，岩体呈微风化至新鲜状态。在坝段的上、下游分别发育T11、T2夹层，在533m高程及515~502m高程分别发育T88、T4缓倾角裂隙。

（1）21#坝段：在21#坝段534~538m处发育T88缓倾角裂隙，倾向175°，倾角17°，该裂隙宽3~10cm，充填1~3cm泥及碎屑，在坡面上裂隙迹线长9m，分支成两条，呈倒"Y"字形，上、下游被T11、T2切割（见图4-79）。

图4-79 T88缓倾角结构面

（2）18#~19#坝段：在此两坝段中515~502m高程处发育T4缓倾角裂隙，倾向214°，倾角30°，宽10~20cm，充填3~5cm泥及碎屑，沿裂隙两侧岩体10~20cm风化呈黄色，在坡面上迹线长约60m。这样T4为底滑面，T90为侧滑面，上、下游被T11、T4切割，形成了块体③，后缘长18m，临空面约25.4m，底面长约40m，长方量约2600m³，见图4-80。

在18#~21#坝块发育有T88、T90、T4、T11 4条主要裂隙和T2夹层，各结构面特征见表4-32。

图 4-80 T4 缓倾角结构面

表 4-32 右坝肩结构面特征统计表

| 编号 | 产状/(°) | | | 宽度/m | 主要特征 | 强度系数参考值 | |
| --- | --- | --- | --- | --- | --- | --- | --- |
| | 走向 | 倾向 | 倾角 | | | $c'$/MPa | $f'$ |
| T2 | 305 | SW | 85 | 0.4~1 | 内夹薄层粉砂岩夹页岩，灰黄色，呈碎屑或土状，性状差，为块体③的下界面 | 0.02 | 0.35 |
| T11 | 10 | NE | 75 | 0.5~1 | 内夹薄层粉砂岩夹页岩，灰黄色，呈碎屑或土状，性状差，为块体③的上界面 | 0.02 | 0.35 |
| T88 | 85 | SW | 17 | 0.03~0.1 | 充1~3cm泥及碎屑，呈倒"Y"字形，性状差 | 0.05 | 0.25~0.28 |
| T90 | 10 | NW | 70 | 0.01~0.02 | 面平直，无充填，闭合状，沿面见垂直擦痕，向"圣石"内延伸，为块体③的侧滑面 | 0.1 | 0.4~0.5 |
| T4 | 305 | SE | 30 | 0.1~0.2 | 充3~5cm泥及碎屑，裂隙两侧10~20cm岩体风化呈黄色，向"圣石"内延伸，为块体③的底滑面 | 0.05 | 0.25~0.28 |

地质建议：

(1) 对存在潜在滑移结构块体的坝段应复核其稳定性。

(2) 21#坝块坝体不高，水头压力不大，对T88、T2、T11等结构面加强处理，局部可进行置换处理。

（3）对③号块体周围结构面除进行槽挖、置换混凝土处理外，同时应进行锚固与阻滑处理措施。右坝肩平面地质图见图4-81；右坝肩块体③地质剖面图见图4-82。

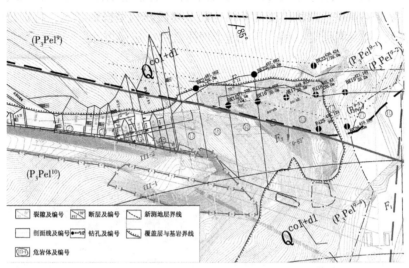

图 4-81　右坝肩平面地质图

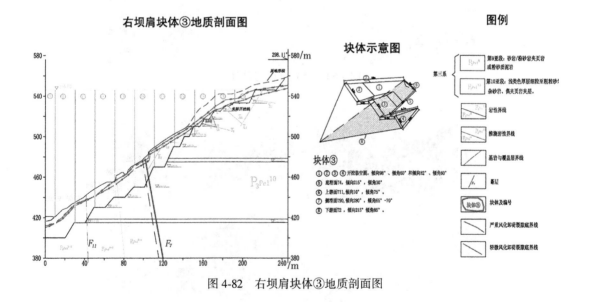

图 4-82　右坝肩块体③地质剖面图

**4. 大坝左岸 3#~5# 坝段局部地质缺陷处理措施建议**

根据2010年6月专家讨论会要求，对左岸坝基T82、T85、T191、T81等裂隙及块体进行了部分挖除。从开挖情况看，(3)#~(5)#坝段作为最终建基面尚存在局部地质缺陷需要加强处理。分述如下：

①(5)号块体：位于5#坝段平台上，平面投影面积约270m²，体积约250m³（图4-83、图4-84）。T205构成底界面，T205倾向坡外，倾角30°，较陡，裂面微张开，沿面岩体风化强烈，呈黄色，雨天可见沿面渗水，T205抗剪强度低，存在侧向及顺向抗滑稳定问题，建议挖除。

②(6)号、(7)号块体：位于(5)号坝段平台以上靠近坝体尾部（图4-85、图4-86），体积较小，为40~60m³。两块体受卸荷结构面及爆破影响呈松弛状态，特别是(7)号块体位于坝趾部位，对大坝稳定不利，不宜埋于坝体之中，建议挖除。

图4-83　(5)、(6)号块体

图4-84　(5)号块体

4.1 大坝工程地质研究

图 4-85 （6）、(7)号块体

图 4-86 （7)号块体

③(8)号强风化岩体：位于456m齿槽处（图4-87），体积约200m³。受T81等一系列卸荷结构面切割破碎，岩体风化强烈，强度低，不宜埋于坝体之中，建议挖除。

图4-87 (8)号强风化岩体

④(9)号块体，底高程455m左右，处于T54至$F_7$之间，底部存在缓倾角结构面，后部存在卸荷结构面（见图4-88），体积约150m³，结构面风化较强烈，埋于坝体之中对整体稳定不利，建议挖除。

图4-88 (9)号块体

⑤(10)号风化破碎带(见图4-89):夹持在 T82 与 T83 之间,大多宽 1.5~2.5m,局部宽达 5m,其内岩体风化破碎强烈,不宜直接作为坝基岩体,建议适当掏槽置换处理,深部加强固结灌浆。

图 4-89  (10)号风化破碎带

⑥(11)号块体:位于 441m 齿槽(见图4-90、图4-91),体积小,约 30m³,底部存在缓倾角结构面,后部存在卸荷结构面,不宜埋于坝体中,建议挖除。

图 4-90  (11)号块体及(12)号卸荷破碎岩体

图 4-91 (11)号块体

⑦(12)号卸荷破碎岩体:位于 448m 平台下游坝后(见图 4-92),基本位于坝趾以外,岩体破碎,风化较强,虽然不直接作为坝基岩体,但若对坝体稳定有影响,应研究处理措施。

图 4-92 (6)号、(7)号坝段缓倾角结构面

⑧从已开挖的(6)号及(7)号坝段岩体上发现有较长大的缓倾角结构面,因此应充分考虑上下坝段之间的关系,考虑全面的处理方案。建议抓紧开挖及清理工作,尽早安排地质编录,为地质分析及设计处理提供条件。

### 4.1.5 结论与建议

**1. 结论**

(1)大坝布置于山脊地形之上,上、下游地形低洼。坝基岩体主要为第10亚段($P_3Pe1^{10}$)砂岩,厚达127.72~129.6m,强度高,缓倾角结构面发育少,是大坝稳定的主要依托。

(2)在施工过程中,针对坝基下缓倾角结构面布置了90个钻孔(进尺约2700m)并进行了孔内摄影成像,对各坝段坝基下岩体的结构面发育情况进行了揭示。

(3)根据施工地质编录及钻孔摄像成果综合分析,对各坝段坝基岩体条件的主要评价如下:

$1^\#$~$4^\#$坝段:坝基下以新鲜完整的砂岩为主,坝基抗滑稳定问题不突出,主要的工程地质问题是宽大卸荷裂隙T82、T83的处理,目前已经进行部分掏槽处理,但对裂隙带的防渗处理需要加强。

$5^\#$~$8^\#$坝段:坝基岩体结构面发育,主要的卸荷裂隙为T81,主要的断层为$F_{194}$,主要的缓倾裂隙有T236、T237、T238、T240、T241等。经过多次反复勘察、设计及施工开挖,目前已对T81进行了掏槽处理,但防渗处理需要加强;T241已完全挖除,但T237、T240在$5^\#$、$6^\#$坝段的坝基下尚有部分残留,对坝基的抗滑稳定有较大影响;另外,坝基下还有缓倾上、下游的优势结构面组,对坝基的抗滑稳定也有一定影响。

$9^\#$~$12^\#$坝段:为河床深槽坝段,经钻孔勘探及施工编录综合分析,坝基下没有长大的缓倾角裂隙,但发育有缓倾下游的优势结构面组,对坝基的抗滑稳定有一定影响。另外,对河床中的$F_{280}$、$F_{281}$、$F_{283}$等断层破碎带的防渗处理需要加强。

$13^\#$~$15^\#$坝段:主要的结构面为长大裂隙T263,对该部分坝段的抗滑稳定有较大影响。另外,在$14^\#$坝段坝趾部位为强风化砂岩坝基,需加强灌浆处理。

$16^\#$~$21^\#$坝段:T2夹层上游砂岩中发育的T4、T13缓倾角裂隙对坝基的抗滑稳定有较大影响,应加强处理。T2下游至T3之间坝基下的"圣石"砂岩经勘探比较完整,没有发现较大的缓倾角结构面。

(4)大坝坝基防渗条件总体较好,但对T81、T82、T83等顺河向宽大卸荷带以及河床中的断层破碎带需加强防渗处理。

## 2. 建议

(1) 建议进行坝基抗滑稳定复核的缓倾结构面：1#~2#坝段坝基下的 T87 和 T102；5#~6#坝段坝基下的 T237、T240；5#~8#坝段坝基下的缓倾优势结构面；9#~12#坝段坝基下的缓倾下游的优势结构面；13#~15#坝段坝基下的 T263 等。

(2) 对 17#~20#坝段的 T4、T13 缓倾角裂隙应加强处理，以增强坝段的抗滑稳定性。

(3) 对坝基浅表部的完整性较差的岩体或强风化岩体应清挖干净，特别是不能留有"西瓜皮"式的块体。

(4) 对整个大坝基础应加强固结灌浆处理。

(5) 在帷幕实施前利用先导孔确定帷幕端点及下限；对左岸卸荷带发育坝段及河床纵向断层发育坝段应加强帷幕灌浆。

(6) 对大坝周边不利物理地质体应早日研究处理。

大坝周边的环境地质问题较突出，主要是大坝上、下游斜坡的第四系崩塌堆积物加上后期开挖弃渣的堆积，斜坡的稳定性差，尤其是左岸下游斜坡堆积物对生态电站有直接影响（见图4-93），需进行处理。另外，大坝以上两岸的砂岩山脊卸荷强烈，特别是右岸"圣石"（见图4-94），大多数为危岩，应进行研究处理。

图 4-93 左岸大坝下游堆积物

## 4.2 引水发电系统工程地质研究

图 4-94 右岸"圣石"上部危岩体

## 4.2 引水发电系统工程地质研究

沐若水电站位于马来西亚沙捞越州中北部,其引水发电系统工程分布在沐若河右岸,见图 4-95,距下游巴贡水电站约 45km,距民都鲁市约 158km。

图 4-95 沐若水电站引水发电系统工程位置示意图

引水发电系统主要由进水口、引水隧洞、调压井、厂房等部分组成,其中进水口位于大坝西北向约7.5km处,发电厂房分布在大坝下游12km处。引水发电系统工程于2008年10月开始施工开挖,2011年12月开挖基本完成。

可行性研究阶段的地质勘察资料由马来西亚沙捞越州能源公司提供,引水发电系统工程区仅布置9个勘探钻孔,进尺530m,不能满足工程施工的需要,因此,在该工程施工后,勘测设计单位克服各种困难,开展了一系列补充地质勘察工作,为工程设计及施工的顺利进行提供了重要的地质依据。

## 4.2.1 基本地质条件

**1. 地形地貌**

引水发电系统中引水线路全长约2.7km,位于沐若河右岸,区内地形总体上东南高、西北低,属于丘陵-低山地貌,为热带雨林气候。

引水线路沿线地形主要是脊状山岭与凹槽状地形相间分布,中部多隆起,进、出口地势相对低洼,中部最高高程约708m,进口最低高程约476m,出口最低高程约212m。

**2. 地层岩性**

引水发电系统沿线工程区地层岩性主要包括第四系和基岩。

1)第四系

第四系主要包括人工堆积物($Q^r$)、河流冲洪积物($Q^{al+pl}$)及残坡积物($Q^{el+dl}$)等。

(1)人工堆积物($Q^r$):主要为施工道路及建筑物地基开挖堆积形成的,厚度差别较大,一般厚1~8m,多分布在进水口、调压井及地面厂房附近。

(2)河流冲洪积物($Q^{al+pl}$):主要为冲积砂、卵石及大块石,岩性主要为砂岩,块石直径3~5m,块石大者直径10~20m,主要分布在厂房尾水河床及河岸两侧。

(3)残坡积物($Q^{el+dl}$):主要为含角砾粉质黏土夹风化残留的砂岩块石、页岩碎片等,由于页岩、砂岩风化形成,厚度不均,一般厚2~17.1m,最薄约1.7m,最厚约20.7m,多分布于山坡上及冲沟中。

2)基岩

引水发电系统地层主要为滨海相沉积岩,主要表现为砂岩、页岩、砂岩夹页岩、砂岩与页岩互层、页岩夹砂岩五种岩体,根据施工开挖情况,沿引水线路的地层岩性,可划分为51层,见表4-33。

根据统计分析,沿引水线路砂岩厚度约为1450m,砂岩约占51.4%,页岩厚度约为1370m,页岩约占48.6%,见图4-96。

4.2 引水发电系统工程地质研究

表 4-33　引水发电系统地层统计表

| 层号 | 地层代号 | 岩性描述 | 层厚/m | 1#引水洞对应桩号/m | 2#引水洞对应桩号/m |
|---|---|---|---|---|---|
| 1 | sh | 深灰色页岩，层面挤压揉皱强烈，页岩单层厚度 2~3cm | >28.6 | ~DI0-134 | ~DII0-162 |
| 2 | ss/sh | 浅灰色中厚层、厚层砂岩夹少量薄层泥岩，砂岩单层厚度 20~40cm，泥岩单层厚度 2~5cm | 54~62 | DI0-134~DI0-072 | DII0-162~DII0-108 |
| 3 | ss=sh | 浅灰色中厚层砂岩与深灰色页岩互层，砂岩单层厚度 20~50cm，泥岩单层厚度 2~8cm | 58~77 | DI0-072~DI0-014 | DII0-108~DII0-031 |
| 4 | ss/sh | 浅灰色厚层砂岩夹少量页岩，砂岩单层厚度 50~80cm，层间剪切带发育 | 73.6~82.8 | DI0-014~DI0+071 | DII0-031~DII0+045 |
| 5 | sh | 深褐色夹褐红色页岩，单层厚度 2~3cm | 39.4~41.9 | DI0+071~DI0+118 | DII0+045~DII0+095 |
| 6 | ss/sh | 浅灰色厚层杂砂岩夹少量页岩，其中页岩厚度占 5m，砂岩厚度 25m | 31.9~29.4 | DI0+118~DI0+156 | DII0+095~DII0+130 |
| 7 | sh | 深灰色薄层泥岩，单层厚度 2~5cm | 20.1~21.0 | DI0+156~DI0+180 | DII0+130~DII0+155 |
| 8 | ss/sh | 浅灰色中厚层—厚层砂岩夹少量薄层泥岩，其中泥岩厚度约为 12m，砂岩厚度 56m | 66.1~68.8 | DI0+180~DI0+255 | DII0+155~DII0+233 |
| 9 | sh | 灰绿色夹紫红色薄层泥岩，单层厚度 2~4cm | 14.3~15.2 | DI0+255~DI0+271 | DII0+233~DII0+250 |
| 10 | ss/sh | 浅灰色中厚层—厚层砂岩夹少量薄层泥岩，砂岩厚度约 25m，泥岩厚度 3~5cm | 26.9~22.4 | DI0+271~DI0+301 | DII0+250~DII0+275 |
| 11 | sh | 深灰色薄层泥岩，单层厚度 2~3cm | 15.2~13.5 | DI0+301~DI0+318 | DII0+275~DII0+290 |
| 12 | ss/sh | 浅灰色中厚层—厚层砂岩夹少量深灰色薄层泥岩互层，砂岩厚度约 145m，泥岩厚度 20m | 167.2~162.4 | DI0+318~DI0+493 | DII0+290~DII0+460 |
| 13 | ss=sh | 浅灰色中厚层砂岩与深灰色薄层泥岩互层，砂岩单层厚 30~50cm，泥岩单层厚 3~5cm | 11.5~10.5 | DI0+493~DI0+505 | DII0+460~DII0+471 |

续表

| 层号 | 地层代号 | 岩性描述 | 层厚/m | 1#引水洞对应桩号/m | 2#引水洞对应桩号/m |
|---|---|---|---|---|---|
| 14 | ss/sh | 浅灰色中厚层—厚层砂岩夹少量页岩,层间剪切带发育,页岩单层厚度2~3cm,其中砂岩厚度70m,页岩厚度10m | 80.1~79.2 | DI0+505~DI0+589 | DII0+471~DII0+554 |
| 15 | sh/ss | 深灰色、灰绿色页岩夹少量浅灰色中厚层砂岩,页岩单层厚度5~8cm,总厚度约50m,砂岩总厚度2m | 43.9~52.5 | DI0+589~DI0+635 | DII0+554~DII0+609 |
| 16 | ss/sh | 浅灰色中厚层—厚层砂岩夹少量深色页岩,层间剪切带发育,其中页岩总厚度约5m,砂岩总厚度50m,页岩单层厚度2~5cm | 58.4~55.5 | DI0+635~DI0+696 | DII0+609~DII0+667 |
| 17 | sh | 深灰色、灰绿色及褐红色页岩,页岩单层厚度3~5cm | 11.3 | DI0+696~DI0+708 | DII0+667~DII0+679 |
| 18 | ss/sh | 浅灰色厚层砂岩夹少量深色页岩,层间剪切条带发育,砂岩总厚度12m,页岩厚约4m | 16.01~15.06 | DI0+708~DI0+725 | DII0+679~DII0+695 |
| 19 | ss | 浅灰色巨厚层砂岩,局部夹少量页岩剪切带,完整性好 | 158.33~155.46 | DI0+725~DI0+891 | DII0+695~DII0+858 |
| 20 | ss/sh | 浅灰色厚层砂岩夹少量深色页岩,页岩总厚度约40m,其中砂岩总厚度约5m,页岩单层厚度3~5cm | 42.14~45.96 | DI0+891~DI0+935 | DII0+858~DII0+906 |
| 21 | Sh | 深灰色薄层页岩,单层厚度2~4cm | 5.73~10.51 | DI0+935~DI0+946 | DII0+906~DII0+912 |
| 22 | ss/sh | 浅灰色中厚层—厚层砂岩与深灰色页岩,砂岩总厚度约25m,页岩总厚约4m,页岩单层厚度3~5cm | 24.84~29.61 | DI0+946~DI0+972 | DII0+912~DII0+943 |
| 23 | sh/ss | 深灰色页岩夹浅灰色中厚层砂岩,页岩总厚度约30m,砂岩总厚度约10m,页岩单层厚度2~3cm | 36.30~41.08 | DI0+972~DI1+015 | DII0+943~DII0+981 |
| 24 | ss/sh | 浅灰色中厚层—厚层砂岩夹深色页岩,其中页岩单层厚度20~40cm,砂岩单层厚度约60m,页岩总厚度3cm,砂岩单层厚度20~40cm,页岩总厚约20m | 76.26~82.86 | DI1+015~DI1+103 | DII0+981~DII1+062 |
| 25 | sh/ss | 深灰色页岩夹浅灰色中厚层砂岩及砂岩透镜体,页岩单层厚度5~8cm,砂岩单层厚度38m,总厚度为7m | 35.43~45.01 | DI1+103~DI1+140 | DII1+062~DII1+109 |

续表

| 层号 | 地层代号 | 岩性描述 | 层厚/m | 1#引水洞对应桩号/m | 2#引水洞对应桩号/m |
|---|---|---|---|---|---|
| 26 | sh | 深灰色页岩，单层厚2~4cm | 30.52~32.43 | DI1+140~DI1+172 | DII1+109~DII1+143 |
| 27 | sh/ss | 深灰色页岩夹浅灰色砂岩，页岩单层厚度2~5cm，页岩总厚度约为21m，砂岩总厚度11m | 29.61~32.48 | DI1+172~DI1+206 | DII1+143~DII1+174 |
| 28 | ss/sh | 浅灰色中厚层砂岩夹深灰色页岩，页岩单层厚度2~4cm，砂岩单层厚20~30cm，其中砂岩总厚度54m，页岩总厚度约9m | 61.14~63.05 | DI1+206~DI1+270 | DII1+174~DII1+240 |
| 29 | ss | 浅灰色厚层-巨厚层砂岩，发育少量层间剪切带 | 19.11~27.70 | DI1+270~DI1+290 | DII1+240~DII1+269 |
| 30 | ss/sh | 浅灰色中厚层砂岩夹深灰色页岩，砂岩单层厚度30~40cm，页岩单层厚度5~3cm。砂岩总厚度30m，页岩总厚度8m | 38.21 | DI1+290~DI1+330 | DII1+269~DII1+309 |
| 31 | sh | 深灰色页岩，页岩单层厚度2~4cm | 10.53~13.41 | DI1+330~DI1+344 | DII1+309~DII1+320 |
| 32 | ss/sh | 浅灰色中厚层-厚层砂岩夹深灰色页岩，砂岩单层厚20~40cm，砂岩总厚度约44m，页岩总厚度8m | 55.41~56.37 | DI1+344~DI1+402 | DII1+320~DII1+379 |
| 33 | sh | 深灰色页岩，单层厚度2~4cm | 35.35~36.30 | DI1+402~DI1+440 | DII1+379~DII1+416 |
| 34 | ss/sh | 浅灰色中厚层砂岩夹少量深色页岩，页岩单层厚度2~4cm，砂岩单层厚度20~40cm，页岩总厚度约8m，砂岩总厚度约27m | 33.37~35.43 | DI1+440~DI1+635 | DII1+416~DII1+606 |
| 35 | sh | 深灰色页岩，页岩单层厚2~5cm | 21.93~25.74 | DI1+635~DI1+658 | DII1+606~DII1+633 |
| 36 | ss/sh | 浅灰色巨厚层砂岩夹少量深色页岩，层间剪切带发育，砂岩总厚度约118m，页岩单层厚5~8m | 121.51~128.15 | DI1+658~DI1+793 | DII1+633~DII1+761 |
| 37 | sh | 深灰色薄层页岩，单层厚5~8cm | 85.44~89.23 | DI1+793~DI1+883 | DII1+761~DII1+855 |
| 38 | ss/sh | 浅灰色中厚层砂岩夹深灰色页岩，砂岩单层厚50~100cm，页岩单层厚5~10cm，砂岩总厚度54m，页岩总厚度约10m | 55.86~64.38 | DI1+883~DI1+942 | DII1+855~DII1+925 |
| 39 | ss | 浅灰色厚层-巨厚层砂岩，层间剪切带发育 | 123.08~135.39 | DI1+942~DI2+085 | DII1+925~DII2+053 |

第4章 各主要建筑物工程地质研究

续表

| 层号 | 地层代号 | 岩性描述 | 层厚/m | 1#引水洞对应桩号/m | 2#引水洞对应桩号/m |
|---|---|---|---|---|---|
| 40 | ss≡sh | 浅灰色砂岩与深灰色页岩互层，页岩单层厚8~10cm，砂岩总厚约20m，页岩总厚约20m | 38.14~40.05 | DI2+085~DI2+125 | DII2+053~DII2+095 |
| 41 | ss | 浅灰色厚层—巨厚层砂岩，局部夹少量页岩条带 | 33.23~36.07 | DI2+125~DI2+160 | DII2+095~DII2+133 |
| 42 | sh | 深灰色页岩，单层厚2~5cm | 30.11~31.05 | DI2+160~DI2+193 | DII2+133~DII2+165 |
| 43 | ss | 浅灰色厚层—巨厚层砂岩，局部夹少量页岩剪切条带 | 77.10~82.62 | DI2+193~DI2+280 | DII2+165~DII2+246 |
| 44 | sh | 深灰色页岩，页岩单层厚2~3cm | 30~37 | DI2+280~DI2+310 | DII2+246~DII2+283 |
| 45 | ss/sh | 浅灰色中厚层—厚层砂岩夹深灰色页岩，其中砂岩总厚度约13m，页岩厚度约9m | 19~23 | DI2+310~DI2+333 | DII2+283~DII2+302 |
| 46 | sh | 深灰色页岩，单层厚度1~3cm | 30~47 | DI2+333~DI2+380 | DII2+302~DII2+332 |
| 47 | ss | 浅灰色厚层—巨厚层砂岩，局部夹少量页岩 | 51~78 | DI2+380~DI2+433 | DII2+332~DII2+411 |
| 48 | ss/sh | 浅灰色中厚层—厚层砂岩夹深灰色页岩 | 124~131 | DI2+433~DI2+564 | DII2+411~DII2+535 |
| 49 | sh | 深灰色页岩，高度糜棱化，呈碎片状 | 132.5 | DI2+564~厂房 | DII2+535~DII2+667.5 |
| 50 | ss/sh | 浅灰色中厚层—厚层砂岩夹深灰色页岩 | 50~60 | 厂房基坑 | 厂房基坑 |
| 51 | sh | 深灰色薄层页岩 | >182 | 厂房基坑 | 厂房基坑 |

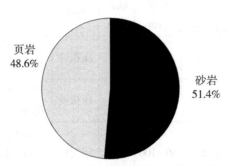

图 4-96 引水线路地层岩性特征统计图

### 3. 地质构造

工程区位于背斜的一翼,为单斜地层,无大型断裂通过,构造形迹主要表现为断层、裂隙、层间剪切带及地层挠曲。

1) 断层

根据施工开挖,在进水口、引水隧洞、调压井、厂房等部位共揭露140条断层,以裂隙性断层为主,其特征见表4-34。

表4-34 引水发电系统断层特征统计表

| 编号 | 位置 | 倾向/(°) | 倾角/(°) | 长度/m | 宽度/cm | 断距/cm | 性质 | 主要特征 |
|---|---|---|---|---|---|---|---|---|
| $f_1$ | 引水渠 | 120 | 35 | 2.5 | 5 | 50 | | 断面粗糙,带内强风化呈黄褐色,充填断层角砾,其成分主要为砂岩及页岩 |
| $f_2$ | 1#调压井 | 150 | 40 | 19 | 5~10 | 100 | | 断面平直,以充填泥质为主 |
| $f_3$ | 1#调压井 | 200 | 30 | 7 | 20 | 20 | | 断面平直,以充填泥质为主 |
| $f_4$ | 2#调压井 | 30 | 75 | 52 | 20~40 | | 顺扭 | 断面光滑,充填泥质及糜棱岩,成分多页岩,带内多发育有劈理带 |
| $f_5$ | 2#调压井 | 80 | 30 | 8.5 | 5 | | 压扭性 | 断面光滑、平直、闭合,附泥质,挤压揉皱强烈 |
| $f_6$ | 1#引水洞 | 340 | 35 | 35 | 10 | 250 | | 洞内DI0+160m~DI0+195m处,带内充填碎屑,成分主要为页岩,胶结密实 |
| $f_7$ | 1#引水洞 | 170 | 30 | 55 | 30 | 45 | | 洞内DI0+190m~DI0+245m处,带内充填角砾岩,成分主要为砂岩及页岩,大小3cm×4cm~7cm×8cm,次圆状,胶结较密实 |

续表

| 编号 | 位置 | 倾向/(°) | 倾角/(°) | 长度/m | 宽度/cm | 断距/cm | 性质 | 主要特征 |
|---|---|---|---|---|---|---|---|---|
| $f_8$ | 1#引水洞 | 310 | 80 | 7 | | | 压扭性 | 洞内 DI0+265m 处，断面光滑，充填断层泥，见有擦痕 |
| $f_{10}$ | 1#引水洞 | 140 | 30 | 65 | 50~100 | 150 | 压扭性 | 洞内 DI0+350m~DI0+415m 处，断面粗糙，充填碎屑，下盘岩体破碎 |
| $f_{11}$ | 1#引水洞 | 140 | 30 | 65 | 50~100 | | 压扭性 | 洞内 DI0+420m~DI0+485m 处，断面光滑起伏，充填角砾，成分主要为砂岩、页岩，次圆状 |
| $f_{12}$ | 1#引水洞 | 320 | 80 | 5 | 2~5 | | | 洞内 DI0+460m 处，断面平直，闭合，充填泥质 |
| $f_{13}$ | 1#引水洞 | 250 | 60 | 12 | 10~200 | | | 洞内 DI0+470m 处，断面平直，闭合，充填泥质 |
| $f_{14}$ | 1#引水洞 | 50 | 20 | 4.5 | 10 | | | 洞内 DI0+485m 处，断面平直，闭合，附泥质 |
| $f_{15}$ | 1#引水洞 | 200 | 45 | 7 | 5~10 | | | 洞内 DI0+510m 处，断面平直，光滑，无充填 |
| $f_{16}$ | 1#引水洞 | 340 | 15 | 6 | 5~10 | | | 洞内 DI0+510m 处，断面平直，光滑，充填泥质 |
| $f_{18}$ | 1#引水洞 | 240 | 35 | 6 | 5~10 | | | 洞内 DI0+578m 处，断面平直，闭合，充填页岩岩屑 |
| $f_{19}$ | 1#引水洞 | 180 | 45 | 4 | 2 | | | 洞内 DI0+600m 处，断面平直，闭合，充填页岩岩屑 |
| $f_{20}$ | 1#引水洞 | 150 | 50 | 3.5 | 15~20 | | | 洞内 DI0+610m 处，断面平直，闭合，充填页岩岩屑 |
| $f_{21}$ | 1#引水洞 | 190 | 30 | 5 | 5~10 | | | 洞内 DI0+970m 处，断面平直，闭合，充填泥质 |
| $f_{22}$ | 1#引水洞 | 140 | 50 | 20 | 20 | | 正断层 | 洞内 DI1+065m~DI1+085m 处，断层带呈张开，充填泥质及页岩岩屑，沿带内涌水，流量约 10L/min |
| $f_{23}$ | 1#引水洞 | 180 | 45 | 25 | 20 | 500 | | 洞内 DI1+175m~DI1+200m 处，断面平直，充填泥质，沿带内少量渗水 |
| $f_{24}$ | 1#引水洞 | 340 | 70 | 18 | 5 | 20 | | 洞内 DI1+210m 处，断面平直，闭合，充填泥质 |
| $f_{25}$ | 1#引水洞 | 340 | 65 | 24 | 2~5 | | | 洞内 DI1+210m 处，断面平直，闭合，充填泥质及角砾，胶结较紧密 |

## 4.2 引水发电系统工程地质研究

续表

| 编号 | 位置 | 倾向/(°) | 倾角/(°) | 长度/m | 宽度/cm | 断距/cm | 性质 | 主要特征 |
|---|---|---|---|---|---|---|---|---|
| $f_{26}$ | 1#引水洞 | 340 | 65 | 24 | 2~5 | | | 洞内DI1+210m处，断面平直，闭合，充填泥质及角砾，胶结较紧密 |
| $f_{27}$ | 1#引水洞 | 310 | 45 | 15 | 20 | | | 洞内DI1+230m处，断面平直，闭合，充填岩屑，胶结较紧密，沿带内少量渗水 |
| $f_{28}$ | 1#引水洞 | 200 | 86 | | 50 | | 扭性断层 | 洞内DI1+260m处，顺层发育，充填角砾岩，成分为砂岩，呈棱角状，泥钙质胶结，较密实，沿断面少量渗水 |
| $f_{29}$ | 1#引水洞 | 130 | 70 | 30 | 5 | | | 洞内DI1+410m~DI1+440m处，断面平直，闭合，无充填 |
| $f_{30}$ | 1#引水洞 | 150 | 60 | 10 | 50 | | | 洞内DI1+635m处，带内充填断层角砾岩，成分为页岩，泥钙质胶结，较密实 |
| $f_{31}$ | 1#引水洞 | 170 | 40 | 5 | 10 | | | 洞内DI1+705m处，断层两盘为砂岩碎裂岩，带内充填断层角砾，成分为砂岩，泥钙质胶结，较密实 |
| $f_{32}$ | 1#引水洞 | 130 | 50 | 7 | 10 | | 逆断层 | 洞内DI1+700m处，断面平直，光滑，充填泥炭质，见有光面及擦痕，擦痕倾伏向215°，倾角50° |
| $f_{33}$ | 1#引水洞 | 30 | 25 | 25 | 80~100 | | 压扭性 | 洞内DI1+695m~DI1+720m处，带内充填断层角砾岩，泥钙质胶结，断面见有挤压错动痕迹，沿断层带有涌水，流量400~500L/min |
| $f_{34}$ | 1#引水洞 | 350 | 80 | 25 | 10~40 | | | 洞内DI1+800m~DI1+825m处，带内充填碎屑及泥质，见有光面及擦痕，擦痕倾伏向205°，倾角25° |
| $f_{35}$ | 1#引水洞 | 350 | 80 | 10 | 50 | | | 洞内DI1+820m处，带内充填碎屑，充填为页岩，泥质胶结，较紧密 |
| $f_{36}$ | 1#引水洞 | 290 | 35 | 5 | 5~20 | | | 洞内DI2+195m处，带内充填碎屑及泥质，较密实，沿断层带发育地下水，股流状，50L/min |
| $f_{37}$ | 1#引水洞 | 350 | 78 | 5 | 50 | 300 | 压扭性 | 洞内DI2+382m处，带内充填断层角砾岩，成分为页岩 |
| $f_{38}$ | 1#引水洞 | 320 | 80 | 8 | 50 | | 压扭性 | 洞内DI2+370m处，带内充填页岩碎屑，次棱角状 |

续表

| 编号 | 位置 | 倾向/(°) | 倾角/(°) | 长度/m | 宽度/cm | 断距/cm | 性质 | 主要特征 |
|---|---|---|---|---|---|---|---|---|
| $f_{39}$ | 1#引水洞 | 340 | 60 | 15 | 20~40 | | | 洞内DI2+430m~DI2+445m处，带内充填断层角砾，成分为砂岩，次棱角状，胶结密实，沿带内滴水，0.5L/min |
| $f_{40}$ | 1#引水洞 | 260 | 12 | 8 | 20 | | 压扭性 | 洞内DI2+525m处，带内充填断层角砾岩，成分为砂岩 |
| $f_{41}$ | 1#引水洞 | 330 | 85 | 15 | 20~30 | | | 洞内DI2+570m~DI2+580m处，断面平直，带内充填页岩碎屑 |
| $f_{42}$ | 1#引水洞 | 300 | 15 | 5 | 2 | 20 | | 洞内DI2+575m处，断面平直，带内充填页岩碎屑 |
| $f_{43}$ | 2#引水洞 | 200 | 10 | 12 | 50 | 100 | 压扭性 | 洞内DII0+100m处，断面起伏，波状，带内充填断层角砾岩，角砾大小2cm×3cm~7cm×8cm，棱角状 |
| $f_{44}$ | 2#引水洞 | 200 | 30 | 18 | 30 | 50 | | 洞内DII0+140m处，两盘为泥岩，带内充填碎屑及泥质 |
| $f_{45}$ | 2#引水洞 | 95 | 30 | 7 | 5 | 20 | | 洞内DII0+140m处，带内充填碎屑及泥质，胶结较密实 |
| $f_{46}$ | 2#引水洞 | 5 | 50 | 6 | 10 | 50 | 压扭性 | 洞内DII0+140m处，带内充填碎屑及泥质，性状较差 |
| $f_{47}$ | 2#引水洞 | 30 | 70 | 6 | 10 | | | 洞内DII0+150m处，断面光滑，局部张开，充填断层泥 |
| $f_{48}$ | 2#引水洞 | 300 | 37 | 14 | 5 | | | 洞内DII0+150m处，断面光滑，充填断层泥，较密实 |
| $f_{49}$ | 2#引水洞 | 280 | 80 | 10 | | | | 洞内DII0+240m处，裂隙性断层，断面平直，闭合，泥钙质胶结 |
| $f_{50}$ | 2#引水洞 | 320 | 50 | 7 | 1~5 | | | 洞内DII0+257m处，断面平直，充填泥质，见有擦痕 |
| $f_{51}$ | 2#引水洞 | 160 | 70 | 10 | 20~50 | | | 洞内DII0+370m~DII0+380m处，断面平直，光滑，充填断层泥，沿带内渗水，流量约1L/min |
| $f_{52}$ | 2#引水洞 | 30 | 20 | 35 | 100 | 1.5 | | 洞内DII0+400m~DII0+435m处，断面平直，闭合，充填断层泥 |
| $f_{53}$ | 2#引水洞 | 230 | 30 | 5 | 10~15 | | | 洞内DII0+520m处，断面平直，闭合，充填页岩岩屑 |

续表

| 编号 | 位置 | 倾向/(°) | 倾角/(°) | 长度/m | 宽度/cm | 断距/cm | 性质 | 主要特征 |
|---|---|---|---|---|---|---|---|---|
| $f_{54}$ | 2#引水洞 | 190 | 70 | 10 | 5~10 | | | 洞内DII0+505m处,断面平直,闭合,充填页岩岩屑 |
| $f_{55}$ | 2#引水洞 | 310 | 35 | 15 | 2~5 | | | 洞内DII0+480m处,断面平直,闭合,充填页岩岩屑 |
| $f_{56}$ | 2#引水洞 | 210 | 45 | 5 | 10 | | | 洞内DII0+425m处,断面平直,闭合,充填泥质及岩屑 |
| $f_{57}$ | 2#引水洞 | 220 | 45 | 11 | 5 | | | 洞内DII0+615m处,带内充填断层泥及岩屑,带内微量渗水 |
| $f_{58}$ | 2#引水洞 | 150 | 40 | 2 | 2 | | | 洞内DII0+940m处,带内充填泥钙质胶结 |
| $f_{59}$ | 2#引水洞 | 240 | 30 | 8 | 10 | | | 洞内DII0+975m处,断面平直,闭合,充填断层泥 |
| $f_{60}$ | 2#引水洞 | 330 | 70 | 7 | 20 | | | 洞内DII1+090m处,带内充填断层泥,胶结较密,见有光面及擦痕,擦痕倾伏向240°,倾伏角20° |
| $f_{61}$ | 2#引水洞 | 145 | 76 | 18 | 20 | | | 洞内DII1+110m~DII1+135m处,带内充填断层泥,沿带内有渗水,流量约5L/min |
| $f_{62}$ | 2#引水洞 | 15 | 70 | 22 | 50 | | | 洞内DII1+120m处,带内充填断层泥,见有挤压痕迹,沿带内渗水,流量0.2L/min |
| $f_{63}$ | 2#引水洞 | 170 | 46 | 5 | 15 | | | 洞内DII1+148m处,带内充填岩屑,沿断层带有渗水,流量约0.5L/min |
| $f_{64}$ | 2#引水洞 | 240 | 40 | 5 | 20 | | | 洞内DII1+145m处,裂隙性断层,带内充填页岩岩屑,较密实 |
| $f_{65}$ | 2#引水洞 | 200 | 12 | 10 | 2-5 | | | 洞内DII1+165m处,断面平直,充填泥质,沿带内渗水,流量1L/min |
| $f_{66}$ | 2#引水洞 | 153 | 25 | 8 | 10~100 | 10~30 | | 洞内DII1+190m处,带内充填页岩岩屑,较密实 |
| $f_{67}$ | 2#引水洞 | 200 | 87 | 8 | 50 | | 顺扭 | 洞内DII1+233m处,顺层发育,充填断层角砾岩,成分为页岩及粉砂岩,泥钙质胶结,较密实 |

续表

| 编号 | 位置 | 倾向/(°) | 倾角/(°) | 长度/m | 宽度/cm | 断距/cm | 性质 | 主要特征 |
|---|---|---|---|---|---|---|---|---|
| $f_{68}$ | 2#引水洞 | 125 | 81 | 8 | 50~150 | | | 洞内DII1+385m处，斜切地层，充填断层角砾岩，泥质胶结，见有砂岩透镜体，角砾为次圆状 |
| $f_{69}$ | 2#引水洞 | 170 | 35 | 25 | 200 | | | 洞内DII1+660m~DII1+685m处，充填断层角砾岩，成分为砂岩及页岩，沿带内涌水，流量约100L/min |
| $f_{70}$ | 2#引水洞 | 60 | 66 | 17 | 10~40 | 20~30 | | 洞内DII1+790m处，断面平直，充填页岩岩屑 |
| $f_{71}$ | 2#引水洞 | 125 | 20 | 10 | 10 | 10 | | 洞内DII1+920m处，充填页岩岩屑，泥钙质胶结，较密实 |
| $f_{72}$ | 2#引水洞 | 140 | 18 | 5 | 20~50 | | | 洞内DII1+947m处，断面光滑，见有擦痕，充填断层泥 |
| $f_{73}$ | 2#引水洞 | 272 | 20 | 10 | | | | 洞内DII2+050m处，裂隙性断层，充填岩屑及泥质 |
| $f_{74}$ | 2#引水洞 | 325 | 35 | 5 | 10~15 | 60 | | 洞内DII2+055m处，充填断层及角砾，成分为页岩 |
| $f_{75}$ | 2#引水洞 | 312 | 46 | 3 | 130 | | | 洞内DII2+230m处，带内充填角砾岩及糜棱岩，成分为砂岩 |
| $f_{76}$ | 2#引水洞 | 260 | 45 | 4 | | 120 | | 洞内DII2+220m处，带内充填碎屑及泥质 |
| $f_{77}$ | 2#引水洞 | 340 | 42 | 8 | 20~30 | | | 洞内DII2+295m处，断面平直，光滑，充填泥质 |
| $f_{78}$ | 2#引水洞 | 345 | 33 | 6 | 5~10 | | 压扭性 | 洞内DII2+292m处，带内充填泥质，见有光面及擦痕，沿带内渗水，流量约0.2L/min |
| $f_{79}$ | 2#引水洞 | 320 | 55 | 30 | | | | 洞内DII2+295m~DII2+328m处，带内充填断层泥，挤压强烈 |
| $f_{80}$ | 2#引水洞 | 320 | 80 | 15 | 10~20 | 200 | 正断层 | 洞内DII2+300m处，带内充填页岩岩屑 |
| $f_{81}$ | 2#引水洞 | 310 | 60 | 20 | 20~40 | | | 洞内DII2+395m~DII2+415m处，带内见有光面及擦痕，充填断层角砾及泥质 |
| $f_{82}$ | 2#引水洞 | 300 | 55 | 5 | 5~10 | | | 洞内DII2+405m处，断面平直，闭合，充填泥质 |

续表

| 编号 | 位置 | 倾向/(°) | 倾角/(°) | 长度/m | 宽度/cm | 断距/cm | 性质 | 主要特征 |
|---|---|---|---|---|---|---|---|---|
| $f_{83}$ | 2#引水洞 | 345 | 88 | 17 | 5 | | 正断层 | 洞内DII2+355m处,断面平直,充填碎屑,泥钙质胶结,较密实 |
| $f_{84}$ | 2#引水洞 | 160 | 60 | 40 | 20~40 | 100 | 正断层 | 洞内DII2+475m~DII2+505m处,充填断层泥及角砾岩,角砾成分为砂岩 |
| $f_{85}$ | 厂房边坡 | 340 | 60 | 8 | 5~10 | 50~100 | | 后边坡EL238.8m平台处,断面平直,充填泥质 |
| $f_{86}$ | 厂房边坡 | 180 | 80 | 7 | 50 | 50 | | 后边坡EL238.8m平台处,带内充填岩屑,成分为页岩,性状较差 |
| $f_{87}$ | 厂房边坡 | 330 | 86 | 5 | 5 | | | 后边坡EL238.8m平台处,带内充填页岩岩屑,挤压明显,性状较差 |
| $f_{88}$ | 厂房边坡 | 340 | 70 | 3 | 2~5 | | | 后边坡EL238.8m平台处,断面平直,充填页岩岩屑,性状较差 |
| $f_{89}$ | 厂房边坡 | 175 | 62 | 25 | 50~100 | | 压扭性 | 后边坡EL210~230m,断面平直,充填角砾岩,成分为页岩,糜棱化,性状差 |
| $f_{90}$ | 厂房边坡 | 10 | 80 | 10 | 5-10 | | 压扭性 | 后边坡EL210m平台,带内充填角砾岩,成分为页岩,棱角状 |
| $f_{91}$ | 厂房边坡 | 345 | 50 | 9 | 2 | 100 | | 后边坡EL210m平台,带内充填岩屑,见有光面及擦痕 |
| $f_{92}$ | 厂房边坡 | 335 | 60 | 6 | 1 | 40 | | 后边坡EL210m平台,带内充填岩屑,见有光面及擦痕 |
| $f_{93}$ | 厂房边坡 | 345 | 60 | 9 | 1 | 50 | | 后边坡EL210m平台,带内充填岩屑,见有光面及擦痕 |
| $f_{94}$ | 厂房边坡 | 342 | 60 | 7 | 1 | 50 | 压扭性 | 后边坡EL210m平台,带内充填岩屑,钙质胶结,见有光面及擦痕 |
| $f_{95}$ | 厂房边坡 | 290 | 30 | 6 | | 3 | | 后边坡EL210m平台,断面平直,见有光面及擦痕,倾伏向290°,倾伏角30° |
| $f_{96}$ | 厂房边坡 | 220 | 80 | 10 | 20~50 | 50 | 逆断层 | 后边坡EL210m平台,充填页岩角砾,糜棱状,性状较差 |
| $f_{97}$ | 厂房边坡 | 340 | 70 | 9 | 20~50 | 100 | 正断层 | 后边坡EL210m平台,见有光面及擦痕,充填岩屑 |
| $f_{98}$ | 厂房边坡 | 240 | 50 | 6 | 10 | | 正断层 | 后边坡EL210m平台,见有光面及擦痕,充填岩屑及方解石 |

## 第4章 各主要建筑物工程地质研究

续表

| 编号 | 位置 | 倾向/(°) | 倾角/(°) | 长度/m | 宽度/cm | 断距/cm | 性质 | 主要特征 |
|---|---|---|---|---|---|---|---|---|
| $f_{99}$ | 厂房边坡 | 330 | 60 | 7 | 5 | | 正断层 | 后边坡 EL210m 平台，充填页岩岩屑，钙质胶结 |
| $f_{100}$ | 厂房边坡 | 60 | 20 | 9 | 1 | 100 | | 后边坡 EL210~204m，断面平直，充填页岩岩屑 |
| $f_{101}$ | 厂房边坡 | 290 | 85 | 12 | 20 | 50 | 压扭性 | 左边坡 EL230m 平台，充填角砾岩，成分为页岩 |
| $f_{102}$ | 厂房边坡 | 215 | 60 | 3 | 20 | | 压扭性 | 左边坡 EL230m 平台处，带内充填岩屑，成分为页岩，性状较差 |
| $f_{103}$ | 厂房边坡 | 270 | 60 | 3 | | 30 | | 左边坡 EL230m 平台处，断面平直，闭合，无充填 |
| $f_{104}$ | 厂房边坡 | 260 | 75 | 3 | 10 | 30 | | 左边坡 EL230m 平台处，断面平直，充填岩屑，泥钙质胶结 |
| $f_{105}$ | 厂房边坡 | 20 | 30 | 35 | 10 | | | 左边坡 EL230~210m，断面平直，充填岩屑，泥钙质胶结 |
| $f_{106}$ | 厂房边坡 | 240 | 50 | 30 | 20 | 150 | 压扭性 | 左边坡 EL230~210m，充填黑色断层泥，胶结密实 |
| $f_{107}$ | 厂房边坡 | 355 | 52 | 9 | 20 | | | 左边坡 EL230~210m，充填黑色断层泥，胶结密实 |
| $f_{108}$ | 厂房边坡 | 158 | 65 | 4 | 10~15 | 50 | | 左边坡 EL210m 平台处，充填碎屑，泥钙质胶结，较密实 |
| $f_{109}$ | 厂房边坡 | 165 | 70 | 6 | 1 | 50 | | 左边坡 EL210m 平台处，断面平直，闭合，无充填 |
| $f_{110}$ | 厂房边坡 | 160 | 75 | 18 | 2~5 | 50 | 压扭性 | 左边坡 EL210~204m，充填断层泥及角砾 |
| $f_{111}$ | 厂房边坡 | 350 | 40 | 7 | 10 | | | 左边坡 EL210~204m，充填碎屑及角砾，成分为砂岩，大小 2~3cm，棱角状 |
| $f_{112}$ | 厂房基坑 | 10 | 40~50 | 2 | 10 | | | 断面平直，见有镜面及擦痕 |
| $f_{113}$ | 厂房基坑 | 270 | 65 | 6 | | | | 断面平直，闭合，无充填 |
| $f_{114}$ | 厂房基坑 | 10 | 80 | 11 | | | | 断面平直，充填碎屑，泥钙质胶结 |
| $f_{115}$ | 厂房基坑 | 335 | 65 | 30 | 2 | | | 断面平直，闭合，充填泥质 |
| $f_{116}$ | 厂房基坑 | 340 | 50 | 14 | 2~5 | | | 充填断层角砾岩，成分为砂岩，泥钙质胶结，较密实 |

续表

| 编号 | 位置 | 倾向/(°) | 倾角/(°) | 长度/m | 宽度/cm | 断距/cm | 性质 | 主要特征 |
|---|---|---|---|---|---|---|---|---|
| $f_{117}$ | 厂房基坑 | 345 | 55 | 7 | | | | 断面平直,见有擦痕,倾伏向55°,倾伏角58° |
| $f_{118}$ | 厂房基坑 | 180 | 70 | 6 | 5~70 | | | 断面平直,充填页岩岩屑,见有光面及擦痕 |
| $f_{119}$ | 厂房基坑 | 355 | 88 | 6 | 5~10 | 50 | | 断面平直,闭合,充填页岩岩屑 |
| $f_{120}$ | 尾水护坦 | 265 | 25 | 3 | 30~50 | | | 断面平直,粗糙,充填碎屑,泥钙质胶结,中密 |
| $f_{121}$ | 尾水护坦 | 310 | 40 | 6 | | 30 | | 断面弯曲,张开,充填碎屑及泥质,见有擦痕 |
| $f_{122}$ | 尾水护坦 | 330 | 55 | 10 | 2~10 | | | 断面平直,闭合,充填碎屑及泥质 |
| $f_{123}$ | 尾水护坦 | 320 | 32 | 4 | 5 | | | 断面平直,光滑 |
| $f_{124}$ | 尾水护坦 | 90 | 35 | 7 | 5 | | | 断面粗糙,张开,充填碎屑及泥质 |
| $f_{125}$ | 尾水护坦 | 355 | 75 | 3 | 2 | 50 | | 断面平直,充填碎屑,泥钙质胶结,较密实 |
| $f_{126}$ | 尾水护坦 | 250 | 60 | 14 | 20 | 250 | 平移断层 | 断面平直,充填碎屑,强风化为黄褐色,局部泥化 |
| $f_{127}$ | 尾水护坦 | 330 | 65 | 4 | 1~2 | | | 断面平直,闭合,充填泥质 |
| $f_{128}$ | 尾水护坦 | 240 | 20 | 5 | | 50 | | 断面平直,闭合,充填断层泥 |
| $f_{129}$ | 尾水护坦 | 230 | 75 | 10 | 5~10 | 200 | | 断面平直,闭合,粗糙,充填碎屑,泥钙质胶结 |
| $f_{130}$ | 尾水护坦 | 240 | 89 | 11 | 2~5 | | | 断面平直,闭合,粗糙,充填碎屑,泥钙质胶结 |
| $f_{131}$ | 尾水护坦 | 270 | 70 | 11 | 15~20 | 50 | | 断面平直,粗糙,充填碎屑,泥钙质胶结 |
| $f_{132}$ | 1#岔管 | 140 | 30 | 15 | 10 | | | 断面平直,闭合,充填碎屑及泥质 |
| $f_{133}$ | 1#岔管 | 300 | 40 | 5 | 20~40 | | 压扭性 | 断面光滑,充填断层角砾岩,次棱角状 |
| $f_{134}$ | 1#岔管 | 320 | 50 | 9 | 20~50 | | | 断面起伏,充填断层角砾岩,成分为砂岩 |

续表

| 编号 | 位置 | 倾向/(°) | 倾角/(°) | 长度/m | 宽度/cm | 断距/cm | 性质 | 主要特征 |
|---|---|---|---|---|---|---|---|---|
| $f_{135}$ | 1#岔管 | 220 | 50 | 4 | 5~10 | | | 充填断层角砾及碎屑，成分为页岩 |
| $f_{136}$ | 1#岔管 | 215 | 50 | 15 | 5 | | | 断面平直，充填断层角砾岩，挤压强烈，局部糜棱化状 |
| $f_{137}$ | 2#岔管 | 120 | 25 | 3 | 10~30 | | 压扭性 | 断面平直，充填岩屑，成分为页岩，具糜棱状 |
| $f_{138}$ | 2#岔管 | 145 | 45 | 10 | 40~50 | | 压扭性 | 充填断层角砾岩，成分为页岩砂岩，断面光滑，见有擦痕 |
| $f_{139}$ | 2#岔管 | 180 | 50 | 7 | | | | 断面平直，闭合，充填黑色泥炭质 |
| $f_{140}$ | 2#岔管 | 110 | 40 | 5 | 10 | | | 断面平直，充填岩屑，泥钙质胶结，较密实，沿带内渗水，0.5L/min |

由表4-34可知，工程区主要发育一组走向50°~80°，倾向320°~350°的断层，以中、高倾角为主，中倾角断层63条，约占45%，高倾角断层61条，约占43.6%，缓倾角断层16条，约占11.4%。沿断层多充填碎屑及角砾，泥钙质胶结，较密实。其统计特征见图4-97。

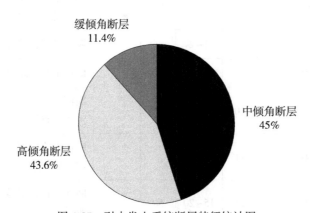

图4-97 引水发电系统断层特征统计图

2）裂隙

根据施工开挖揭露，引水发电系统工程区共统计3937条裂隙（见图4-98），按走向可分为三组：①NE组，走向31°~60°，占29.2%，倾SE或NW；②NEE组，走向61°~90°，占23.6%，倾SE或NW；③NW组，走向300°~330°，占12.7%，倾NE或SW。

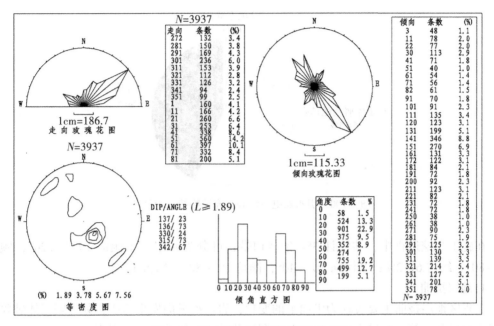

图 4-98 引水发电系统裂隙统计分析图

其中以发育缓倾角裂隙和陡倾角裂隙为主,缓倾角裂隙 1483 条,占 37.6%;中倾角裂隙 1001 条,占 25.4%;高倾角裂隙 1453 条,占 37%。裂隙按倾角统计见图 4-99。

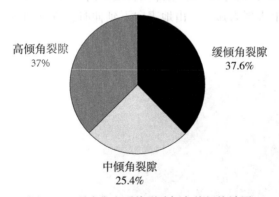

图 4-99 引水发电系统裂隙倾角特征统计图

沿裂隙多充填碎屑及黄褐色泥钙质,共 2141 条,占 54.4%;无充填裂隙 1726 条,占 43.8%;充填方解石裂隙 70 条,占 1.8%。裂隙按充填物特征统计见图 4-100。

3) 层间剪切带

引水发电系统沿线穿越贝拉加岩组,地层岩性以砂岩、泥岩及页岩交替出现,岩层呈软硬相间分布,沿软弱岩层易发生滑移或错动,形成剪切带,其物质成分主要为薄层泥岩、页岩夹少量极薄层粉砂岩,部分可见发丝状的炭质细线,在风化带中多呈黄褐色,为土状,局部夹泥,进入微新岩体后,性状逐渐好转,剪切现象不明显。

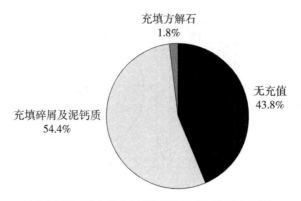

图 4-100 引水发电系统裂隙充填物特征统计图

在施工开挖过程中，共统计 384 条剪切带，可分为两组：①倾向 190°~220°，倾角 75°~80°，约占 61.2%；②倾向 10°~40°，倾角 75°~80°，约占 13.5%。

4）地层挠曲

工程区地层挠曲主要表现为纵向上的变化，岩层沿纵向发生弯折，并伴随岩体破碎及出现小规模断层等，在进水口、引水洞、调压井及厂房等部位均有揭露。

进水口地表岩层倾向 200°~215°，倾角 30°~55°，为中倾岩层，而下部进水塔基础岩层倾向 200°~215°，倾角 65°~75°，为陡倾岩层，在纵向上表现为岩层逐渐变陡；引水隧洞内揭示，地层倾向 200°~215°，倾角 80°~85°。调压井及厂房部位，地表岩层倾向 25°~30°，倾角 45°~60°，而建筑物地基部位岩层倾向 190°~210°，倾角 80°~85°。

岩层在空间形态上表现为弧形，由地表向下延伸时，逐渐演变为倾向 SW，形成一弯折构造，见图 4-101。

图 4-101 厂房后边坡顶部地层挠曲

**4. 水文地质**

1) 水文地质结构及地下水类型

区内主要为一套砂岩与页岩、泥岩的组合岩体，为陡倾地层，其中砂岩中局部构造发育，岩体破碎，形成了较好的地下水赋存条件，而泥岩是本区较好的隔水岩组。根据地层特征，可分为两种类型的含水单元：①砂岩含水单元；②砂岩与页岩组合岩体含水单元。

工程区雨量丰沛，一部分沿地表沟壑排泄，一部分渗入地下形成潜水（即裂隙水）和承压水。根据引水隧洞开挖揭露，潜水主要发育在砂岩地层或页岩地层，多赋存在长大裂隙中；承压水主要发育在砂岩与页岩交替部位，页岩作为相对隔水层将砂岩体中的地下水赋存，形成层间承压。

2) 地下水位特征

在施工开挖后，对引水发电一线进行补充地质勘察，对 CZK1～CZK7、CZK10～CZK14 及 TZK1 等 13 个钻孔终孔地下水位进行观测，根据钻孔地下水位长期观测可以看出，钻孔地下水位主要在地表以下 15～39m，最深 68.4m，最浅 1m。钻孔 CZK10、CZK12 位于沐若河右岸约 150m 处，受地形影响，地下水位较浅。

地下水位的变化一部分受大气降雨影响，一部分受地形条件影响，主要与附近地形、结构面发育程度及钻孔位置有关，一般沟槽、结构面发育较深部位的地下水位较低。

3) 岩体透水性分析

在可行性研究阶段与补充地质勘察阶段，完成了 21 个小口径钻孔的压水试验，共 316 段，对已完成的压水试验成果进行统计分析，其中岩体透水率 $q<1Lu$ 的微透水段共计 8 段，占 2.5%；透水率 $1Lu \leqslant q<10Lu$ 的弱透水段共 47 段，占 14.9%；透水率 $10Lu \leqslant q<100Lu$ 的中等透水地层共 261 段，占 82.6%。岩体以中等透水为主，微透水和弱透水较少，且随着深度的增加，渗透性逐渐递减。

4) 地下水化学特征

在可行性研究阶段，对厂房部位钻孔 PH3、PH4、PH5 三个点取出的水样进行了化学分析，地下水总溶解固体量为 34～40mg/L，矿物质浓度较低，pH 值约为 7，可得出地下水对混凝土没有化学侵蚀性。

**5. 岩（石）体风化**

工程区以砂岩、页岩及泥岩为主，岩层倾角陡，构造发育，地表水沿层面及结构面下渗，造成岩体风化强烈，可分为碎屑状风化、层状风化及球状风化。

由于岩体风化程度及深度的不同，根据《水利水电工程地质勘察规范》（GB 50487—2008）可将区内风化地层分为全、强、弱、微 4 个风化带，其主要特征见表 4-35。

表 4-35　　　　　　　　　　　岩体风化分带特征表

| 风化带 | 简称 | 颜色与光泽 | 结构与构造 | 矿物成分 | 完整性 | 风化岩与新鲜岩纵波速之比 |
|---|---|---|---|---|---|---|
| 全风化 | CW | 完全变色，光泽消失 | 完全破坏，仅外观保持原岩状态 | 除石英颗粒外，大部分变质为次生矿物 | 锤击松软，用手可折断捏碎，用锹可挖动 | <0.4 |
| 强风化 | HW | 颜色改变，仅断口中心可见原岩色 | 结构构造大部分破坏 | 易风化矿物变质为次生矿物 | 锤击声哑。厚层砂岩中残留部分卵圆状心石；砂、页岩互层呈干砌块石状；页岩多呈碎片状 | 0.4~0.6 |
| 弱风化 | MW | 表面和裂隙面大部分变色，断口色泽新鲜 | 结构构造大部分完好 | 沿裂隙面形成次生矿物 | 风化裂隙发育，多见树枝状风化裂隙，开挖需爆破，完整性较差 | 0.6~0.8 |
| 微风化 | SW | 颜色略显暗淡，裂隙面附近可见变色矿物 | 结构构造未变 | 沿裂隙面可见锈蚀现象 | 锤击声脆，仅可见少量风化裂隙，与新鲜岩石差别不大 | 0.8~0.9 |

在可行性研究阶段与补充地质勘察阶段，共布置 27 个小口径勘探钻孔，对引水发电工程区岩体风化带特征进行了统计分析，其成果见表 4-36。

表 4-36　　　　　　　　　钻孔揭示岩体风化分带厚度统计表

| 阶段 | 孔号 | 孔深/m | 全风化/m | 强风化/m | 弱风化/m | 备注 |
|---|---|---|---|---|---|---|
| 可行性研究阶段 | PH1 | 50 | 0 | 0 | 0 | 厂房 |
| | PH2 | 60 | 6 | 1.2 | 5.8 | |
| | PH4 | 70 | 3 | 2.1 | 2 | |
| | PH5 | 70 | 0 | 0 | 0 | |
| | GS1 | 80 | 20.7 | 3 | 3.3 | 进水口 |
| | GS2 | 30 | 0 | 7 | 4.5 | |
| | I1 | 30 | 5 | 0 | 0 | |
| | ST1 | 70 | 7.6 | 1.9 | 0 | 2#调压井 |
| | PH3 | 70 | 9.7 | 8.3 | 0 | 1#引水隧洞 |

续表

| 阶段 | 孔号 | 孔深/m | 全风化/m | 强风化/m | 弱风化/m | 备注 |
|---|---|---|---|---|---|---|
| 补充地质勘察阶段 | CZK1 | 149.5 | 13.2 | 27.3 | 6.2 | 进水口部位 |
| | CZK2 | 90 | 2.5 | 31.5 | 25.7 | |
| | CZK3 | 90 | 1.7 | 31.7 | 13 | |
| | CZK4 | 37.5 | 17.1 | 20.4 | — | |
| | CZK5 | 90 | 3.5 | 46.5 | 13 | |
| | CZK6 | 47 | 5.5 | 19.5 | 7 | |
| | CZK7 | 120 | 5 | 3.1 | 10.3 | 1#调压井 |
| | CZK11 | 108 | 14.8 | 34.85 | 30.35 | 2#调压井 |
| | CZK13 | 150.6 | 6.5 | 40.1 | 28.4 | 1#竖井 |
| | CZK14 | 139.7 | 2 | 15 | 0 | 2#竖井 |
| | CZK8 | 90 | 8.6 | 27.2 | 6.2 | 厂房 |
| | CZK9 | 70 | 8 | 8.8 | 6.2 | |
| | CZK10 | 50 | 4.9 | 1.6 | 0 | |
| | CZK12 | 60 | 0 | 12 | 7.2 | |
| | TZK1 | 37.6 | 2 | 6.1 | 2.3 | 上平段施工支洞 |
| | X1 | 80.5 | 17.7 | 11.65 | 0 | 小料场 |
| | X2 | 65.3 | 18.4 | 0 | 0 | |
| | X3 | 60.1 | 12 | 0.8 | 0 | |

由表 4-36 可知，进水口段全风化带厚 1.7～18.4m，最厚 20.7m；强风化带厚 3～31.7m，最厚 46.5m；弱风化带厚 3.3～13m，最厚 25.7m。

调压井、竖井段全风化带厚 2～9.7m，最厚 14.8m；强风化带厚 1.9～34.85m，最厚 40.1m；弱风化带厚 10.3～28.4m，最厚 30.35m。

厂房段全风化带厚 3～8m，最厚 8.6m；强风化带厚 1.6～12m，最厚 27.2m；弱风化带厚 2～6.2m，最厚 7.2m。

**6. 岩(石)体物理力学性质**

1) 岩矿鉴定

引水发电工程区对 2# 竖井部位 CZK14 钻孔岩芯取样，进行室内试验，其成果见表 4-37、表 4-38 及表 4-39。

## 第4章 各主要建筑物工程地质研究

表4-37　　　　　　　　　　岩石矿物物相分析统计表　　　　　　　　　　（%）

| 孔号 | 取样深度/m | 岩性 | 石英 | 长石 | 伊利石 | 方解石 | 绿泥石 | 蒙脱石 |
|---|---|---|---|---|---|---|---|---|
| CZK14 | 20.0~22.4 | 泥岩 | 23 | 10 | 25 | 2 | 40 | 0 |

表4-38　　　　　　　　　　　岩石矿物鉴定成果表

| 取样位置 | 薄片观察项 | 岩矿鉴定 | 含量 |
|---|---|---|---|
| CZK14<br>取样深度<br>22~22.4m，<br>泥岩 | 矿物组分 | 碎屑石英杂砂岩零散均匀分布，粒径0.05~0.07mm | 9% |
| | | 零星分布的片状白云母，长粒粒径0.05mm | 1% |
| | | 石英细粉岩、零散分布，粒径<0.02mm | 20% |
| | 基质组分 | 绢云母，零星分布 | 15% |
| | | 未重结晶的褐铁泥质 | 55% |
| | 胶结类型 | 基底式 | 0 |
| | 结构构造 | 粉砂质微细鳞片—泥状结构 | 0 |
| | 鉴定名称 | 绢云母粉砂质褐铁泥岩 | 0 |

表4-39　　　　　　　　　　　岩石化学成分分析统计表

| 孔号 | 岩性 | pH值 | $HCO_3^-$<br>/(g/kg) | $Cl^-$<br>/(g/kg) | $SO_4^{2-}$<br>/(g/kg) | $Ca^{2+}$<br>/(g/kg) | $Mg^{2+}$<br>/(g/kg) | $K^+ + Mg^{2+}$<br>/(g/kg) | 易溶盐<br>总量<br>/(g/kg) | 备注 |
|---|---|---|---|---|---|---|---|---|---|---|
| CZK14 | 泥岩 | 7.08 | 0.415 | 0.030 | 0.019 | 0.040 | 0.005 | 0.141 | 0.650 | 无腐蚀性 |

由上述统计表可知，区内泥岩主要为绢云母粉砂质褐铁泥岩，粉砂质微细鳞片—泥状结构，呈基底式钙质胶结，碎屑石英杂砂岩含量仅占9%，绿泥石含量占40%，其性状较软，硫酸盐含量很低，岩石无腐蚀性。

2）物理性质

泥岩微新岩块的天然密度为2.47~2.54g/cm³，饱和密度为2.52~2.56g/cm³，孔隙率为10.42%~14.15%，为高孔隙率岩石；砂岩强风化岩块的天然密度为2.16g/cm³，饱和密度为2.31g/cm³，孔隙率为15.25%。

3）力学性质

(1)室内岩石力学性质及声波试验

在进水口及钻孔CZK14共取4组岩芯进行室内力学性质试验，其成果见表4-40、表4-41。

由表4-41可知，泥岩饱和单轴抗压强度为12.5MPa，变形模量(饱和)值为2.43GPa，软化系数0.59，属于软岩；页岩饱和单轴抗压强度为4MPa，变形模量(饱和)值为0.98GPa，软化系数0.66，属于极软岩；强风化砂岩饱和单轴抗压强度为5.1~5.8MPa，变形模量(饱和)值为0.48~0.49GPa，力学性质发生显著变化，接近极软岩。

## 4.2 引水发电系统工程地质研究

表 4-40 室内岩石物理性质试验综合成果表

| 组号 | 取样位置 | 试件编号 | 取样深度/m | 岩石名称 | 风化程度 | 块体密度/(g/cm³) 天然 | 块体密度/(g/cm³) 烘干 | 块体密度/(g/cm³) 饱和 | 颗粒密度/(g/cm³) | 天然含水率/% | 吸水率/% | 饱水率/% | 孔隙率/% |
|---|---|---|---|---|---|---|---|---|---|---|---|---|---|
| 1 | CZK3 | 618 | 59.4~59.7 | 泥岩 | 新鲜 | 2.47 | 2.38 | 2.52 | 2.78 | 3.87 | | 5.94 | 14.15 |
| 2 | 进水口 | | | 杂砂岩 | 强风化 | 2.16 | 2.26 | 2.31 | 2.55 | 4.58 | 5.62 | 7.12 | 15.25 |
| 3 | CZK14 | 613 | 22.0~22.4 | 泥岩 | 微新 | 2.52 | 2.44 | 2.55 | 2.74 | 3.16 | | 4.48 | 10.92 |
| 4 | CZK14 | 617 | 115.0~115.3 | 页岩 | 新鲜 | 2.54 | 2.46 | 2.56 | 2.75 | 3.07 | | 4.24 | 10.42 |

表 4-41 室内岩石力学性质试验综合成果表

| 组号 | 取样位置 | 试件编号 | 取样深度/m | 岩石名称 | 风化程度 | 单轴抗压强度/MPa 天然 | 单轴抗压强度/MPa 饱和 | 软化系数 | 单轴变形/GPa 变形模量 $E_0$ 天然 | 单轴变形/GPa 变形模量 $E_0$ 饱和 | 单轴变形/GPa 弹性模量 $E_e$ 天然 | 单轴变形/GPa 弹性模量 $E_e$ 饱和 | 泊松比 $\mu$ 天然 | 泊松比 $\mu$ 饱和 |
|---|---|---|---|---|---|---|---|---|---|---|---|---|---|---|
| 1 | 进水口 | | | 杂砂岩 | 强风化 | | 5.1 | | | 0.48 | | 0.58 | | 0.28 |
| 2 | 进水口 | | | 杂砂岩 | 强风化 | | 5.8 | | | 0.49 | | 0.59 | | 0.28 |
| 3 | CZK14 | 613、614、615 | 22.0~23.6 | 泥岩 | 微新 | 21.3 | 12.5 | 0.59 | 2.89 | 2.43 | 3.92 | 3.34 | 0.33 | 0.33 |
| 4 | CZK14 | 616、617 | 29.4~115.3 | 页岩 | 新鲜 | 6.1 | 4.0 | 0.66 | 1.63 | 0.98 | 2.45 | 1.78 | — | 0.35 |

进水口边坡取强风化砂岩进行室内声波测试,纵波速度$V_{pr}$范围值1367~1745m/s,平均值1532m/s。

(2)岩体变形及声波试验

对进水口边坡强风化砂岩及页岩体分别进行变形及声波试验,成果见表4-42。

表4-42　　　　　　　　　　岩体变形及声波试验成果表

| 试验部位 | 岩性 | 加荷方向 | 试点编号 | 变形模量/GPa | 弹性模量/GPa | 纵波速度/(m/s) |
|---|---|---|---|---|---|---|
| 进水口边坡 | 砂岩强风化 | 铅直 | E401 | 1.46 | 2.34 | 2316 |
| | | | E402 | 0.81 | 1.28 | 2137 |
| | | | E403 | 0.54 | 1.06 | 1969 |
| 进水口边坡 | 页岩强风化 | 铅直 | E901 | 0.08 | 0.23 | 1550 |
| | | | E902 | 0.19 | 0.44 | 1700 |
| | | | E903 | 0.32 | 0.76 | 1900 |

由表4-42可知,强风化砂岩体变形模量范围值0.54~1.46GPa,弹性模量范围值1.06~2.34GPa;强风化页岩体变形模量范围值0.07~0.32GPa,弹性模量范围值0.23~0.76GPa。

强风化砂岩体纵波速度$V_{pm}$范围值1969~2316m/s,平均值2137m/s;强风化页岩体纵波速度$V_{pm}$范围值1550~1900m/s。

(3)岩体载荷试验

对进水口强风化砂岩及页岩体分别进行载荷试验,成果见表4-43。

表4-43　　　　　　　　　　岩体载荷试验成果表

| 试验部位 | 岩性 | 岩体载荷试验/MPa | | |
|---|---|---|---|---|
| | | 比例极限 | 极限承载力 | 允许承载力 |
| 进水口边坡 | 砂岩强风化 | 3.53~5.41 | >11.06 | 3.53 |
| | 页岩强风化 | 4~4.94 | 8.24~10.59 | 2.75 |

由表4-43可知,强风化砂岩体比例界限范围值3.53~5.41MPa,极限荷载大于11.06MPa,允许承载力3.53MPa;强风化页岩体比例界限范围值4~4.94MPa,极限荷载8.24~10.59MPa,允许承载力2.75MPa。

(4)岩体直剪试验

在2#引水隧洞进口,对强风化砂岩体进行了1组(6点)直剪试验,成果见表4-44。

表4-44　　　　　　　　　　岩体直剪试验强度参数表

| 岩性 | 试验部位 | 剪切方式 | 试点组 | 抗剪断 | | 抗剪（摩擦） | |
|---|---|---|---|---|---|---|---|
| | | | | $f'$ | $c'$/MPa | $f$ | $c$/MPa |
| 砂岩强风化 | 2#引水洞进口 | 直剪 | $T_{岩}4$ | 1.37 | 0.54 | 1.36 | 0.27 |

4）岩石（体）物理力学参数建议值

根据试验成果，类比类似工程经验取值，建议岩石（体）物理力学参数值见表4-45。

表4-45　　　　　　　　　　岩石（体）物理力学参数建议值

| 岩石名称 | 风化程度 | 重度/(kN/m³) | 变模/GPa | 泊松比 | 岩体抗剪断强度 | | 砼/岩接触面抗剪断强度 | |
|---|---|---|---|---|---|---|---|---|
| | | | | | $f'$ | $c'$/MPa | $f'$ | $c'$/MPa |
| 页岩 | HW | 22 | 0.3 | 0.45 | 0.2 | 0.05 | 0.25 | 0.05 |
| | MW | 23 | 0.5 | 0.40 | 0.4 | 0.2 | 0.35 | 0.1 |
| | SW | 25 | 1 | 0.35 | 0.45~0.55 | 0.25 | 0.5 | 0.2 |
| 砂岩 | HW | 22 | 0.5~1 | 0.35 | 0.3 | 0.1 | 0.25 | 0.05 |
| | MW | 25 | 6~8 | 0.3 | 0.8 | 0.7 | 0.8 | 0.5 |
| | SW | 25.2 | 9~12 | 0.28 | 1.1~1.3 | 1.1~1.3 | 1.0 | 1.0 |
| 砂、页岩互层 | HW | 22 | 0.4~0.6 | 0.35 | 0.3 | 0.1 | 0.25 | 0.05 |
| | MW | 23 | 2~3 | 0.32 | 0.6 | 0.5 | 0.5 | 0.3 |
| | SW | 25 | 3~5 | 0.3 | 0.8~0.9 | 0.6~0.8 | 0.7 | 0.5 |

**7. 岩体结构与围岩工程地质分类**

1）岩体结构分类

根据《水利水电工程地质勘察规范》（GB 50487—2008）岩体结构分类标准，可将工程区岩体分为五类，见表4-46。

表4-46　　　　　　　　　　岩体结构分类表

| 岩体结构类型 | 特征描述 | 岩性代表 | 位　　置 |
|---|---|---|---|
| 巨厚层状结构 | 岩体完整，呈巨厚状，层面不发育，间距大于100cm | 砂岩 | 1#引水洞DI0+725m~DI0+905m；2#引水洞DII0+705m~DII0+865m处等 |
| 中厚层—厚层结构 | 岩体较完整，层面较发育，间距一般30~100cm | 砂岩夹页岩 | 引水洞、调压井等 |
| 互层结构 | 岩体完整性较差，呈互层状，层面发育，间距10~30cm | 砂岩与页岩互层岩体 | 引水洞、调压井等 |

续表

| 岩体结构类型 | 特征描述 | 岩性代表 | 位置 |
|---|---|---|---|
| 薄层结构 | 岩体完整性差，薄层结构，层面发育，间距小于10cm | 页岩 | 1#~4#岔管、厂房基坑上游部分等 |
| 散体结构 | 岩体破碎，岩块夹碎屑及泥质或碎屑夹岩块 | 全强风化带岩体 | 进水口边坡、调压井边坡、厂房边坡等 |

2) 岩体质量分级

根据《工程岩体分级标准》(GB/T 50218—2014)，岩体的基本质量由岩石的坚硬程度和岩体的完整程度两个因素确定，岩石的坚硬程度定量评价是以岩石饱和(湿)单轴抗压强度($R_c$)来评定的，而岩体的完整程度定量评价是以岩体与岩块的弹性纵波速度比值的平方($K_v$)来确定的。根据试验与测试所确定的$R_c$、$K_v$值，由下式确定岩体基本质量指标(BQ)：

$$BQ = 100 + 3R_c + 250K_v。$$

其中，当$R_c > 90K_v + 30$时，应以$R_c = 90K_v + 30$代入；当$K_v > 0.04R_c + 0.4$时，应以$K_v = 0.04R_c + 0.4$代入。

根据BQ值，可将岩体基本质量级别划分为五类，见表4-47。

表4-47　　　　　　　　　　岩体基本质量分级表

| 岩体基本质量指标(BQ) | >550 | 550~451 | 450~351 | 350~251 | <250 |
|---|---|---|---|---|---|
| 基本质量级别 | Ⅰ | Ⅱ | Ⅲ | Ⅳ | Ⅴ |

根据室内岩石力学试验成果及类比其他工程取值，建议本区岩石饱和(湿)单轴抗压强度($R_c$)值见表4-48。

表4-48　　　　　　　　　　岩石饱和单轴抗压强度值

| 岩性 | 页岩、泥岩 | 砂岩、页岩组合岩体 | 砂岩夹少量页岩 |
|---|---|---|---|
| $R_c$(MPa) | 5~15 | 30~45 | 60~80 |

由于引水发电系统未进行岩体及岩块声波测试试验，故采用岩体体积节理数($J_v$)来确定岩体完整性指数($K_v$)，二者的相互关系见表4-49。

表4-49　　　　　　　　　　$J_v$与$K_v$对照表

| $J_v$(条/m³) | <3 | 3~10 | 10~20 | 20~35 | >35 |
|---|---|---|---|---|---|
| $K_v$ | >0.75 | 0.75~0.55 | 0.55~0.35 | 0.35~0.15 | <0.15 |

工程岩体级别应在岩体基本质量级别的基础上，结合不同建筑物的特点、部位，考虑

地下水状态、初始应力状态、建筑物轴线与主要软弱结构面的组合关系等进行修正。对于各具体工程，岩体基本质量指标修正值[BQ]可按下式计算。

$$[BQ] = BQ - 100(K_1 + K_2 + K_3)$$

式中，$K_1$——地下水影响修正系数；

$K_2$——主要软弱结构面产状影响修正系数；

$K_3$——初始应力影响修正系数。

$K_1$、$K_2$、$K_3$值可分别按表4-50、表4-51、表4-52确定。

表4-50  地下水影响修正系数 $K_1$

| 地下水状态 \ BQ | >450 | 450~351 | 350~251 | <250 |
|---|---|---|---|---|
| 地下水位以上：潮湿或点滴出水 | 0 | 0.1 | 0.2~0.3 | 0.4~0.6 |
| 地下水位以下0~10m：淋雨状或涌流状出水，水压小于0.1MPa | 0.1 | 0.2~0.3 | 0.4~0.6 | 0.7~0.9 |
| 地下水位10m以下：淋雨状或涌流状出水，水压大于0.1MPa | 0.2 | 0.4~0.6 | 0.7~0.9 | 1.0 |

表4-51  主要软弱结构面产状影响修正系数 $K_2$

| 结构面产状与建筑物轴线的组合关系 | 结构面走向与建筑物轴线夹角<30°，结构面倾角30°~70° | 结构面走向与建筑物轴线夹角>60°，结构面倾角>75° | 其他组合 |
|---|---|---|---|
| $K_2$ | 0.2~0.6 | 0~0.2 | 0.2~0.4 |

表4-52  地应力状态影响修正系数 $K_3$

| $\dfrac{R_c}{\gamma H}$ \ BQ | >450 | 450~351 | 350~251 | <251 |
|---|---|---|---|---|
| <4 | 1.0 | 1.0~1.5 | 1.0~1.5 | 1.0 |
| 4~7 | 0.5 | 0.5 | 0.5~1.0 | 0.5~1.0 |
| >7 | 0 | 0 | 0 | 0 |

综上所述，结合施工期地质编录成果，将1#、2#引水隧洞围岩体级别进行划分，见表4-53、表4-54。

表4-53　　　　　　　　　　　　　1#引水隧洞围岩体级别统计表

| 桩号/m | 地层岩性 | 岩体基本质量指标修正值[BQ] | 级别 | 特征描述 |
|---|---|---|---|---|
| D10+14~D10+65 | ss/sh | 247.5 | V | 灰黄色厚层砂岩夹有页岩带，强风化，裂隙极为发育，且多呈张开状，部分裂隙中多充填泥质，岩体受层面、裂隙切割，呈碎块状，完整性极差 |
| D10+65~D10+95 | sh | 260 | IV | 深灰色、紫红色泥岩，弱风化，层状碎裂结构，岩体受层面、裂隙切割，呈碎块状，完整性极差 |
| D10+95~D10+118 | sh | 140 | V | 页岩，弱风化，层状碎裂结构，岩体受层面、裂隙切割，呈碎块状，完整性极差，且该段存在一宽缓褶皱，地下水发育 |
| D10+118~D10+155 | ss | 285 | IV | 新鲜砂岩，碎块状结构，裂隙发育，岩体受裂隙切割，呈碎块状，完整性极差，以缓倾角结构面为主，地下水发育 |
| D10+155~D10+180 | sh | 270 | IV | 新鲜页岩，层状碎裂结构，完整性极差，局部洞顶成塌方，地下水发育 |
| D10+180~D10+200 | ss/sh | 307.5 | IV | 浅灰色中厚层砂岩夹页岩，岩石新鲜，裂隙发育，主要受断层切割，岩体完整性差，块状结构，局部洞顶成塌方，地下水发育 |
| D10+200~D10+255 | sh/ss | 290 | IV | 深灰色页岩夹厚层砂岩，岩石新鲜，裂隙发育，主要受断层切割，岩体完整性差，块状结构，局部洞顶成塌方，洞顶滴水 |
| D10+255~D10+272 | sh | 275 | IV | 深灰色薄层页岩，岩石新鲜，层状碎裂结构，局部洞顶滴水 |
| D10+272~D10+278 | ss/sh | 335 | IV | 浅灰色中厚层砂岩夹页岩，岩石新鲜，裂隙发育，岩体完整性差，局部洞顶地下水发育 |
| D10+278~D10+301 | ss/sh | 390 | III | 浅灰色中厚层砂岩夹页岩，岩石新鲜，岩体完整性较好 |
| D10+301~D10+316 | sh | 285 | IV | 深灰色薄层页岩，岩石新鲜，层状碎裂结构 |
| D10+316~D10+385 | ss/sh | 410 | III | 浅灰色中厚层砂岩夹页岩，岩石新鲜，岩体完整性较好 |
| D10+385~D10+390 | ss/sh | 351 | III | 浅灰色中厚层砂岩夹深灰色页岩，岩石新鲜，裂隙切割，岩体完整性较差 |
| D10+390~D10+416 | ss/sh | 410 | III | 浅灰色中厚层砂岩夹深灰色页岩，岩石新鲜，岩体完整性较好 |
| D10+416~D10+421 | ss/sh | 302.5 | IV | 浅灰色中厚层砂岩夹深灰色页岩，岩石新鲜，裂隙发育，岩体完整性较差 |
| D10+421~D10+464 | ss | 440 | III | 浅灰色厚层砂岩，岩石新鲜，岩体完整性好 |

## 4.2 引水发电系统工程地质研究

续表

| 桩号/m | 地层岩性 | 岩体基本质量指标修正值[BQ] | 级别 | 特征描述 |
|---|---|---|---|---|
| DI0+464~DI0+472 | ss=sh | 345 | Ⅳ | 浅灰色中厚层砂岩与页岩互层,岩石新鲜,裂隙发育,完整性较差 |
| DI0+472~DI0+482 | ss | 350 | Ⅳ | 浅灰色厚层砂岩,岩石新鲜,岩体完整性较好 |
| DI0+482~DI0+515 | ss=sh | 317.5 | Ⅳ | 浅灰色中厚层砂岩与页岩互层,层状碎裂结构,局部糜棱化状,滴水,岩体性状较差 |
| DI0+515~DI0+555 | ss/sh | 370 | Ⅲ | 浅灰色厚层砂岩夹深灰色页岩条带,岩石新鲜,岩体完整性较好 |
| DI0+555~DI0+569 | ss/sh | 385 | Ⅲ | 浅灰色厚层砂岩夹深灰色页岩条带,岩石新鲜,洞内干燥 |
| DI0+569~DI0+573.5 | ss/sh | 300 | Ⅳ | 浅灰色厚层砂岩夹深灰色页岩条带,发育一条缓倾角断层,局部有地下水渗出,岩体完整性较差 |
| DI0+573.5~DI0+588.5 | ss/sh | 395 | Ⅲ | 深灰色厚层页岩夹少量砂岩,层状碎裂结构,岩体完整性较好 |
| DI0+588.5~DI0+592 | sh/ss | 297.5 | Ⅳ | 深灰色薄层页岩夹少量砂岩,层状碎裂结构,局部糜棱化状,局部滴水,岩体性状较差 |
| DI0+592~DI0+607 | sh/ss | 300 | Ⅳ | 深灰色薄层页岩,层状碎裂结构,微细裂隙发育,性状较差 |
| DI0+607~DI0+620 | sh | 290 | Ⅳ | 深灰色薄层页岩,层状碎裂结构,微细裂隙较发育,局部糜棱状,性状较差 |
| DI0+620~DI0+636 | sh/ss | 295 | Ⅳ | 深灰色薄层页岩夹薄层砂岩,层状碎裂结构,微裂隙较发育,局部股流状出水,性状较差 |
| DI0+636~DI0+667 | ss/sh | 385 | Ⅲ | 浅灰色厚层—巨厚层砂岩夹页岩,砂岩剪切带有地下水流出,页岩呈薄层页岩,无渗水,性状较好 |
| DI0+667~DI0+669 | sh/ss | 355 | Ⅲ | 深灰色薄层页岩夹砂岩,页岩占90%,砂岩约占10%,裂隙不甚发育,局部有渗水,岩体完整性较差 |
| DI0+669~DI0+672 | ss/sh | 390 | Ⅲ | 浅灰色中厚层—厚层砂岩夹薄层页岩,砂岩单层厚50~100cm,页岩厚2~5cm,裂隙发育,性状较好 |
| DI0+672~DI0+679 | sh/ss | 360 | Ⅲ | 深灰色薄层页岩夹砂岩,页岩单层厚2~5cm,砂岩单层厚1.5~2m,层状碎裂结构,沿裂隙发育,局部渗水,裂隙发育,完整性较差 |
| DI0+679~DI0+695 | ss/sh | 391.5 | Ⅲ | 浅灰色巨厚层砂岩夹页岩,洞顶局部渗水,裂隙发育,完整性好 |

续表

| 桩号/m | 地层岩性 | 岩体基本质量指标修正值[BQ] | 级别 | 特征描述 |
|---|---|---|---|---|
| DI0+695~DI0+708 | sh | 351 | Ⅲ | 灰绿色、褐红色薄层页岩，层状碎裂结构，干燥，无滴水，裂隙发育，岩体性状较差 |
| DI0+708~DI0+719 | ss | 375 | Ⅲ | 浅灰色厚层砂岩，新鲜状，裂隙发育，干燥，无滴水，完整性好 |
| DI0+719~DI0+725 | sh/ss | 365 | Ⅲ | 深灰色薄层页岩夹砂岩，页岩单层厚2~5cm，砂岩厚15~20cm，裂隙发育，局部渗水，页岩呈碎裂结构，完整性较差 |
| DI0+725~DI0+743 | ss | 470 | Ⅱ | 浅灰色巨厚层砂岩，裂隙不发育，洞内干燥，无滴水，岩石新鲜，岩体完整性好 |
| DI0+743~DI0+815 | ss | 495 | Ⅱ | 浅灰色巨厚层砂岩，裂隙不发育，洞内干燥，无滴水，岩石新鲜，岩体完整性好 |
| DI0+815~DI0+825 | ss | 470 | Ⅱ | 浅灰色巨厚层砂岩，局部夹少量页岩条带，裂隙不甚发育，洞内干燥，岩石新鲜，岩体完整 |
| DI0+825~DI0+891 | ss | 495 | Ⅱ | 浅灰色巨厚层砂岩，岩石新鲜，裂隙不甚发育，岩体完整性好 |
| DI0+825~DI0+932 | ss/sh | 375 | Ⅲ | 浅灰色巨厚层砂岩夹深色页岩条带，裂隙较发育，局部有地下水渗出，岩体完整性较好 |
| DI0+932~DI0+946 | sh | 272.5 | Ⅳ | 浅灰色泥岩，裂隙较发育，干燥，岩石新鲜，岩体完整性差 |
| DI0+946~DI0+964 | ss | 387.5 | Ⅲ | 浅灰色中厚层砂岩一厚层砂岩，新鲜，裂隙发育，洞顶见有块体 |
| DI0+964~DI1+038 | ss=sh | 310 | Ⅳ | 浅灰色中厚层砂岩与页岩互层，裂隙发育，发育一条缓倾角断层，岩体完整性较差 |
| DI1+038~DI1+070 | ss | 410 | Ⅲ | 浅灰色厚层砂岩，岩石新鲜，岩体较完整，局部有地下水渗出 |
| DI1+070~DI1+103 | ss/sh | 347.5 | Ⅳ | 浅灰色厚层砂岩夹浅灰色中厚层泥岩，新鲜岩石，裂隙发育，发育2条缓倾角断层，有地下水渗出，岩体完整性差 |
| DI1+103~DI1+131 | sh/ss | 282.5 | Ⅳ | 深灰色泥岩夹少量的浅灰色中厚层砂岩，新鲜岩石，层面裂隙发育，岩体完整性较差，层状碎裂结构，局部洞段见有地下水渗出，易掉块，局部坍方 |
| DI1+131~DI1+136.5 | ss/sh | 410 | Ⅲ | 浅灰色中厚层砂岩夹深灰色泥岩，岩石新鲜，岩体完整，完整性较好 |
| DI1+136.5~DI1+140 | ss/sh | 347.5 | Ⅳ | 浅灰色中厚层砂岩夹深灰色泥岩，新鲜岩石，层面裂隙发育，岩体完整性差，局部洞段洞顶地下水渗出，完整性较差 |

续表

| 桩号/m | 地层岩性 | 岩体基本质量指标修正值[BQ] | 级别 | 特 征 描 述 |
|---|---|---|---|---|
| DII+140～DII+175 | sh | 277.5 | IV | 深灰色薄层泥岩,新鲜岩石,层面裂隙发育,岩体完整性较差,易坍塌 |
| DII+175～DII+208 | sh/ss | 300 | IV | 深灰色薄层泥岩及浅灰色中厚层砂岩,层面裂隙发育,岩体完整性较差,易坍塌 |
| DII+208～DII+227 | ss/sh | 345 | IV | 浅灰色中厚层砂岩夹深灰色泥岩,裂隙发育,岩石新鲜,局部洞段见有渗水,完整性较差 |
| DII+227～DII+265 | ss/sh | 410 | III | 浅灰色中厚层砂岩局部夹深灰色泥岩,新鲜岩石,岩体较为完整 |
| DII+265～DII+272 | ss=sh | 355 | III | 浅灰色中厚层砂岩与深灰色泥岩互层,新鲜岩石,裂隙发育,完整性较差 |
| DII+272～DII+290 | ss | 390 | III | 浅灰色中厚层砂岩,新鲜岩石,发育少量微裂隙 |
| DII+290～DII+303 | sh | 272.5 | IV | 深灰色泥岩,新鲜岩石,软质岩石,发育微裂隙,完整性较差 |
| DII+303～DII+307.5 | ss/sh | 425 | III | 浅灰色中厚层砂岩夹深灰色页岩条带,新鲜岩石,岩体较为完整 |
| DII+307.5～DII+330 | ss/sh | 327.5 | III | 浅灰色厚层砂岩夹深灰色页岩,新鲜岩石,岩体完整性较差,层面多具糜棱化,局部形成塌方 |
| DII+330～DII+344 | sh | 260 | IV | 深灰色泥岩,新鲜软质岩层,微裂隙发育 |
| DII+344～DII+379 | ss/sh | 335 | IV | 浅灰色中厚层砂岩夹深灰色薄层页岩条带,新鲜岩石,微裂隙发育,完整性较差 |
| DII+379～DII+391 | ss/sh | 425 | III | 浅灰色厚层砂岩夹深灰色页岩条带,新鲜岩石,裂隙较发育 |
| DII+391～DII+403 | ss/sh | 347.5 | IV | 深灰色泥岩,软质岩石,层面裂隙发育 |
| DII+403～DII+445 | sh | 272.5 | IV | 深灰色泥岩,岩石新鲜,岩石新鲜 |
| DII+445～DII+453 | ss | 445 | III | 浅灰色巨厚层砂岩,坚硬,岩石新鲜,块体结构,裂隙发育 |
| DII+453～DII+467 | ss/sh | 337.5 | IV | 浅灰色厚层砂岩夹少量页岩,岩石新鲜,岩石含量为90%,洞顶陡倾角裂隙发育 |
| DII+467～DII+627 | ss/sh | 382.5 | III | 浅灰色厚层砂岩夹深灰色泥岩,砂岩含量为10%,页岩含量为90%,岩石新鲜,裂隙发育,无地下水发育,完整性较好 |

第4章 各主要建筑物工程地质研究

续表

| 桩号/m | 地层岩性 | 岩体基本质量指标修正值[BQ] | 级别 | 特征描述 |
|---|---|---|---|---|
| DI1+627~DI1+657 | sh/ss | 295 | IV | 深灰色泥岩夹浅灰中厚层砂岩，新鲜岩石，层面裂隙发育，岩体完整性差，层状碎裂结构，局部洞段洞顶见地下水渗出 |
| DI1+657~DI1+695.5 | ss | 435 | III | 浅灰色巨厚层砂岩，新鲜岩石，岩体完整性较好 |
| DI1+695.5~DI1+720 | ss/sh | 320 | IV | 浅灰色厚层砂岩夹深灰色页岩条带，新鲜岩石，裂隙发育，洞顶发育一缓倾角断层，局部洞段洞顶见地下水涌出 |
| DI1+720~DI1+793.5 | ss/sh | 445 | III | 浅灰色巨厚层砂岩夹深灰色页岩，新鲜岩石，岩体较完整 |
| DI1+793.5~DI1+884 | sh | 265 | IV | 深灰色中厚层泥岩，层状碎裂结构，揉皱发育，软质岩，层面裂隙较发育 |
| DI1+884~DI1+925 | ss/sh | 425 | III | 浅灰色厚层，巨厚层砂岩夹页岩条带，岩体较完整，局部洞段洞顶发育少有少量滴水 |
| DI1+925~DI1+944 | ss=sh | 340 | IV | 浅灰色中厚层砂岩与深灰色页岩互层段，层面裂隙发育，岩体较完整，局部洞段洞顶见有少量滴水 |
| DI1+944~DI2+020 | ss/sh | 420 | III | 浅灰色厚层砂岩夹深灰色页岩，新鲜岩石，岩体较完整，稳定性较好 |
| DI2+020~DI2+027 | sh | 280 | IV | 深灰色泥岩，层状碎裂结构，洞顶滴水，局部洞段洞形成塌方 |
| DI2+027~DI2+080 | ss/sh | 405 | III | 浅灰色中厚层砂岩夹深灰色页岩，岩体较完整，稳定性较好 |
| DI2+080~DI2+096 | sh | 265 | IV | 深灰色泥岩，层状碎裂结构，洞顶滴水，局部洞段洞形成塌方 |
| DI2+096~DI2+107 | ss/sh | 425 | III | 浅灰色厚层砂岩夹页岩条带，岩石新鲜，较完整，洞顶滴水 |
| DI2+107~DI2+124 | sh | 267.5 | IV | 深灰色泥岩，层状碎裂结构，洞顶滴水 |
| DI2+124~DI2+160 | ss/sh | 410 | III | 浅灰色厚层砂岩夹页岩条带，岩石新鲜，较完整，局部见有滴水 |
| DI2+160~DI2+181 | sh | 265 | IV | 深灰色厚层泥岩，岩石新鲜，层面裂隙发育，局部见有滴水 |
| DI2+181~DI2+193 | ss/sh | 402.5 | III | 浅灰色厚层砂岩夹页岩条带，岩石新鲜，较完整，局部见有滴水 |
| DI2+193~DI2+212 | ss/sh | 425 | III | 浅灰色厚层砂岩夹页岩条带，岩石新鲜，较完整，局部见有滴水 |
| DI2+212~DI2+221 | ss | 410 | III | 浅灰色巨厚层砂岩，岩石新鲜，裂隙不甚发育，局部有地下水渗出，岩体较完整 |
| DI2+221~DI2+233.5 | ss | 315 | IV | 浅灰色巨厚层砂岩，岩石新鲜，裂隙发育，地下水发育，岩体完整性较差 |

4.2 引水发电系统工程地质研究

续表

| 桩号/m | 地层岩性 | 岩体基本质量指标修正值[BQ] | 级别 | 特 征 描 述 |
|---|---|---|---|---|
| DI2+233.5~DI2+270 | ss/sh | 405 | IV | 浅灰色厚层砂岩夹页岩条带，岩石新鲜，裂隙不甚发育，局部有地下水渗出，完整性较好 |
| DI2+270~DI2+375 | ss | 275 | IV | 深灰色页岩夹砂岩，裂隙较发育，层状碎裂结构，有地下水渗出，岩体完整性较差 |
| DI2+375~DI2+381 | sh/ss | 287.5 | IV | 深灰色页岩夹少量砂岩，裂隙较发育，层状碎裂结构，有地下水渗出，岩体完整性较差 |
| DI2+381~DI2+389.5 | ss/sh | 290 | IV | 浅灰色厚层砂岩夹页岩，裂隙发育，地下水发育，呈块体结构，呈股流状，岩体完整性较差 |
| DI2+389.5~DI2+398 | ss | 380 | III | 浅灰色巨厚层砂岩，裂隙较发育，其中一组为缓倾角裂隙，洞顶有地下水发育，多为淋雨状或呈股流状，岩石新鲜，岩体较完整 |
| DI2+398~DI2+405 | ss | 345 | IV | 浅灰色巨厚层砂岩，裂隙发育，洞顶一组为缓倾角裂隙，洞顶有地下水发育，淋雨状或呈股流状 |
| DI2+405~DI2+411 | ss | 387.5 | III | 浅灰色巨厚层砂岩，裂隙较发育，岩石新鲜，完整性好 |
| DI2+411~DI2+419 | ss | 345 | IV | 浅灰色巨厚层砂岩，裂隙发育，洞顶一组为缓倾角裂隙，洞顶有地下水发育，淋雨状或呈股流状 |
| DI2+419~DI2+433 | ss | 387.5 | III | 浅灰色巨厚层砂岩，裂隙较发育，岩石新鲜 |
| DI2+433~DI2+465 | ss/sh | 320 | IV | 浅灰色厚层砂岩夹页岩，裂隙发育，地下水发育，呈股流状，岩体完整性较差 |
| DI2+465~DI2+485 | ss/sh | 310 | IV | 浅灰色厚层砂岩夹页岩，裂隙发育，地下水发育，呈股流状，岩体完整性较差 |
| DI2+485~DI2+490 | sh | 260 | IV | 深灰色页岩，微裂隙发育，呈碎裂结构，岩体破碎，性状差 |
| DI2+490~DI2+564 | ss/sh | 300 | IV | 浅灰色厚层砂岩夹页岩，裂隙发育，地下水发育，呈股流状，岩体完整性较差 |
| DI2+564~DI2+615 | sh | 220 | V | 深灰色薄层页岩，微裂隙发育，呈碎裂结构，地下水较发育，岩体破碎，性状差 |
| DI2+615~DI2+673 (3#~4#岔管) | sh | 220 | V | 灰黑色薄层页岩，微裂隙发育，呈碎裂结构，地下水发育，多呈淋雨状，岩体破碎，性状差 |

163

表4-54　2#引水隧洞围岩体级别统计表

| 桩号/m | 地层岩性 | 岩体基本质量指标修正值[BQ] | 级别 | 特征描述 |
|---|---|---|---|---|
| DII0+014～DII0+037 | ss/sh | 247.5 | V | 灰黄色厚层砂岩，局部洞段夹有页岩条带，强风化，裂隙极为发育，裂隙中多充填泥质，岩体受裂隙及层面切割，呈碎块状，完整性极差 |
| DII0+037～DII0+065 | sh | 112.5 | V | 深灰色泥岩，层面呈紫红色，岩体中微裂隙极发育，呈碎块、碎屑状、完整性极差，洞室自稳条件极差 |
| DII0+065～DII0+073 | sh | 220 | V | 深灰色泥岩，岩体中层面发育，呈碎块、碎屑状，完整性极差，洞室自稳条件极差 |
| DII0+073～DII0+095 | sh | 260 | IV | 深灰色泥岩，岩体中层面裂隙极发育，呈碎块、完整性极差，洞室自稳条件极差 |
| DII0+095～DII0+105 | ss | 340 | IV | 浅灰色巨厚层砂岩，弱风化，岩体中微裂隙极发育，以缓倾角结构面为主，呈块、碎屑状，完整性极差 |
| DII0+105～DII0+120 | sh | 260 | IV | 深灰色泥岩，弱风化，层状碎裂结构，且层面具泥化，岩体完整性极差，洞室自稳条件差 |
| DII0+120～DII0+130 | ss | 325 | IV | 浅灰色巨厚层砂岩，弱风化，主要发育一组缓倾角结构面，岩体呈块状 |
| DII0+130～DII0+155 | sh | 252.5 | IV | 深灰色泥岩，新鲜岩石，微裂隙发育，层状碎裂结构，层面具泥化，且洞内滴水，洞室自稳条件差 |
| DII0+155～DII0+186 | ss/sh | 327.5 | IV | 浅灰色厚层砂岩夹深色页岩，新鲜岩石，裂隙发育，层面具泥化，且洞内滴水，洞顶塌方 |
| DII0+186～DII0+231 | sh/ss | 265 | IV | 深灰色页岩夹浅灰色厚层砂岩，新鲜岩石，裂隙发育，层面具泥化，且洞内滴水，洞顶塌方 |
| DII0+231～DII0+254 | sh | 265 | IV | 深灰色页岩，新鲜岩石，裂隙发育，层面具泥化，且洞内局部滴水 |
| DII0+254～DII0+274.5 | ss/sh | 390 | III | 浅灰色厚层砂岩夹深色页岩条带，新鲜岩石，岩石较为完整，围岩稳定较好 |
| DII0+274.5～DII0+290.5 | sh | 285 | IV | 深灰色页岩，新鲜岩石，软质岩石，层状碎裂结构 |

续表

| 桩号/m | 地层岩性 | 岩体基本质量指标修正值[BQ] | 级别 | 特征描述 |
|---|---|---|---|---|
| DII0+290.5~DII0+384.5 | ss/sh | 400 | Ⅲ | 浅灰色中厚层、厚层砂岩夹深灰色页岩，新鲜岩石，局部见有块体，总体完整性较好 |
| DII0+384.5~DII0+435 | ss/sh | 400 | Ⅲ | 深灰色中厚层、厚层砂岩夹深灰色页岩，新鲜岩石，局部见有块体，总体完整性较好 |
| DII0+435~DII0+451.5 | sh | 310 | Ⅳ | 深灰色薄层页岩，新鲜岩石，层状碎裂结构，总体完整性较差 |
| DII0+451.5~DII0+499 | ss/sh | 390 | Ⅲ | 浅灰色中厚层、厚层砂岩夹深灰色页岩条带，新鲜岩石，总体完整性较好 |
| DII0+499~DII0+504 | sh | 351 | Ⅲ | 深灰色薄层页岩，新鲜岩石，层状碎裂结构，总体完整性较差 |
| DII0+504~DII0+519 | ss/sh | 390 | Ⅲ | 浅灰色中厚层、厚层砂岩夹深灰色页岩条带，新鲜岩石，总体完整性较好 |
| DII0+519~DII0+525 | ss | 427.5 | Ⅲ | 浅灰色厚层砂岩，岩石新鲜，裂隙不甚发育，地下水不发育，岩体完整性较好 |
| DII0+525~DII0+530 | sh/ss | 290 | Ⅳ | 深灰色薄层页岩夹砂岩，裂隙较发育，呈层状碎裂结构，岩体完整性较差 |
| DII0+530~DII0+532 | sh | 285 | Ⅳ | 深灰色薄层页岩，呈层状碎裂结构，地下水不发育，围岩稳定性较差 |
| DII0+532~DII0+554 | ss/sh | 380 | Ⅲ | 浅灰色厚层砂岩夹页岩条带，岩石新鲜，裂隙不发育，洞顶有地下水渗出，岩体完整性较好 |
| DII0+554~DII0+571 | sh/ss | 310 | Ⅳ | 深灰色薄层页岩夹少量砂岩，层状碎裂结构，裂隙较发育，岩体性状较差 |
| DII0+571~DII0+577 | sh/ss | 297.5 | Ⅳ | 深灰色薄层页岩夹少量砂岩，层状碎裂结构，局部棱棱化，局部滴水，岩体性状较差 |
| DII0+577~DII0+586 | sh | 285 | Ⅳ | 深灰色薄层页岩，层状碎裂结构，局部具棱棱化，细微裂隙较发育，岩体性状较差 |
| DII0+586~DII0+593 | sh/ss | 297.5 | Ⅳ | 深灰色薄层页岩夹少量砂岩，层状碎裂结构，局部棱棱化状，局部滴水，岩体性状较差 |
| DII0+593~DII0+609 | sh | 290 | Ⅳ | 深灰色薄层页岩，层状碎裂结构，细微裂隙发育，岩体性状较差 |
| DII0+609~DII0+618.5 | ss/sh | 285 | Ⅳ | 浅灰色薄层砂岩夹页岩条带，裂裂隙及剪切条带出水，多呈淋雨状及股流状，岩体性状较差 |

续表

| 桩号/m | 地层岩性 | 岩体基本质量指标修正值[BQ] | 级别 | 特征描述 |
|---|---|---|---|---|
| DII0+618.5~DII0+643 | ss/sh | 410 | Ⅲ | 浅灰色厚层砂岩夹页岩，砂岩占约90%，页岩占10%，裂隙不甚发育，洞顶局部有地下水发育，滴水状，岩体完整性较好 |
| DII0+643~DII0+648.5 | sh/ss | 355 | Ⅲ | 深灰色薄层页岩夹砂岩，页岩占85%，砂岩占15%，一般厚2~5cm，呈碎裂结构，单层厚30~50cm，顶拱有股流状渗水 |
| DII0+648.5~DII0+662 | ss/sh | 375 | Ⅲ | 浅灰色巨厚层砂岩夹深灰色薄层页岩，砂岩占90%，单层厚1~1.5m，页岩占10%，单层厚10~15cm，微裂隙沿剪切带有渗水，岩体完整性较好 |
| DII0+662~DII0+667 | sh/ss | 360 | Ⅲ | 灰绿色、褐红色薄层页岩夹砂岩，页岩单层厚2~5cm，砂岩厚20cm，微裂隙发育，局部碎裂结构，岩体为新鲜，完整性较差 |
| DII0+667~DII0+678.5 | sh | 352 | Ⅲ | 灰绿色、褐红色薄层页岩，微细裂隙发育，岩体呈层状碎裂结构，地下水不发育，局部糜棱状，完整性较差 |
| DII0+678.5~DII0+686 | ss | 405 | Ⅲ | 浅灰色厚层砂岩，裂隙发育，左壁及顶拱沿裂隙发育地下水，股流状，5~10L/min，岩体完整性较好 |
| DII0+686~DII0+693.5 | sh | 390 | Ⅲ | 深灰色薄层页岩，单层厚5~10cm，微细裂隙发育，碎裂结构，干燥无滴水，完整性较差 |
| DII0+693.5~DII0+706 | ss/sh | 385 | Ⅲ | 浅灰色中厚层砂岩夹页岩，局部夹少量页岩剪切带，砂岩单层厚一般30cm，页岩厚约5cm，裂隙发育，沿页岩剪切带及砂岩裂隙有渗水，岩体完整 |
| DII0+706~DII0+816 | ss | 460 | Ⅱ | 浅灰色巨厚层砂岩，局部夹少量页岩剪切带，砂岩单层厚大于1.5m，剪切带一般宽15~20cm，裂隙发育，沿剪切带及砂岩裂隙有渗水，多为淋雨状，岩体完整性好 |
| DII0+816~DII0+857.5 | ss | 470 | Ⅱ | 浅灰色巨厚层砂岩，裂隙不发育，洞内干燥，岩石新鲜，岩体完整 |
| DII0+857.5~DII0+865 | ss/sh | 410 | Ⅲ | 浅灰色厚层砂岩夹页岩条带，条带一般宽15~20cm，裂隙不甚发育，洞内干燥，岩石新鲜，岩体较完整 |

4.2 引水发电系统工程地质研究

续表

| 桩号/m | 地层岩性 | 岩体基本质量指标修正值[BQ] | 级别 | 特 征 描 述 |
|---|---|---|---|---|
| DII0+865~DII0+871 | sh/ss | 310 | IV | 深灰色薄层页岩夹少量砂岩,页岩呈层状碎裂结构,裂隙较发育,局部地下水发育,岩体完整性较差 |
| DII0+871~DII0+879 | ss/sh | 325 | IV | 浅灰色中厚层砂岩夹页岩,裂隙发育,局部地下水发育,岩体完整性较好 |
| DII0+879~DII0+889.5 | ss | 425 | III | 浅灰色巨厚层砂岩,裂隙不发育,岩石新鲜,岩体完整性较好 |
| DII0+889.5~DII0+894 | ss=sh | 365 | III | 浅灰色厚层砂岩与页岩互层,裂隙发育,洞顶局部滴水,岩体完整性较差 |
| DII0+894~DII0+906 | ss/sh | 410 | III | 浅灰色薄层砂岩夹页岩条带,裂隙发育,洞内干燥,岩体完整性较好 |
| DII0+906~DII0+912 | sh | 351 | III | 深灰色厚层页岩,层状碎裂结构,局部具裂隙,洞顶局部滴水,岩体较完整 |
| DII0+912~DII0+923.5 | ss/sh | 405 | III | 浅灰色薄层砂岩夹页岩条带,裂隙不甚发育,裂隙不甚发育,局部有地下水渗出,岩体完整性较好 |
| DII0+923.5~DII0+931.5 | ss | 440 | III | 浅灰色厚层砂岩,岩石新鲜,裂隙较发育,呈碎裂结构,洞顶有地下水渗出,岩体完整性较差 |
| DII0+931.5~DII0+964.5 | ss | 287.5 | IV | 浅灰色巨厚层砂岩,裂隙不甚发育,裂隙不甚发育,呈碎裂结构,无地下水渗出,岩体完整性较好 |
| DII0+964.5~DII0+968 | sh/ss | 420 | III | 深灰色中厚层砂岩夹页岩,裂隙较发育,呈块状结构,完整性较差 |
| DII0+968~DII0+978 | sh/ss | 310 | IV | 深灰色厚层砂岩,裂隙较发育,岩石新鲜,干燥,无地下水渗出,岩石新鲜 |
| DII0+978~DII1+012.5 | ss/sh | 385 | III | 浅灰色砂岩夹页岩条带,裂隙发育,发育一条高倾角断层,地下水发育,围岩稳定性较差 |
| DII1+012.5~DII1+098 | ss=sh | 290 | IV | 浅灰色砂岩与深灰色页岩互层,裂隙中裂隙发育,裂隙较发育,洞顶渗水,围岩稳定性较差 |
| DII1+098~DII1+109 | ss/sh | 342.5 | IV | 浅灰色巨厚层砂岩夹页岩,裂隙较发育,层状高角度棱棱,呈高度片状,围岩高度稳定 |
| DII1+109~DII1+140 | sh | 272.5 | IV | 深灰色泥岩,微裂隙较发育,层状碎裂结构,页岩高度棱棱化,呈碎片状,围岩稳定性较差 |
| DII1+140~DII1+153.5 | ss/sh | 327.5 | IV | 浅灰色巨厚层砂岩夹黑色炭质页岩,岩石中裂隙发育,砂岩夹黑色炭质页岩条带,洞顶渗水,局部塌方,成碎块状结构,岩石新鲜,层面呈碎片状,围岩稳定性较差 |

167

续表

| 桩号/m | 地层岩性 | 岩体基本质量指标修正值[BQ] | 级别 | 特征描述 |
|---|---|---|---|---|
| DIII+153.5~DIII+167 | sh | 190 | V | 深灰色泥岩，层状碎裂结构，裂隙发育，洞顶发育一缓倾角断层，且沿断层涌水，洞顶塌方，围岩稳定性差 |
| DIII+167~DIII+197 | sh=ss | 325 | IV | 深灰色泥岩与浅灰色中厚层砂岩互层，层状碎裂结构，裂隙较发育，围岩稳定性较差 |
| DIII+197~DIII+232 | ss/sh | 390 | III | 浅灰色厚层、巨厚层砂岩夹页岩条带，岩石新鲜，较完整，围岩稳定性较好 |
| DIII+232~DIII+241.5 | ss/sh | 320 | IV | 浅灰色中厚层砂岩夹深灰色页岩，岩石新鲜，裂隙较发育，岩体破碎，围岩稳定性较差 |
| DIII+241.5~DIII+275 | ss | 445 | III | 浅灰色厚层、巨厚层砂岩，岩石新鲜，仅发育微细裂隙，较完整，围岩稳定性较好 |
| DIII+275~DIII+281 | ss/sh | 345 | IV | 浅灰色厚层砂岩夹深灰色页岩条带，岩石新鲜，岩质疏松，页岩具蒙脱化，裂隙较发育，且局部滴水 |
| DIII+281~DIII+292 | ss/sh | 340 | IV | 浅灰色中厚层砂岩夹深灰色薄层页岩，微裂隙发育，层状碎裂结构，围岩稳定性较差 |
| DIII+292~DIII+310 | ss/sh | 335 | IV | 浅灰色中厚层砂岩夹深灰色薄层页岩，微裂隙发育，层状碎裂结构，围岩稳定性较差 |
| DIII+310~DIII+362.5 | sh/ss | 322.5 | IV | 深灰色泥岩夹浅灰色中厚层砂岩，局部洞段为砂页岩互层，微裂隙发育，层状碎裂结构，围岩稳定性较差 |
| DIII+362.5~DIII+365.5 | ss | 425 | III | 浅灰色中厚层砂岩，岩体较完整，微裂隙发育，围岩稳定性较好 |
| DIII+365.5~DIII+374 | ss/sh | 345 | IV | 浅灰色中厚层砂岩夹深灰色泥岩，岩体裂隙发育，岩体较完整，易脱落，围岩稳定性较差 |
| DIII+374~DIII+378.5 | ss | 400 | III | 浅灰色厚层砂岩局部夹深灰色页岩条带，岩体较完整，围岩稳定性较好 |
| DIII+378.5~DIII+405 | sh | 285 | IV | 深灰色泥岩，局部夹深灰色砂岩，层间挤压明显，层状碎裂结构，软质岩石，围岩稳定性较差 |
| DIII+405~DIII+415 | sh/ss | 317.5 | IV | 深灰色泥岩夹浅灰色中厚层砂岩，层状碎裂结构，新鲜岩石，围岩稳定性较差 |
| DIII+415~DIII+579 | ss | 400 | III | 浅灰色厚层砂岩，局部夹深灰色页岩条带，岩体较为完整，围岩稳定性较好 |

续表

| 桩号/m | 地层岩性 | 岩体基本质量指标修正值[BQ] | 级别 | 特征描述 |
|---|---|---|---|---|
| DⅢ1+579~DⅢ1+596 | ss/sh | 425 | Ⅲ | 浅灰色中厚层、厚层砂岩夹极少量深灰色泥岩，岩体相对较为完整，局部沿裂隙渗水，围岩稳定性较好 |
| DⅢ1+596~DⅢ1+604 | ss/sh | 330 | Ⅳ | 浅灰色中厚层砂岩夹深灰色泥岩，岩体中裂隙发育，洞顶沿裂隙渗水，围岩稳定性较差 |
| DⅢ1+604~DⅢ1+628 | sh | 265 | Ⅳ | 深灰色泥岩，软质岩石，层面发育，围岩稳定性较差 |
| DⅢ1+628~DⅢ1+649 | ss/sh | 405 | Ⅲ | 浅灰色中厚层、厚层砂岩夹深灰色泥岩，岩石新鲜，洞顶沿裂隙渗水，总体稳定性较好 |
| DⅢ1+649~DⅢ1+675.5 | ss/sh | 290 | Ⅳ | 浅灰色中厚层砂岩夹深灰色泥岩，岩石新鲜，裂隙发育一缓倾角断层，局部洞段揭方，洞顶沿断层带涌水，围岩稳定性较差 |
| DⅢ1+675.5~DⅢ1+746 | ss/sh | 430 | Ⅲ | 浅灰色中厚层、厚层砂岩夹页岩条带，岩石新鲜，较完整 |
| DⅢ1+746~DⅢ1+760 | ss/sh | 342.5 | Ⅳ | 浅灰色中厚层、厚层砂岩夹深灰色页岩，岩石新鲜，裂隙发育，页岩具糜棱化 |
| DⅢ1+760~DⅢ1+855.4 | sh | 290 | Ⅳ | 深灰色薄层页岩，岩石新鲜，具糜棱化，局部洞段滴水 |
| DⅢ1+855.4~DⅢ1+895 | ss/sh | 445 | Ⅲ | 浅灰色厚层砂岩局部夹深灰色泥岩，岩石新鲜，较完整 |
| DⅢ1+895~DⅢ1+923.5 | ss=sh | 327.5 | Ⅳ | 浅灰色薄层、中厚层砂岩与深灰色泥岩互层，岩石新鲜 |
| DⅢ1+923.5~DⅡ2+034 | ss/sh | 400 | Ⅲ | 浅灰色中厚层、厚层砂岩夹深灰色页岩条带，岩石新鲜，较完整 |
| DⅡ2+034~DⅡ2+057 | ss/sh | 420 | Ⅲ | 浅灰色中厚层、厚层砂岩夹深灰色泥岩，岩石新鲜，较完整 |
| DⅡ2+057~DⅡ2+097 | sh=ss | 340 | Ⅳ | 深灰色泥岩与浅灰色砂岩中厚层砂岩互层段，岩石新鲜，裂隙较发育 |
| DⅡ2+097~DⅡ2+125 | ss | 400 | Ⅲ | 浅灰色中厚层、厚层砂岩，岩石新鲜，裂隙较发育，围岩稳定性较好 |
| DⅡ2+125~DⅡ2+162 | sh | 285 | Ⅳ | 深灰色泥岩，岩石新鲜，裂隙发育，杂砂岩，层状碎裂结构 |
| DⅡ2+162~DⅡ2+177 | ss | 400 | Ⅲ | 浅灰色厚层砂岩—巨厚层砂岩夹深灰色页岩，岩石新鲜，块状结构，裂隙较发育，洞顶少量渗水，完整性较差 |
| DⅡ2+177~DⅡ2+199 | sh | 315 | Ⅳ | 浅灰色厚层砂岩夹深灰色页岩，岩石新鲜，裂隙较发育，碎块状结构 |

续表

| 桩号/m | 地层岩性 | 岩体基本质量指标修正值[BQ] | 级别 | 特 征 描 述 |
|---|---|---|---|---|
| DII2+199~DII2+215 | ss/sh | 325 | IV | 浅灰色中厚层砂岩夹深灰色页岩,裂隙较发育,碎块状结构,且洞顶滴水,洞顶局部见块体 |
| DII2+215~DII2+230 | ss/sh | 327.5 | IV | 浅灰色厚层砂岩夹深灰色页岩,裂隙发育,碎块状结构,洞顶见有不稳定块体 |
| DII2+230~DII2+246 | ss/sh | 370 | III | 浅灰色厚层砂岩夹深灰色页岩,岩石新鲜,较完整 |
| DII2+246~DII2+292 | sh | 262.5 | IV | 灰黑色页岩,局部夹浅灰色中厚层砂岩,微裂隙发育,呈层状碎裂结构,岩体破碎,性状差 |
| DII2+292~DII2+302 | ss/sh | 335 | IV | 浅灰色厚层砂岩夹深灰色页岩,裂隙发育,洞顶渗水,局部洞段洞顶塌方,围岩稳定性较差 |
| DII2+302~DII2+332 | sh | 262.5 | IV | 灰黑色页岩,微裂隙发育,呈层状碎裂结构,洞顶渗水,围岩稳定性较差,岩体破碎 |
| DII2+332~DII2+411 | ss | 342.5 | IV | 浅灰色厚层砂岩,裂隙发育,洞顶塌方,围岩稳定性较差 |
| DII2+411~DII2+534 | ss/sh | 312.5 | IV | 浅灰色厚层砂岩夹深灰色页岩,裂隙发育,局部洞段洞顶塌方,围岩稳定性较差 |
| DII2+534~DII2+607.5 | sh | 195 | V | 灰黑色页岩,微裂隙发育,呈碎裂结构,地下水发育,多呈淋雨状,岩体破碎,性状差 |
| DII2+607.5~DII2+666 | sh | 195 | V | 深灰色薄层页岩,裂隙发育,呈碎裂结构,地下水发育,多呈淋雨状,岩体破碎,性状差 |

其中1#引水隧洞Ⅱ类围岩体约166m，占6%；Ⅲ类围岩体约1060m，占40%；Ⅳ类围岩体约1250m，占47%；Ⅴ类围岩体约182m，占7%。见图4-102，洞室围岩体以Ⅲ、Ⅳ类岩体为主。

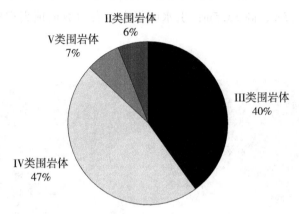

图4-102　1#引水隧洞围岩体分类统计图

2#引水隧洞Ⅱ类围岩体约151.5m，占7%；Ⅲ类围岩体约1002.6m，占38%；Ⅳ类围岩体约1306.9m，占49%；Ⅴ类围岩体约190m，占6%。见图4-103，洞室围岩体以Ⅲ、Ⅳ类岩体为主。

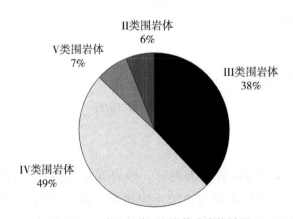

图4-103　2#引水隧洞围岩体分类统计图

### 4.2.2　施工中的工程地质问题及处理措施

**1. 边坡变形问题及处理措施**

边坡稳定问题对工程施工期安全及建筑物永久安全有重要影响，引水发电系统的工程边坡主要包括进水口边坡、调压井边坡、出口边坡等,边坡变形稳定问题较为突出。

1)进水口边坡

进水口边坡包括正面边坡及引水明渠左、右边坡(图4-104)。正面边坡坡顶高程约580m,坡底高程494.5m,高85.5m;引水明渠左、右边坡坡顶高程约517m,坡底高程494.5m,高22.5m。

图4-104 进水口边坡

(1)变形问题

开挖期揭露,进水口边坡岩体为泥岩、砂岩互层状地层,岩层产状倾向200°~215°,倾角65°~75°,岩层走向与边坡走向垂直,倾向坡内,边坡结构属逆向坡结构。开挖揭露,该段工程边坡以全、强风化泥岩、页岩为主,该类岩体均存在快速风化特征。

由于边坡岩体呈全、强风化状态(图4-105),岩体强度低,在施工过程中出现了变形垮塌现象:

①2009年4月8日,高程547~557m边坡在40m范围内形成一系列的弧形拉裂缝,拉开宽5~10cm,下座20~30cm,见图4-106。

## 4.2 引水发电系统工程地质研究

图 4-105　进水口边坡全、强风化岩体

图 4-106　高程 547~557m 边坡后缘变形裂缝

②2009年4月26日，在高程547m平台上形成了近10条拉裂缝，呈弧形展布，张开宽度2~10mm，锯齿状，见图4-107。

图4-107　高程547m平台拉裂缝

③2011年7月，高程547m平台前缘产生一条拉裂缝，长约15m，宽1~10cm，锯齿状，见图4-108。

图4-108　高程547m平台前缘拉裂缝

(2)地质处理措施建议

①正面边坡在高程557m、547m分别设置宽约10m、15m的马道,在高程532m、517m分别设置宽约5m的马道;正面边坡高程580~557m开挖坡比1:1.7,高程557~494.5m开挖坡比1:1。

②引水渠右边坡在高程502.5m、511.8m分别设置宽约5m、10m的马道,高程517~511.8m开挖坡比1:1,高程511.8~502.5m开挖坡比1:1.4,高程502.5~494.5m开挖坡比1:1.2;引水明渠左边坡开挖坡比1:1.2。

③高程580m以下边坡采用长4m、6m、12m的锚杆加挂钢筋网,并喷护15cm厚的混凝土。

④高程547m以下边坡加强50cm厚的护坡混凝土,见图4-109。

图4-109 高程517m马道以下边坡支护

⑤高程580m以下边坡设置有长24m、40m,拉力为1500kN的预应力锚索,锚索钻孔内灌浆,孔口采用锚墩固定,见图4-110。

⑥边坡开挖后,在边坡坡面设置有排水孔,马道后缘设有排水沟。

⑦施工期在边坡上布置变形监测点,对边坡变形进行及时监控。

2)调压井边坡

调压井边坡由后缘、侧面边坡及前缘自然边坡组成(图4-111)。后缘边坡坡顶高程609m,坡底高程558m,高51m;侧面边坡坡顶高程603m,坡底高程558m,高45m;前缘自然边坡坡顶高程558m,坡底高程约515m,高约43m。

图 4-110　高程 517m 马道以上边坡预应力锚索

图 4-111　调压井边坡

(1) 变形问题

后缘、侧面边坡为逆向岩质边坡，强风化带厚 8~30m，坡顶高程 609m，坡脚高程 EL 558m，在开挖过程中，出现局部垮塌现象。

前缘为一自然边坡，表面覆盖松散残积物，厚约 8m，下伏强风化带厚 30~70m，坡角约 36°，坡顶高程 558m，坡脚高程 515m，坡脚处为一"木商"道路，坡脚处于临空状态，易遭受破坏，调压井井壁距边坡仅 15~20m，边坡稳定性直接影响调压井的安全运行。

(2) 地质处理

①在高程 573m、588m 处分别设置一宽约 5m 的马道；高程 603m 以上边坡坡比为 1:1.42，高程 603~558m 边坡坡比为 1:1。

②高程 609~558m 后缘及侧面边坡设置系统锚杆、挂钢筋网，并喷护 10cm 厚的混凝土。

③高程 573m、588m 马道后缘及侧面边坡均设置地表排水沟；边坡表面均有排水孔。

3) 厂房边坡

厂房边坡由后缘边坡及左、右侧面边坡组成(图 4-112)。后缘边坡坡顶高程约 300m，坡底高程 204m，高 96m；左侧边坡坡顶高程 260m，坡底高程 204m，高 56m，右侧边坡坡顶高程约 260m，坡底高程 204m，高 56m。

图 4-112 厂房边坡

(1) 变形问题

施工过程中，边坡出现变形裂缝、残坡积物局部滑塌等现象。

①2009 年 5 月，左侧边坡高程 252m 马道出现 3 条张裂缝，宽 2~5mm，与边坡平行或斜交；高程 237.5m 平台出现多条拉裂缝，宽 1~8mm，并逐渐张开至 10~15mm。

②2009 年 6 月，后缘边坡高程 260m 马道出现多条裂缝，宽 1~3mm，其中马道内侧发育一条平行边坡的裂缝，长约 100m，宽 1~8mm，形成 2 个弧形体，见图 4-113。

③2009 年 6 月，后缘边坡高程 250m 马道外侧发育多条裂缝，长 3~8m，宽 1~3mm，见图 4-114。

④2010 年 2 月 3 日上午 9 时厂房后缘边坡高程 295m 处，地表发生滑塌，方量 40~50m³，泥石及腐木顺坡向下滑动，堆积到高程 260m、250m 马道上，幸亏施工人员躲避及

时,未造成人员伤亡,见图 4-115。

图 4-113　厂房后缘边坡高程 260m 马道裂缝

图 4-114　厂房后缘边坡高程 250m 马道裂缝

图 4-115 厂房后缘边坡地表滑塌

(2) 地质处理

①后缘边坡在高程 230m、250m、260m 处分别设置 3m 宽的平台，高程 210m 处设置 10m 宽的平台，高程 238.8m 处平台宽 5~35m；高程 204~210m 处边坡坡比 1∶0.5，高程 210~230m 处边坡坡比 1∶0.3，高程 230m 以上边坡坡比 1∶1。

②左侧边坡在高程 210m、250m、260m 处分别设置 3m 宽的平台，高程 230m、238.8m 处分别设置 10m 宽的平台；高程 204~210m 处边坡坡比 1∶0.5，高程 210~230m 处边坡坡比 1∶0.3，高程 230m 以上边坡坡比 1∶1。

③右侧边坡在高程 210m、230m 处分别设置宽约 3m 的平台；高程 204~210m 处边坡坡比 1∶0.5，高程 210~230m 处边坡坡比 1∶0.3，高程 230m 以上边坡坡比 1∶1。

④边坡支护采用系统锚杆加挂钢筋网，并喷护 10cm 厚混凝土，且高程 230m 以上边坡设置锚筋桩，高程 238.8m 以上边坡设置格构梁。

⑤边坡表面均设置排水孔；高程 238.8m、250m、260m 平台后缘均设置排水沟。

⑥高程 238.8m 平台后缘设置排水洞，为城门洞形，主洞长约 134m，断面宽 3.8m，高 3.5m。

⑦布置监测控制点，加强监测。

**2. 进水塔基础变形问题及处理措施**

进水塔塔顶高程 547m，建基面高程 492.5m，塔高 54.5m，长 50m，宽 18.6m，分为 1#、2#进水塔两部分(图 4-116)。

图 4-116　1#进水塔塔基

进水塔塔基地层主要为浅灰色中厚层—厚层砂岩与深灰色薄层页岩互层，倾向 200°~215°，倾角 65°~75°。

1) 变形问题

塔基地层呈软硬相间特征，局部呈强风化，长期在库水位下浸泡易软化，强度降低，产生不均匀变形，对塔身结构造成破坏。

2) 地质处理

(1) 强风化岩体全部挖除，进行混凝土置换回填。

(2) 性状差的剪切带、断层及破碎带进行挖槽处理，并用混凝土回填，挖槽深度一般为宽度的 3 倍。

(3) 清除不稳定块体及浮渣，满足清基要求。

(4) 塔基部位全面固结灌浆处理。

### 3. 厂房基础变形问题及处理措施

厂房基础长 74m，宽 29.74m，底板高程 204m，上游边坡坡顶高程 210m，下游边坡坡顶高程 207m，与尾水渠相连 (图 4-117、图 4-118)。

地层主要为页岩、砂岩及砂岩与页岩互层岩体，岩层倾向 205°~210°，倾角 75°~80°，其中页岩约占 51.8%，砂岩占 48.2%。

1) 变形问题

岩体分布呈软硬相间特征，微新状，长期在水下浸泡，强度降低，易产生不均匀变形，对上部建筑物结构造成破坏。

2) 地质处理

(1) 基础全部开挖至微新岩体。

(2)性状差的结构面进行掏挖处理,用混凝土回填,掏挖深度一般为宽度的3倍。

(3)不稳定块体及浮渣予以清除,满足清基要求。

(4)基础部位加强固结灌浆处理。

图4-117 厂房基础

图4-118 4#机组上游块基础

## 4. 洞室围岩稳定问题及处理措施

1#、2#引水隧洞均长约 2.7km，为圆形洞，直径 $D=6.1\sim10.7$m，进口段洞轴线走向 246.12°，分别延伸 328m、266m 后，洞轴线方向转为 236.52°，主要分为上平段及下平段。

上平段位于高程 500~480m，埋深 70~160m；下平段位于高程 307~218m，埋深 70~180m，埋深最深 240m。

岩层倾向 200°~220°，倾角 80°~85°，走向与洞轴线近乎正交。

1) 洞室围岩失稳问题

洞室围岩以Ⅲ、Ⅳ类为主，局部为Ⅱ类及Ⅴ类，因裂隙发育，地下水丰富，易造成围岩失稳，形成小、中型塌方。

根据地质编录统计，施工过程中 1#引水洞出现 81 处塌方，2#引水洞出现 109 处塌方，一般塌方量 2~10m³，最大 50~80m³。

(1) 1#引水隧洞 DⅠ 2+565m~DⅠ 2+575m 段塌方

该段为深灰色薄层页岩，裂隙发育，地下水丰富，涌水量约 100L/min，为Ⅴ类围岩体，2010 年 6 月 10 日发生垮塌，塌方深约 5m，方量约 50m³（图 4-119、图 4-120）。

(2) 2#引水隧洞 DⅡ 2+550m~DⅡ 2+560m 段塌方

该段为深灰色薄层页岩，地下水发育，为Ⅴ类围岩体，2010 年 6 月 14 日洞顶出现塌方，塌方深约 2m，方量 20~30m³。

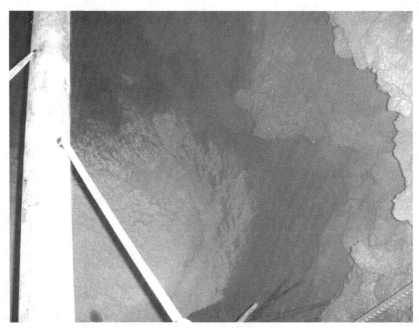

图 4-119 洞顶塌方约 50m³

4.2 引水发电系统工程地质研究

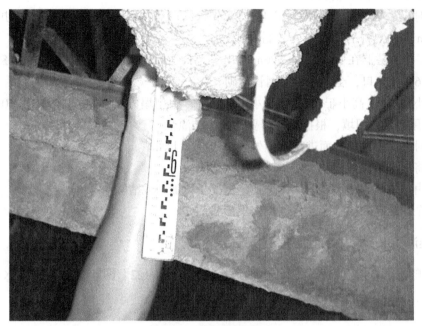

图 4-120 洞顶塌方深约 5m

图 4-121 洞顶塌方 20~30m³

2) 地质处理

(1) 对Ⅱ、Ⅲ类围岩洞段采用长 4m 或 6m 长的砂浆锚杆，加挂钢筋网，喷护 15cm 厚的混凝土，50cm 厚的砼衬砌。

（2）对Ⅳ、Ⅴ类围岩洞段采用 4m 或 6m 长的砂浆锚杆，加挂钢筋网，钢拱架支撑，喷护 15cm 厚的混凝土，80cm 厚的砼衬砌。

（3）1#引水隧洞在 DⅠ 1+344.526m 至出口，全断面压力钢管衬砌；2#引水隧洞在 DⅡ 1+294.096m 至出口，全断面压力钢管衬砌。

（4）小型塌方（高小于 3m，体积小于 $30m^3$）、中型塌方（高 3~6m 或体积 30~$100m^3$）部位，须用混凝土回填，根据具体需要加强固结灌浆。

（5）对性状差的结构面进行掏挖处理，用混凝土回填。

（6）将爆破形成的松动、残留块体予以清除。

（7）由结构面切割形成的块体据稳定情况予以加固或清除。

（8）全洞全断面固结灌浆；洞顶回填灌浆。

**5. 隧洞涌水问题及处理措施**

引水隧洞的开挖过程中，多处出现涌水现象（图 4-122、图 4-123），地下水一般储存在砂岩体、页岩体或砂岩与页岩互层岩体中。

图 4-122　1#引水洞 DⅠ 2+375m 处涌水

图 4-123 1#引水洞 DI 2+151m 处涌水

1#引水洞揭露 568 处地下水点,2#引水洞揭露 432 处地下水点,一般涌水量 20~30L/min,大者 200L/min。主要沿结构面发育或赋存在岩层内。

地质处理如下：

(1)沿结构面发育的地下水,及时设置排水孔。

(2)对层间承压水,采用超前小导管钻进,将地下水排出。

(3)涌水量大,无法及时排水的部位,采用注浆止水。

### 4.2.3 引水发电系统建筑物竣工地质条件及评价

引水发电系统位于沐若河右岸,由两条平行引水线路组成,沿引水线路可分为进水口、引水隧洞、调压井、厂房等。

**1. 进水口**

进水口在引水隧洞上游,分布的建筑物主要包括引水渠、进水塔、交通桥、进水口边坡(图 4-124)。

1)引水渠

(1)竣工地质条件

位于进水塔上游,长约 60m,宽约 50m,开挖底板高程 493.6m,浇筑至高程 494m。岩性为砂岩与页岩互层岩体(图 4-125),倾向 200°~215°,倾角 65°~75°,为强风化岩体,性状较差。

结构面以发育裂隙和顺层剪切带为主,沿结构面多风化为黄褐色,充填碎屑及泥质,无大型构造通过。

根据钻孔 CZK4、CZK6 压水试验成果,共压水 13 段,其中透水率均分布在 $10Lu \leqslant q < 100Lu$,为中等透水。

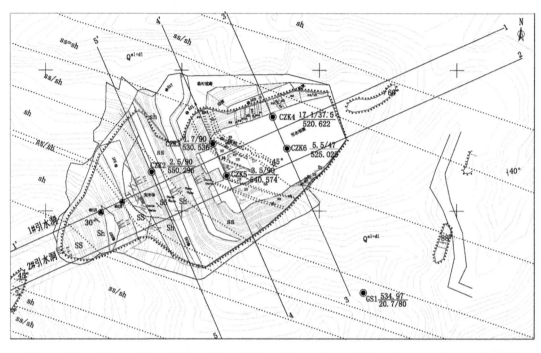

1. 第四系残坡积物;2. 砂岩;3. 页岩;4. 砂岩夹页岩;5. 砂岩与页岩互层;6. 页岩夹砂岩;
7. 开挖线;8. 建筑物线;9. 地层界线;10. 第四系与基岩分界线;11. 强风化线;
12. 弱风化线;13. 裂缝;14. 渗水点;15. 剖面线;16. 钻孔;17. 产状

图 4-124 进水口工程地质图

(2)评价

引水渠基础开挖至强风化岩体,其上未布置其他建筑物,浇筑了 40cm 的保护混凝土,在电站运行期间,位于水库死水位 515m 以下,受蓄水影响较小,满足设计要求。

2)进水塔

(1)竣工地质条件

距下游引水隧洞口约 15m,为岸塔式钢筋混凝土双塔结构,塔基长 50m,宽 18.6m,塔底板高程 496m,建基面高程 492.5m,底板厚 3.5m,塔顶高程 547m,塔高 54.5m。

岩性为浅灰色中厚层—厚层砂岩与深灰色、灰绿色薄层页岩互层(图 4-126),倾向 200°~215°,倾角 65°~75°,以弱风化为主,局部表现为强风化,页岩多为微新状。

## 4.2 引水发电系统工程地质研究

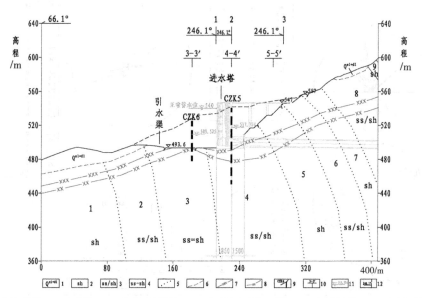

1. 第四系残坡积物；2. 页岩；3. 砂岩夹页岩；4. 砂岩与页岩互层；5. 地层界线；6. 地层不整合界线；
7. 强风化线；8. 弱风化线；9. 钻孔及编号；10. 相交剖面；11. 地下水位；12. 剖面方向

图 4-125 进水口 2—2' 地质剖面图

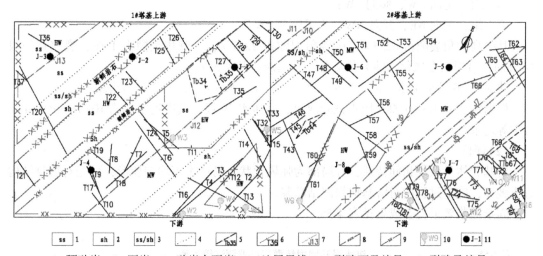

1. 硬砂岩；2. 页岩；3. 砂岩夹页岩；4. 地层界线；5. 裂隙面及编号；6. 裂隙及编号；
7. 剪切带及编号；8. 强风化线；9. 弱风化线；10. 裂隙水点及编号；11. 灌浆检查孔及编号

图 4-126 进水塔基础地质编录图

根据施工地质编录、统计，共揭露了 93 条裂隙、13 条顺层剪切带，无大型构造通过，按走向可划分为三组（图 4-127）：

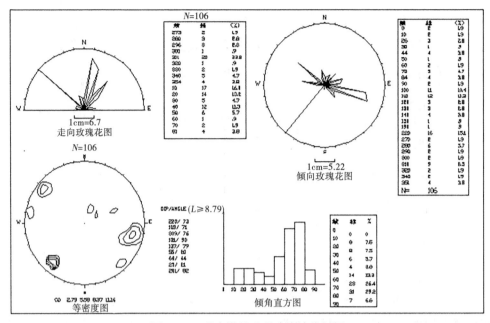

图4-127 进水塔基础裂隙统计分析图

第一组，走向NNE，倾向SE为主，少量倾向NW；

第二组，走向NW，倾向SW；

第三组，走向NE，倾向NW，少量倾向SW。

其中高倾角裂隙占62.3%，中倾角裂隙占22.7%，缓倾角裂隙占15%，裂隙宽一般2~5mm，沿裂面多风化锈蚀为黄褐色，充填碎屑及泥钙质。

共揭露16处地下水，流量一般0.1~2L/min，水质清澈无杂质，为裂隙水。

根据钻孔CZK3、CZK5压水试验成果，共压水29段，其中透水率均$10Lu \leq q < 100Lu$，为中等透水。

(2) 评价

塔基岩体呈软硬相间特征，且局部为强风化状，易产生不均匀变形，可能对塔身结构造成破坏，施工过程中对塔基加强固结灌浆。

固结灌浆效果检查成果见表4-55。

表4-55    进水塔基础固结灌浆纵波测试统计表

| 孔号 | 灌前纵波速度 $V_p$/(m/s) | | 灌后纵波速度 $V_p$/(m/s) | | 增长率/% |
|---|---|---|---|---|---|
| | 范围值 | 平均值 | 范围值 | 平均值 | |
| J-1 | 2580~3562 | 3139 | 3072~3822 | 3529 | 12.42 |
| J-2 | 2482~3666 | 3174 | 3019~3837 | 3626 | 14.24 |
| J-3 | 2513~3609 | 3151 | 3002~3825 | 3620 | 14.88 |

续表

| 孔号 | 灌前纵波速度 $V_p$/(m/s) | | 灌后纵波速度 $V_p$/(m/s) | | 增长率/% |
|---|---|---|---|---|---|
| | 范围值 | 平均值 | 范围值 | 平均值 | |
| J-4 | 2467~3645 | 3096 | 3016~3791 | 3522 | 13.78 |
| J-5 | 2556~3733 | 3181 | 3077~3896 | 3575 | 12.40 |
| J-6 | 2648~3592 | 3199 | 3224~3853 | 3637 | 13.70 |
| J-7 | 2672~3660 | 3263 | 3335~3941 | 3687 | 13.00 |
| J-8 | 2321~3201 | 2820 | 2864~3579 | 3312 | 17.42 |

由表 4-55 可知，塔基岩体天然状态下纵波速度平均值为 2820~3263m/s，加强固结灌浆后，其纵波速度平均值为 3312~3687m/s，波速提高了 12.40%~17.42%。

进水塔基础开挖深约 2m，强风化岩体大部分挖除，对性状差的结构面进行了掏槽、混凝土置换回填处理，固结灌浆后，岩体纵波速度平均值大于 3300m/s，满足设计要求。

3) 交通桥

(1) 竣工地质条件

交通桥为进水塔顶与进水口永久公路的连接段，桥面高程 547m，桥长 60m，宽约 5.5m，高 51m，由 8 根桥桩支撑，桥桩基础 Q1~Q8 分布在进水口正面边坡上，开挖断面圆形，直径 1.2m，其中 Q1、Q2 分布在高程 507m，埋深 10m；Q3、Q4 分布在高程 517m，埋深 6m；Q5、Q6 分布在高程 532m，埋深 19m；Q7、Q8 分布在高程 543m，埋深 10m。

Q1~Q4 桥桩基础岩性为中厚层—厚层砂岩夹页岩，块状结构，性状较好；Q5~Q8 桥桩基础为深灰色薄层页岩，层状碎裂结构，性状较差。岩层倾向 200°~215°，倾角 50°~55°，以弱风化为主。

根据桥基开挖，统计裂隙特征，以发育缓倾角及中倾角为主，按走向可划分为三组（图 4-128）。

第一组，走向 NEE，倾向 SE 或 NW；

第二组，走向 NNW，倾向 NE；

第三组，走向 NWW，倾向 SW。

其中缓倾角裂隙占 32.9%，中倾角裂隙占 58.1%，高倾角裂隙占 9%。沿结构面多风化锈蚀为黄褐色，充填碎屑及泥质为主，其次为无充填。

根据钻孔 CZK2 压水试验成果，共压水 18 段，其中透水率均 $10Lu \leqslant q < 100Lu$，为中等透水。

(2) 评价

桥桩基所处边坡已加固支护，稳定性相对较好；桥基持力层为弱风化岩体，满足设计要求。

4) 进水口边坡

(1) 竣工地质条件

进水口边坡包括正面边坡，引水渠左、右边坡。

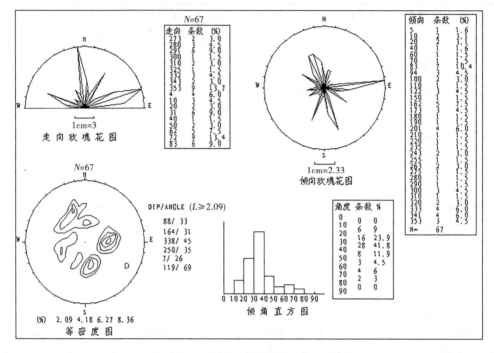

图 4-128 交通桥桥基裂隙统计分析图

正面边坡高约 85m，边坡走向 336°，为视逆向坡；引水渠左、右边坡高 22.5m，走向 66.1°。

边坡位于砂岩与页岩的互层岩体上，岩层倾向 200°~215°，上部倾角 30°~55°，下部倾角 65°~75°。

根据施工地质编录，共揭露 41 条裂隙，52 条顺层剪切带，无大型构造通过，按走向划分，裂隙可分为三组（图 4-129）：第一组，走向 NNE，倾向 SE 或 NW；第二组，走向 NE，主要倾 NW；第三组，走向 NWW，主要倾 NE。其中，缓倾角裂隙占 2.4%，中倾角裂隙占 29.2%，高倾角裂隙占 68.4%，宽一般 1~2cm，沿结构面多风化锈蚀为黄褐色，充填碎屑及泥质为主，其次为无充填。

剪切带主要为深灰色薄层页岩，宽 10~20cm，顺岩层走向发育，多充填碎屑及泥质，其次为无充填。开挖过程中未揭露地下水。边坡岩体呈全、强风化状态，全、强风化带厚 25~37.5m，最厚 50m。

（2）评价

2011 年 11 月，在进水口正面边坡埋设 2 套多点位移计，分别为 M01JK、M02JK，其变形过程曲线见图 4-130、图 4-131。

## 4.2 引水发电系统工程地质研究

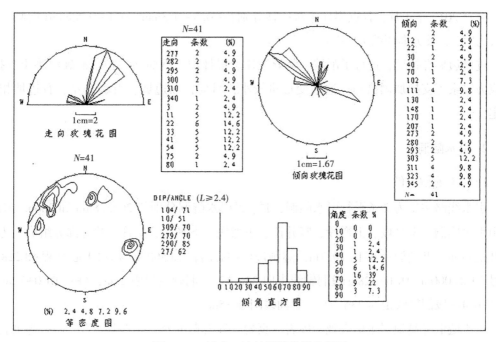

图 4-129　进水口边坡裂隙统计分析图

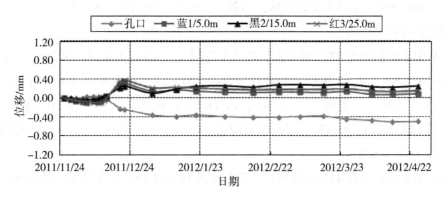

图 4-130　M01JK 变形过程曲线

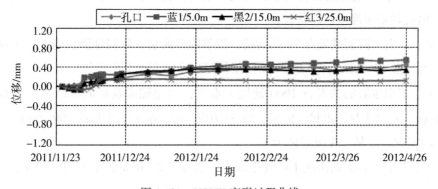

图 4-131　M02JK 变形过程曲线

截至2012年4月，各点累计绝对位移分别在-0.5~0.3mm、0.1~0.56mm(向临空面伸长为"+"，反方向压缩为"-")。

进口边坡开挖后，进行了削坡、降低坡比、锚杆加挂钢筋网喷护、贴破混凝土支护、预应力锚索等支护加固措施，边坡变形量较小，目前正面边坡、引水渠左、右边坡相对稳定。

**2. 引水隧洞**

1) 竣工地质条件

引水线路主要为2条平行引水隧洞，1#、2#引水隧洞分别长2673.88m和2666.351m，均由引水明洞、上平段、上弯段、竖井段、下弯段、下平段、岔管段共七部分组成，为圆形开挖断面，开挖洞径6.1~10.7m，隧洞进口中心高程EL500m，出口中心高程EL218m，桩号DI 0+000m~DI 0+328m段洞轴线走向246.12°，洞轴线间距25m，桩号DI 0+328m~DI 2+674m段洞轴线走向236.52°，洞轴线间距35m。

引水隧洞穿越地层主要表现为砂岩、页岩、砂岩夹页岩、页岩夹砂岩、砂岩与页岩互层五种岩体，共分为51层，以Ⅲ、Ⅳ类围岩为主(图4-132)，地层走向290°~310°，倾SW，倾角80°~85°，主要为微新岩体，局部沿层面及结构面呈弱风化状。

根据施工揭露统计：

(1) 1#引水隧洞发育1332条裂隙，2#引水隧洞发育1360条裂隙，可分为三组：①NE组，走向31°~60°，占32.9%，倾SE或NW；②NEE组，走向61°~90°，占26.3%，倾SE或NW；③NW组，走向290°~320°，占11.5%，倾NE或SW。其中缓倾角裂隙占42.8%，中倾角裂隙占23.1%，高倾角裂隙占34.1%，宽一般0.5~2cm，以充填碎屑及泥质为主，少量无充填。

(2) 1#引水隧洞发育115条剪切带，2#引水隧洞发育152条剪切带，可分为两组：①倾向190°~220°，倾角84°~85°，约占69.3%；②倾向20°~50°，倾角72°~85°，约占10.9%。成分为深灰色薄层页岩及砂岩夹炭质细线，宽一般10~20cm，充填碎屑及泥质或无充填，沿剪切带多渗水，性状较差。

(3) 1#、2#引水隧洞共发育79条断层，以裂隙性断层及压扭性断层为主，未见大型断层通过，宽一般10~20cm，多充填碎屑及断层泥。

(4) 1#、2#引水隧洞共发育1000处地下水点，为裂隙水及层间承压水，表现为滴水状、淋雨状、股流状及涌水状，流量一般5~10L/min，最大涌水量约200L/min。

(5) 洞室围岩以Ⅲ、Ⅳ级岩体为主。

(6) 1#、2#引水隧洞共出现190处塌方，一般方量2~10m³，最大50~80m³。

## 4.2 引水发电系统工程地质研究

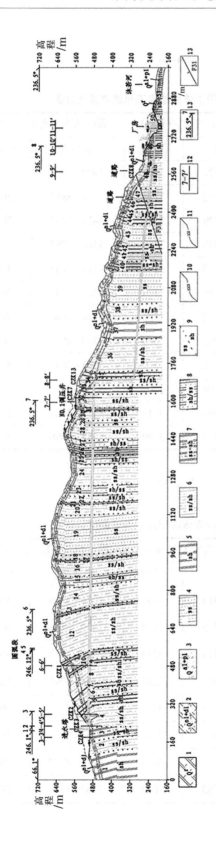

图 4-132 引水发电系统 1-1′地质剖面图

1. 人工堆积物积物；2. 残、坡积物；3. 冲、洪积物；4. 硬、杂砂岩；5. 页岩；6. 砂岩夹页岩；7. 砂岩与页岩互层；8. 页岩夹砂岩；9. 岩性分界线；10. 强风化线；11. 弱风化线；12. 相交剖面；13. 断层

2)评价

1#引水隧洞围岩体固结灌浆效果见表 4-56。

表 4-56　　　　　　**1#引水隧洞围岩体固结灌浆纵波测试统计表**

| 孔号 | 桩号 | 灌前纵波速度 $V_p$/(m/s) | | 灌后纵波速度 $V_p$/(m/s) | | 增长率 /% |
|---|---|---|---|---|---|---|
| | | 范围值 | 平均值 | 范围值 | 平均值 | |
| W-1-1 | DI1+268.5 | 3092~3377 | 3206 | 3400~3693 | 3553 | 10.83 |
| W-1-2 | DI1+270.0 | 3149~3342 | 3213 | 3267~3853 | 3607 | 12.26 |
| W-1-3 | DI1+271.5 | 2844~3579 | 3235 | 3476~3805 | 3615 | 11.73 |
| W-2-1 | DI1+268.5 | 3150~3443 | 3298 | 3415~3792 | 3608 | 9.40 |
| W-2-2 | DI1+270.0 | 2884~3619 | 3242 | 3515~3808 | 3645 | 12.44 |
| W-2-3 | DI1+271.5 | 3015~3419 | 3229 | 3381~3792 | 3629 | 12.36 |
| W-3-1 | DI2+402.5 | 3415~3792 | 3596 | 3794~4144 | 3952 | 9.92 |
| W-3-2 | DI2+404.0 | 3415~3792 | 3609 | 3744~4084 | 3919 | 8.59 |
| W-3-3 | DI2+405.5 | 3281~3692 | 3549 | 3744~4084 | 3913 | 10.26 |
| W-4-1 | DI2+456.5 | 3244~3594 | 3402 | 3522~3889 | 3700 | 8.74 |
| W-4-2 | DI2+458.0 | 3244~3584 | 3411 | 3522~3845 | 3718 | 9.00 |
| W-4-3 | DI2+459.5 | 3244~3584 | 3409 | 3587~3896 | 3733 | 9.51 |

2#引水隧洞围岩体固结灌浆效果见表 4-57。

表 4-57　　　　　　**2#引水隧洞围岩体固结灌浆纵波测试统计表**

| 孔号 | 桩号 | 灌前纵波速度 $V_p$/(m/s) | | 灌后纵波速度 $V_p$/(m/s) | | 增长率 /% |
|---|---|---|---|---|---|---|
| | | 范围值 | 平均值 | 范围值 | 平均值 | |
| W-5-1 | DII 0+674.5 | 3052~3419 | 3230 | 3516~3769 | 3637 | 12.61 |
| W-5-2 | DII 0+676.0 | 3042~3365 | 3238 | 3530~3768 | 3649 | 12.70 |
| W-5-3 | DII 0+677.5 | 3107~3416 | 3253 | 3549~3768 | 3663 | 12.61 |
| W-6-1 | DII 0+674.5 | 3116~3369 | 3237 | 3448~3795 | 3602 | 11.27 |
| W-6-2 | DII 0+676.0 | 3130~3368 | 3249 | 3444~3795 | 3636 | 11.90 |
| W-6-3 | DII 0+677.5 | 3099~3318 | 3213 | 3444~3879 | 3631 | 12.99 |
| W-7-1 | DII 0+776.5 | 3468~3777 | 3614 | 3742~4077 | 3939 | 8.98 |
| W-7-2 | DII 0+778.0 | 3454~3783 | 3642 | 3782~4117 | 3949 | 8.43 |

续表

| 孔号 | 桩号 | 灌前纵波速度 $V_p$/(m/s) | | 灌后纵波速度 $V_p$/(m/s) | | 增长率 /% |
|---|---|---|---|---|---|---|
| | | 范围值 | 平均值 | 范围值 | 平均值 | |
| W-7-3 | DⅡ 0+779.5 | 3444~3879 | 3625 | 3802~4127 | 3952 | 9.03 |
| W-8-1 | DⅡ 0+776.5 | 3456~3743 | 3574 | 3650~4091 | 3949 | 10.49 |
| W-8-2 | DⅡ 0+778.0 | 3443~3834 | 3597 | 3658~4192 | 3987 | 10.85 |
| W-8-3 | DⅡ 0+779.5 | 3425~3858 | 3622 | 3670~4154 | 3976 | 9.77 |
| W-9-1 | DⅡ 0+797.5 | 3456~3743 | 3574 | 3650~4192 | 3953 | 10.60 |
| W-9-2 | DⅡ 0+799.0 | 3383~3797 | 3542 | 3650~4192 | 3959 | 11.77 |
| W-9-3 | DⅡ 0+780.5 | 3365~3798 | 3562 | 3620~4104 | 3934 | 10.42 |
| W-10-1 | DⅡ 0+797.5 | 3320~3887 | 3629 | 3805~4152 | 3967 | 9.33 |
| W-10-2 | DⅡ 0+799.0 | 3300~3842 | 3593 | 3808~4218 | 3964 | 10.32 |
| W-10-3 | DⅡ 0+780.5 | 3320~3804 | 3598 | 3791~4178 | 3991 | 10.92 |
| W-11-1 | DⅡ 1+271.5 | 3445~3858 | 3631 | 3910~4145 | 4035 | 11.13 |
| W-11-2 | DⅡ 1+273.0 | 3448~3792 | 3596 | 3861~4102 | 4004 | 11.33 |
| W-11-3 | DⅡ 1+274.5 | 3445~3858 | 3651 | 3915~4145 | 4059 | 11.19 |
| W-12-1 | DⅡ 1+271.5 | 3528~3795 | 3681 | 3907~4143 | 4050 | 10.04 |
| W-12-2 | DⅡ 1+273.0 | 3551~3792 | 3694 | 3882~4143 | 4021 | 8.86 |
| W-12-3 | DⅡ 1+274.5 | 3515~3745 | 3659 | 3889~4163 | 4049 | 10.65 |
| W-13-1 | DⅡ 2+270.5 | 2459~2643 | 2575 | 2708~3126 | 2869 | 11.41 |
| W-13-2 | DⅡ 2+272.0 | 2362~2623 | 2508 | 2641~2996 | 2815 | 12.24 |
| W-13-3 | DⅡ 2+273.5 | 2302~2583 | 2457 | 2548~2909 | 2734 | 11.28 |
| W-14-1 | DⅡ 2+324.5 | 2358~2652 | 2486 | 2622~2957 | 2818 | 13.35 |
| W-14-2 | DⅡ 2+326.0 | 2308~2726 | 2517 | 2639~3007 | 2846 | 13.06 |
| W-14-3 | DⅡ 2+327.5 | 2288~2649 | 2463 | 2622~2957 | 2767 | 12.35 |

由表 4-56 可知，1#引水隧洞围岩体天然状态下纵波速度平均值为 3206~3609m/s，灌后纵波速度平均值为 3553~3919m/s，提高了 8.59%~12.44%；由表 4-57 可知，2#引水隧洞围岩体天然状态下纵波速度平均值为 2463~3694m/s，灌后纵波速度平均值为 2767~4059m/s，提高了 8.43%~13.35%。

1#引水隧洞以Ⅲ、Ⅳ类围岩为主，裂隙及地下水发育，无大型构造通过，地质缺陷经处理，洞顶回填灌浆、洞身固结灌浆，DI 0+000m～DI 0+015m 段明洞衬砌，DI 0+015m～DI 1+344.526m 段混凝土衬砌，DI 1+344.526m～DI 2+673.88m 段混凝土+钢管衬砌，目前洞室稳定，能达到设计要求。

2#引水隧洞以Ⅲ、Ⅳ类围岩为主，裂隙及地下水发育，无大型构造通过，地质缺陷经处理，洞顶回填灌浆、洞身固结灌浆，DI 0+000m～DI 0+015m 段明洞衬砌，DI 0+015m～DI 1+294.096m 段混凝土衬砌，DI 1+294.096m～DI 2+666.351m 段混凝土+钢管衬砌，目前洞室稳定，能达到设计要求。

**3. 调压井**

1）调压井

（1）竣工地质条件

1#调压井位于桩号 DI 1+376.5m 处，2#调压井位于桩号 DII 1+326.1m 处，井口高程 EL558m，上部井筒开挖直径28m，深52m，下部井筒开挖直径8.8m，深21.55m，与引水隧洞连通。调压井地质平面图见图 4-133。

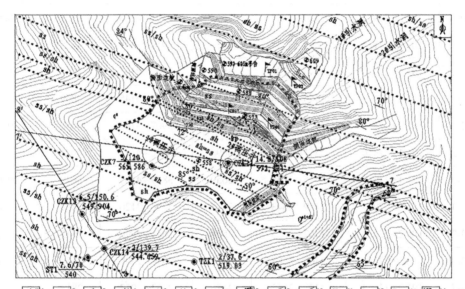

1. 第四系残坡积物；2. 砂岩；3. 页岩；4. 砂岩夹页岩；5. 砂岩与页岩互层；
6. 页岩夹砂岩；7. 地层界线；8. 第四系与基岩分界线；9. 剪切带及编号；
10. 裂隙及编号；11. 渗水点及编号；12. 剖面线；13. 钻孔及编号；14. 产状

图 4-133 调压井地质平面图

地层主要为厚层砂岩、薄层页岩、中厚层砂岩夹页岩、砂岩与页岩互层，倾向200°～220°，倾角85°，井壁呈不均匀风化状，砂岩夹页岩及砂岩与页岩互层部位多表现为强风化（图 4-134、图 4-135）。

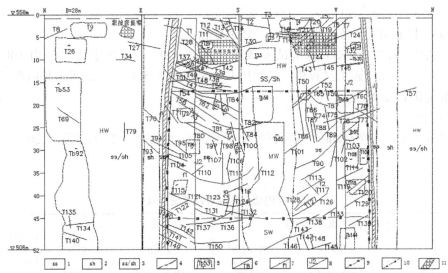

1. 硬砂岩；2. 页岩；3. 砂岩夹页岩；4. 地层界线；5. 裂隙面及编号；6. 裂隙及编号；
7. 断层及编号；8. 剪切带及编号；9. 强风化线；10. 弱风化线；11. 裂隙密集带

图 4-134  1#调压井高程 558~506m 地质编录图

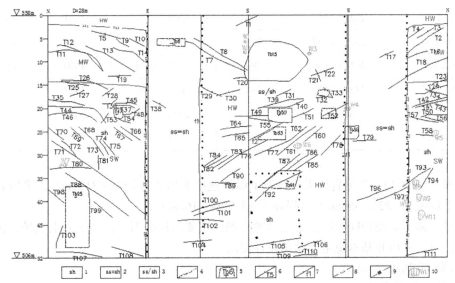

1. 页岩；2. 砂岩与页岩互层；3. 砂岩夹页岩；4. 地层界线；5. 裂隙面及编号；
6. 裂隙及编号；7. 断层及编号；8. 强风化线；9. 弱风化线；10. 裂隙水点及编号

图 4-135  2#调压井高程 558~506m 地质编录图

结构面以发育中倾角裂隙为主，1#调压井统计 151 条裂隙，2#调压井统计 113 条裂隙，按走向可分为四组：第一组，走向 NWW，倾向 SW 为主，少量倾向 NE；第二组，走向 NNE，倾向 SE 为主；第三组，走向 NE，倾向 SE 为主；第四组，走向 NEE，倾向 SE 为主。

其中缓倾角裂隙占 24.4%，中倾角裂隙占 43.7%，高倾角裂隙占 31.9%，裂隙一般宽 2~5mm，以充填碎屑及方解石为主，少量无充填。

根据钻孔 CZK7、CZK11 压水试验成果，共压水 43 段，其中透水率均 $10Lu \leqslant q < 100Lu$，为中等透水。施工过程中，1#调压井内未见地下水发育，2#调压井局部有渗水，一般渗水量 0.1~0.2L/min。

(2) 评价

在调压井井口高程 558m，井圈外侧 9m 范围进行了固结灌浆，灌浆深度 20m，成果见表 4-58。

表 4-58　　　　　　　　　调压井固结灌浆纵波测试统计表

| 孔号 | 灌前纵波速度 $V_p$/(m/s) | | 灌后纵波速度 $V_p$/(m/s) | | 增长率/% |
|---|---|---|---|---|---|
| | 范围值 | 平均值 | 范围值 | 平均值 | |
| 1TG-2-1 | 2656~3365 | 3128 | 3365~3708 | 3566 | 13.99 |
| 1TG-2-8 | 2507~3338 | 3072 | 3170~3650 | 3540 | 15.23 |
| 1TG-2-15 | 2550~3275 | 3045 | 3181~3654 | 3511 | 15.32 |
| 1TG-2-22 | 2472~3184 | 3002 | 3248~3690 | 3504 | 16.73 |
| 1TG-2-29 | 2521~3258 | 3064 | 3208~3620 | 3537 | 15.43 |
| 2TG-2-1 | 2501~3197 | 3039 | 3218~3598 | 3481 | 14.54 |
| 2TG-2-8 | 2413~3156 | 2893 | 2964~3580 | 3340 | 15.43 |
| 2TG-2-15 | 2334~3112 | 2848 | 3069~3598 | 3327 | 16.82 |
| 2TG-2-22 | 2330~3126 | 2875 | 2994~3570 | 3322 | 15.56 |
| 2TG-2-29 | 2569~3212 | 2952 | 3094~3618 | 3406 | 15.36 |

由表 4-58 可知，井壁岩体天然状态下纵波速度平均值为 2848~3128m/s，灌后岩体纵波速度平均值为 3322~3566m/s，提高了 13.99%~16.82%。

井壁岩体呈软硬相间特征，风化锈蚀强烈，主要为Ⅳ类围岩，经混凝土支护，固结灌浆处理，目前调压井基本稳定，满足设计要求。

2) 调压井边坡

(1) 竣工地质条件

调压井后缘边坡高约 51m，坡角约 45°，前缘自然边坡高约 43m，坡角约 36°，侧面边坡高约 45m。

高程 573m 马道以上为灰黄色中厚层粉细砂岩，高程 573m 马道以下为砂岩与页岩互层岩体，上部岩层倾向 25°~30°，倾角 45°~60°，而下部岩层倾向 190°~210°，倾角 80°~85°。

根据后缘、侧面边坡开挖揭露，以发育顺层剪切带为主，共统计 18 条，成分主要为深灰色薄层页岩，一般宽 10~20cm，沿剪切面多风化锈蚀为黄褐色，充填碎屑，局部呈泥化状。

后缘、侧面边坡为逆向岩质边坡，呈强风化状，风化厚 8～30m，前缘自然边坡上部覆盖层厚约 8m，下部强风化带厚 30～70m。

（2）评价

后缘、侧面边坡开挖后进行了锚固与喷护处理，目前无明显变形问题。

前缘自然边坡未采取处理措施，可能存在变形破坏风险。

**4. 厂房**

厂房位于沐若河右岸一河湾处，距上游坝址约 12km（图 4-136），建筑物主要包括主厂房、尾水渠、排水洞、厂房边坡。

图 4-136　厂房位置分布图

1）主厂房

(1) 竣工地质条件

主厂房长约 74m，宽约 29.74m，轴线方向 326.5°，与地层交角约 33°，建基面高程 204m，装机四台，总容量 944MW。

根据厂房地质编录（图 4-137），上游地层岩性为深灰色薄层页岩，下游为浅灰色中厚层—厚层砂岩与深灰色薄层页岩互层，岩层倾向 205°～210°，倾角 75°～80°，为微新岩体，局部为弱风化状。

构造以裂隙和层间剪切带为主，少量裂隙性断层，根据开挖揭露，共统计 81 条裂隙，按走向可分为四组：

第一组，走向 NWW，倾向 NE，少量倾向 SW；第二组，走向 NW，倾向 NE；第三组，走向 NE，倾向 SE；第四组，走向 NEE，倾向 SE。

其中缓倾角裂隙占8.6%，中倾角裂隙占43.2%，高倾角裂隙占48.2%，宽一般2~5mm，以充填碎屑及泥钙质为主，少量无充填或充填方解石脉。

根据钻孔CZK10、CZK12压水试验成果，共压水22段，其中透水率均$10Lu \leqslant q < 100Lu$，为中等透水。施工过程中，在1#、2#机组建基面揭露七处裂隙水，一般流量2~10L/min，最大流量20L/min。

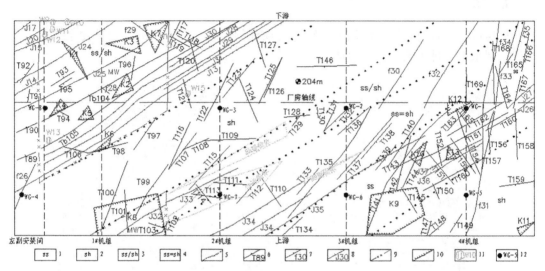

1. 硬砂岩；2. 页岩；3. 砂岩夹页岩；4. 砂岩与页岩互层；5. 地层界线；6. 裂隙及编号；
7. 断层及编号；8. 剪切带及编号；9. 弱风化线；10. 坑槽线；11. 裂隙水点及编号；12. 灌浆检查孔及编号

图4-137 厂房地质编录图

（2）评价

对主厂房基础进行了固结灌浆处理，成果见表4-59。

表4-59　　　　　　　　　厂房固结灌浆纵波测试统计表

| 孔号 | 灌前纵波速度$V_p$/(m/s) | | 灌后纵波速度$V_p$/(m/s) | | 增长率/% |
| --- | --- | --- | --- | --- | --- |
| | 范围值 | 平均值 | 范围值 | 平均值 | |
| WG-12 | 2534~3066 | 2777 | 2886~3386 | 3094 | 11.41 |
| WG-8 | 2563~3623 | 3293 | 2914~3931 | 3589 | 8.99 |
| WG-4 | 3189~3944 | 3532 | 3743~4028 | 3893 | 10.22 |
| WG-11 | 2608~3082 | 2772 | 2912~3285 | 3100 | 11.84 |
| WG-7 | 2724~3889 | 3488 | 3063~4182 | 3853 | 10.46 |
| WG-3 | 3133~3949 | 3649 | 3626~4189 | 4005 | 9.73 |
| WG-10 | 2515~3089 | 2719 | 2832~3328 | 3044 | 11.92 |
| WG-6 | 2806~3892 | 3356 | 3388~4154 | 3772 | 12.39 |
| WG-2 | 3173~3917 | 3660 | 3791~4072 | 3959 | 8.18 |

续表

| 孔号 | 灌前纵波速度 $V_p$/(m/s) | | 灌后纵波速度 $V_p$/(m/s) | | 增长率 /% |
| --- | --- | --- | --- | --- | --- |
| | 范围值 | 平均值 | 范围值 | 平均值 | |
| WG-9 | 2599~3205 | 2778 | 2874~3385 | 3046 | 9.63 |
| WG-5 | 3056~3838 | 3563 | 3420~4097 | 3888 | 9.14 |
| WG-1 | 2259~3752 | 3174 | 2779~4097 | 3566 | 12.34 |

由表4-59可知，厂房基础岩体天然状态下纵波速度平均值为2719~3660m/s，灌后纵波速度平均值为3044~4005m/s，提高了8.18%~12.39%。

主厂房基础开挖至高程204m，为新鲜岩体，呈软硬相间特征，固结灌浆处理后，岩体纵波速度平均值大于3000m/s，满足设计要求。

2）尾水渠

（1）竣工地质条件

尾水渠上游与主厂房相连，下游侧延伸至河道，顺河向长约73m，垂河向宽约82m。

地层可分为两部分，上游主要为中厚层—厚层砂岩夹少量页岩，下游为深灰色薄层页岩，岩层倾向205°~210°，倾角70°~85°，岩体呈强风化状，完整性较差。

构造以发育裂隙及层间剪切带为主，少量裂隙性断层，根据施工地质编录（图4-138），共统计39条裂隙，按走向特征，可分为两组：

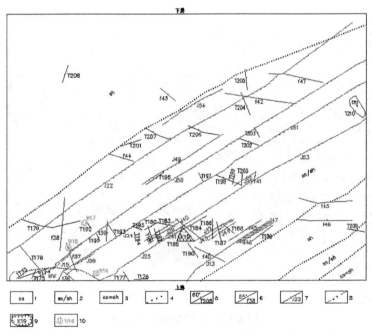

1.硬砂岩；2.砂岩夹页岩；3.砂岩与页岩互层；4.地层界线；5.裂隙及编号；6.断层及编号；
7.剪切带及编号；8.弱风化线；9.坑槽及编号；10.裂隙水点及编号

图4-138 尾水护坦地质编录图

第一组，走向NE，倾向NW，少量倾SE；第二组，走向NNW，倾向SW。

其中缓倾角裂隙占35.9%，中倾角裂隙占23.1%，高倾角裂隙占41%，以发育高倾角为主，宽一般2~5mm，充填碎屑及泥质，少量为无充填。

根据开挖揭露，在尾水护坦上游发现三处裂隙水，流量2~5L/min，最大15L/min。

（2）评价

岩体受裂隙及剪切带切割，呈强风化状，砂岩多表现为碎块状结构，页岩为层状碎裂结构，完整性差，不利于上游水流冲击和下游河水淘蚀，为此采取以下处理措施：

①尾水渠上游开挖形成坡比1∶3的逆向坡，坡脚高程207m，坡顶高程223.5m，采用贴坡混凝土支护，厚50cm，宽约62m。

②尾水渠下游在高程223m干砌1m厚的新鲜块石，宽约20m，并自224m高程，以10%的坡度降挖形成一视顺向坡。

尾水渠开挖形成缓坡，进行贴坡混凝土支护及干砌块石等措施后，稳定性较好，满足设计要求。

3）排水洞

（1）竣工地质条件

排水洞位于高程238.8m安装场后缘边坡中（图4-139），主洞长约134m，洞轴线方向26.5°，底板坡比1%，埋深10~80m，在距洞口80m、95m处分别设置一垂直主洞的排水支洞，长约71m、79m，为"城门"洞型，断面开挖宽3.8m，高3.5m，支洞口扩挖段尺寸分别为宽5.3m×高4.75m、宽5.3m×高3.5m。

图4-139 厂房后边坡排水洞

桩号K0+000m~K0+049m段为深灰色薄层页岩，桩号K0+049m~K0+134m段为中厚层—厚层砂岩夹页岩，岩层倾向20°~40°，倾角55°~70°，呈强风化—弱风化状，局部为微新状。

根据施工地质编录统计，主排水洞 K0+000m～K0+049m 段为 V 类围岩，K0+049m～K0+134m 段为 Ⅳ 类围岩；支洞均为 Ⅳ 类围岩。

（2）评价

洞口边坡已永久支护，边坡稳定性较好。

洞室围岩以 Ⅳ 类为主，裂隙发育，进行了系统锚固与挂网喷护，并进行了 40cm 厚的砼衬砌；洞内地下水发育，进行了洞内排水处理。目前洞室围岩稳定，满足设计要求。

4）厂房边坡

（1）竣工地质条件

厂房边坡包括后缘边坡及左、右侧面边坡。

后缘边坡高约 96m，走向 300°，与地层近乎平行，为视逆向坡；左、右侧面边坡高约 56m，走向 57°，与地层成 60°夹角。

后缘边坡与右侧边坡高程 250m 以下分布薄层页岩，高程 250m 以上为第四系残坡积物；左侧边坡坐落在中厚层—厚层砂岩与薄层页岩互层岩体上。

边坡覆盖层一般厚 3～10m，强风化带一般厚 10～15m，完整性较差，上部岩层倾向 25°～30°，倾角 45°～60°，下部岩层倾向 190°～210°，倾角 80°～85°。

发育 27 条断层，其中陡倾角断层占 70%，断层 $f_{89}$ 宽 50～100cm，其余断层为裂隙性断层，宽一般 10～20cm，多充填碎屑、岩屑及泥质，性状较差。

共统计 91 条裂隙，按走向划分，可分为三组（图 4-140）：

第一组，走向 NWW，倾向 NE 或 SW；第二组，走向 NNE，主要倾向 SE；第三组，

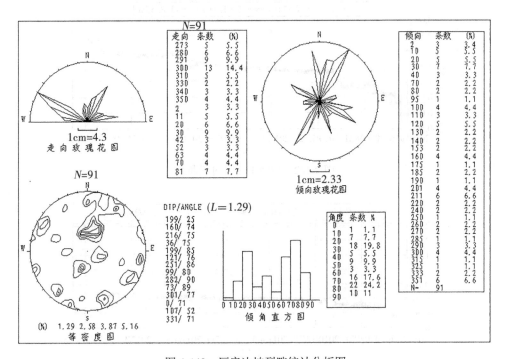

图 4-140 厂房边坡裂隙统计分析图

走向NEE，主要倾向SE。

其中缓倾角裂隙占28.6%，中倾角裂隙占18.7%，高倾角裂隙占52.7%，宽一般2~5cm，沿结构面多风化锈蚀为黄褐色，以充填碎屑及泥质为主，其次为无充填。

揭露27条剪切带，顺层发育，主要成分为页岩，宽一般10~15cm，以充填岩屑及泥质为主。

发育8个水点，为裂隙水，单个流量一般1~2L/min。

（2）评价

2010年6月，在厂房后边坡埋设6套多点位移计，分别为M01CF~M06CF，各点位移变化曲线见图4-141~图4-146。

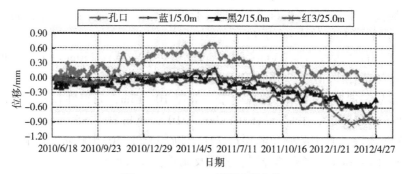

图4-141 M01CF变形过程曲线

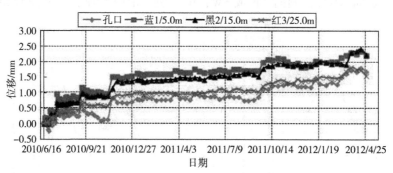

图4-142 M02CF变形过程曲线

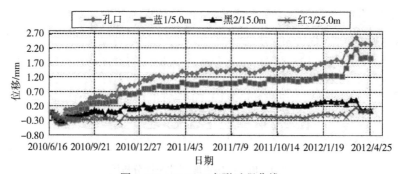

图4-143 M03CF变形过程曲线

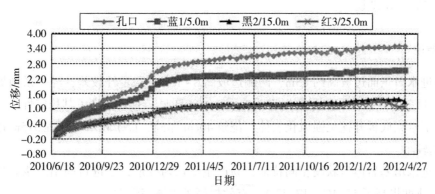

图 4-144　M04CF 变形过程曲线

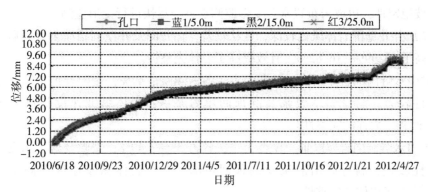

图 4-145　M05CF 变形过程曲线

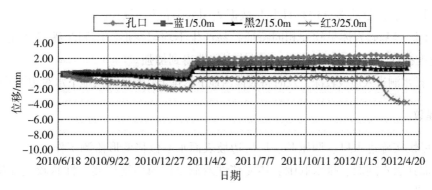

图 4-146　M06CF 变形过程曲线

截至 2012 年 4 月，各点累计绝对位移量分别为 -0.9~0.7mm、0~2.42mm、-0.3~2.7mm、-0.2~3.4mm、0~9.39mm、-3.71~2.4mm（向临空面伸长为"+"，反方向压缩为"-"）。

厂房边坡开挖后，进行了锚杆加挂钢筋网喷护、锚筋桩、格构梁等支护加固措施，目前边坡变形量较小，满足设计要求。

### 4.2.4 结论与建议

**1. 结论**

(1)进水口正面边坡高约85m,两侧边坡高8~15m,稳定性较差,经一系列加固措施处理后,目前多点位移计监测数据表明变形位移不明显,有效提高了其稳定性。

(2)引水渠底板开挖至强风化岩体,浇筑40cm厚砼,位于死水位高程515m以下,受水流影响较小。

(3)进水塔基岩体呈软硬相间特征,易产生不均匀变形,已进行固结灌浆处理,灌后岩体纵波速度提高了12.4%~17.42%,有效提高了岩体完整性。

(4)调压井正面边坡高约51m,稳定性较差,经支护后,目前无明显变形裂缝产生,提高了边坡稳定性;边坡未布置永久变形监测点,应尽快进行变形监测。

(5)调压井井壁围岩体风化较深,性状较差,在井圈及井壁固结灌浆处理后,岩体纵波速度提高了13.99%~16.82%,有效提高了岩体完整性。

(6)1#引水隧洞围岩体以Ⅲ、Ⅳ类为主,各占40%、47%,裂隙及地下水发育,易塌方,完整性较差,洞身固结灌浆及洞顶回填灌浆后,岩体纵波速度提高了8.59%~12.44%,改善了岩体的完整性。

(7)2#引水隧洞围岩体以Ⅲ、Ⅳ类为主,各占38%、49%,裂隙及地下水发育,易塌方,完整性较差,洞身固结灌浆及洞顶回填灌浆后,岩体纵波速度提高了8.43%~13.35%,改善了岩体的完整性。

(8)厂房正面边坡高约96m,两侧边坡高约56m,风化强烈,易垮塌,稳定性差,加强支护及排水后,目前多点位移计监测数据表明变形位移不明显。

(9)主厂房基础岩体呈软硬相间特征,易产生不均匀变形,已固结灌浆处理,灌后岩体纵波速度提高了8.18%~12.39%,岩体完整性得到加强。

(10)排水洞进入边坡较深,及时将坡体内地下水排出,有效降低地下水对边坡的破坏。

**2. 建议**

(1)尽快实施进水口、调压井、厂房边坡表面水平位移变形监测工作。

(2)加强引水隧洞、排水洞围岩体完整性及洞室回填情况检测,性状较差部位,应及时加强处理。

(3)尽早对调压井前缘自然边坡采取工程处理。

(4)及时清理建筑物周围的施工弃渣。

## 4.3 导流工程地质研究

沐若水电站采用全断面拦断河床,施工期导流洞导流的方案。导流隧洞布置于左岸，由进口明渠段、洞身段、出口消能段组成。进口底板高程418m，出口底板高程394m。导流隧洞全长810.456m，标准过水断面为斜墙平底马蹄形，断面尺寸为10.0m×15.9m。

导流隧洞于2008年5月开始施工，于2009年5月完成开挖，历时一年，于2010年2月完成衬砌。由于前期对导流洞未进行任何勘探工作，因此，在施工过程中，对导流隧洞进、出口边坡增补了钻孔勘探，共完成小口径钻孔13个，总进尺578.42m。根据补充地质勘察成果，对导流隧洞围岩工程地质条件进行了分析，并对隧洞围岩类别根据实际开挖情况重新进行了分类。

在该工程开工后，对导流洞进行了施工地质工作，施工地质工作主要包括现场巡视；主要工程地质问题的预测预报；建基面地质编录与测绘；关键工程地质问题的研究与处理，建基面验收等。并配合设计对导流隧洞方案进行了多次比较与修改。

### 4.3.1 基础地质条件

**1. 地形地貌**

导流隧洞布置于沐若河左岸，进口位于山脊的上游，近岸山脊顶部高程在487m以上，岸边高程约430m，坡高在57m以上。进口地形较为破碎，在硬岩出露处形成陡崖，进水口即布置在一陡崖下，软岩则形成相对缓坡，地表坡度一般40°~50°。

导流隧洞洞身一线穿越左岸山脊，山脊顶部高程635m，山脊两侧坡坡角25°~50°，洞身穿越两条较大冲沟，上覆山体厚度一般90~240m，最薄处位于出口段，上覆山体厚度仅为19.8m。

导流洞出口位于大坝下游一斜坡坡脚位置，该处地表坡度25°~40°。出口正面坡坡顶高程为450m，边坡高55m左右，侧面坡顶高程505m，坡高105m。

**2. 地层岩性**

导流隧洞沿线主要穿过$P_3Pel^4$~$P_3Pel^{15}$等12个亚段地层，总体上为砂岩、页岩呈不等厚状互层，其中$P_3Pel^4$、$P_3Pel^{10}$、$P_3Pel^{11}$、$P_3Pel^{15}$段为厚层、中厚层杂砂岩，岩质坚硬；$P_3Pel^5$、$P_3Pel^6$、$P_3Pel^7$、$P_3Pel^8$、$P_3Pel^9$、$P_3Pel^{12}$、$P_3Pel^{13}$、$P_3Pel^{14}$为页岩夹砂岩或砂岩、页岩互层，岩性软弱，对各段地层岩性特征分述如下：

$P_3Pel^4$：厚107.74m，浅灰色厚层、巨厚层杂砂岩夹灰黑色、部分为暗紫色页岩，可分为$P_3Pel^{4-5}$、$P_3Pel^{4-4}$、$P_3Pel^{4-3}$、$P_3Pel^{4-2}$、$P_3Pel^{4-1}$五层，$P_3Pel^{4-1}$层厚19.03m，为浅灰色中厚层砂岩。$P_3Pel^{4-2}$层厚11.82m，为灰绿色页岩。$P_3Pel^{4-3}$层厚46.58m，主要为浅灰色中厚层砂岩夹页岩夹层，中上部夹一层页岩厚3.41m。$P_3Pel^{4-4}$层厚9.39m，为灰绿色页岩。$P_3Pel^{4-5}$层厚20.91m，主要为浅灰色中厚层砂岩

夹少量灰绿色薄层页岩。

$P_3Pel^5$：厚 71.18m，灰黑色薄层、极薄层页岩夹浅灰色中薄层、局部为中厚层中、细粒砂岩，其中页岩总厚 37.6m，占 64%。可分为 $P_3Pel^{5-6}$、$P_3Pel^{5-5}$、$P_3Pel^{5-4}$、$P_3Pel^{5-3}$、$P_3Pel^{5-2}$、$P_3Pel^{5-1}$ 六层，$P_3Pel^{5-1}$ 层厚 11.35m，为灰绿色页岩。$P_3Pel^{5-2}$ 层厚 14.09m，主要为浅灰色中厚层砂岩，上部夹灰绿色薄层页岩。$P_3Pel^{5-3}$ 层厚 20.47m，为浅灰色中厚层砂岩夹 3 层总厚仅 0.19m 的页岩夹层。$P_3Pel^{5-4}$ 层厚 6.42m，为灰绿色薄层页岩。$P_3Pel^{5-5}$ 层厚 12.83m，为浅灰色中厚层砂岩夹 3 层总厚 0.16m 的页岩夹层。$P_3Pel^{5-6}$ 层厚 6.01m，为灰绿色薄层页岩。

$P_3Pel^6$：厚 39.89m，浅灰色薄层砂岩，部分为中厚层砂岩与灰黑色薄层、极薄层页岩互层。砂岩单层厚一般 20~30cm，最厚约 1m，页岩层厚一般 5~15cm，最厚约 50cm。

$P_3Pel^7$：厚 33.19m，浅灰色中厚层砂岩、杂砂岩夹灰黑色薄层、极薄层页岩，砂岩、杂砂岩单层厚一般 20~60cm，砂岩层间夹页岩，页岩较易崩解，层厚一般 2~8cm，最厚约 50cm。可分为 $P_3Pel^{7-2}$、$P_3Pel^{7-1}$ 两层，$P_3Pel^{7-1}$ 层厚 8.99m，为浅灰色中厚至巨厚层砂岩。$P_3Pel^{7-2}$ 层厚 24.2m，主要为砂岩夹页岩。

$P_3Pel^8$：厚约 33.63m，顶部近 16m 及底部 8m 均为深灰色、灰黑色薄层页岩，中部 10m 厚为页岩夹少量中薄层砂岩。

$P_3Pel^9$：厚 60.78m，可分为 $P_3Pel^{9-4}$、$P_3Pel^{9-3}$、$P_3Pel^{9-2}$、$P_3Pel^{9-1}$ 四层，$P_3Pel^{9-1}$ 层厚 31.95m，主要为浅灰色中厚层至巨厚层砂岩夹厚约 1.49m 的页岩夹层。$P_3Pel^{9-2}$ 层厚 8.5m，主要为灰绿色薄层页岩夹少量砂岩或砂岩透镜体。$P_3Pel^{9-3}$ 层厚 11.87m，主要为浅灰色中厚至巨厚层砂岩夹极少量页岩。$P_3Pel^{9-4}$ 层厚 8.46m，主要为薄至中厚层砂岩夹页岩，页岩厚度占总厚度约 40%。

$P_3Pel^{10}$：厚 127.72~129.6m，浅灰色厚层、巨厚层砂岩夹薄层砂岩，局部夹有少量薄层、极薄层页岩夹层，其中底部厚 15m 为中厚层砂岩夹页岩。

$P_3Pel^{11}$：厚 33.74m，浅灰色、部分呈桃红色薄至中厚层状粉细砂岩夹灰黑色薄层状页岩。可分为 $P_3Pel^{11-1}$、$P_3Pel^{11-2}$ 两层。$P_3Pel^{11-1}$ 层厚 15.42m，主要为浅灰色中厚层、厚层砂岩夹深灰色页岩条带，顶部为一厚度 4.36m 的深灰色页岩。$P_3Pel^{11-2}$ 层厚 18.32m，为浅灰色中厚层、厚层砂岩，砂岩单层厚 30~50cm，最厚可达 1m。

$P_3Pel^{12}$：厚 5.60m，深灰色页岩，页岩单层厚 1~3mm。

$P_3Pel^{13}$：厚 21.73m，浅灰色中厚层、厚层砂岩，砂岩单层厚 30~50cm，最厚可达 1.20m。

$P_3Pel^{14}$：厚 154.59m，灰绿色、灰黑色页岩与浅灰色薄层、中厚层砂岩互层。可分为

$P_3Pel^{14-1}$、$P_3Pel^{14-2}$、$P_3Pel^{14-3}$、$P_3Pel^{14-4}$四层，$P_3Pel^{14-1}$层厚50.1m，主要为浅灰色薄至中厚层砂岩与页岩互层。$P_3Pel^{14-2}$层厚22.95m，为浅灰色厚层砂岩局部夹有层间剪切带，砂岩中缓倾角裂隙发育，多为泥质充填。$P_3Pel^{14-3}$层厚65.54m，为浅灰色中厚层、厚层砂岩（含砂岩透镜体）夹深灰色页岩及页岩透镜体，砂岩单层厚20~60cm，页岩单层厚1~3cm，受断层挤压、错动，岩层层面弯曲，揉皱发育，岩体较破碎。$P_3Pel^{14-4}$层厚16.00m，为灰黑色薄层页岩。

$P_3Pel^{15}$：厚约127.6m。浅灰色细粒至粗粒砂岩、杂砂岩夹灰黑色薄层页岩、泥岩。可分为$P_3Pel^{15-2}$、$P_3Pel^{15-1}$等2层，$P_3Pel^{15-1}$层厚15.38m，主要为浅灰色厚层至巨厚层砂岩夹灰黑色页岩，页岩总厚约2.62m。$P_3Pel^{15-2}$层厚112.22m，主要为浅灰色中厚至巨厚层砂岩，夹少量灰黑色页岩，页岩总厚1.03m。

**3. 地质构造**

导流隧洞布置于沐若河左岸，地层陡倾，总体倾向下游方向，该段岩层产状一般为200°~215°∠80°~85°，局部出现反倾现象。根据导流隧洞开挖所揭示地质条件，导流隧洞沿线的构造形迹主要有断层、裂隙、层间剪切带等。

1）断层

施工地质编录揭示，共计15条断层穿过导流隧洞，其中规模较大的断层主要是$F_9$、$F_{13}$、$F_{14}$。从揭示的情况看，这几条断层构造岩多为碎裂状角砾岩，胶结较差，局部洞段在开挖后沿断层形成塌方。其中$F_9$断层性状差，断层两盘岩体错动强烈，且导流隧洞在开挖后沿$F_9$断层形成塌方。

各断层分布位置及断层特征见表4-60。

2）裂隙

导流隧洞穿越地层岩体中裂隙较为发育，从进口段到出口段共揭露裂隙近400条，缓倾角裂隙发育，局部形成裂隙密集带，裂隙密集带主要发育在砂岩段，根据裂隙走向可以将其分为四组（见图4-147）：

①NE组，走向31°~52°，占30.0%，主要倾NW；
②NNE组，走向2°~21°，占25.6%，大部分倾NW；
③NEE组，走向61°~81°，占13.7%，倾NW、SE各一半；
④NNW组，走向331°~351°，占12.7%，倾NE、SW各一半。

其中，高倾角裂隙116条，占29.2%；中倾角裂隙91条，占23.0%；缓倾角裂隙187条，占47.8%。充填物以泥质充填为主，其次为无充填。

## 第4章 各主要建筑物工程地质研究

表4-60 导流隧洞主要断层特征统计表

| 编号 | 岸别 | 走向/(°) | 倾向/(°) | 倾角/(°) | 断层长度/m | 断距/m | 断层带宽度/m | 断层性质 | 主要特征 | 备注 |
|---|---|---|---|---|---|---|---|---|---|---|
| $F_9$ | 左岸 | 320 | NE | 75 | | | 3~13 | 压扭性断层 | 在导流隧洞桩号K0+657~K0+670处发育，面波状起伏，断层带内充填碎裂岩块，断层岩物质为页岩、砂岩，多呈碎块状。断层带内见有光面和擦痕，擦痕倾伏角为10°，沿断面渗水现象严重，流量5L/min。在断层两层各有5~10m断层影响带，呈破碎状，产状紊乱 | 导流隧洞 |
| $F_{10}$ | 左岸 | 300 | NE | 82 | | | 1.2~2 | 扭性断层 | 断面呈微波状，顺层发育，断层下盘岩体为砂岩（第$P_3Pe l^{15}$段），上盘岩体为角砾岩（第$P_3Pe l^{14}$段），断层带物质为泥钙质胶结的角砾岩，角砾大小1cm×2cm~3cm×4cm，大者5~8cm，呈磨圆状及次圆状，胶结较紧密，断层带内的结构面中见有斜擦痕。擦痕倾伏向300°，倾伏角20° | 露于右岸砂石料系统场地的边坡上 |
| $F_{12}$ | 左岸 | 350 | NE | 20 | | 0.2~0.5 | 0.03~0.05 | 逆断层 | 位于导流隧洞桩号K0+114~K0+134，面平直，断层物质为碎屑，性状较差，局部泥化 | 导流隧洞 |
| $F_{13}$ | 左岸 | 40 | NW | 65 | | 2 | 0.05 | 正断层 | 位于导流隧洞桩号K0+176~K0+196，面局部光滑，有擦痕，断层物质为页片状，碎裂状角砾岩，局部钙质胶结 | 导流隧洞 |
| $F_{14}$ | 左岸 | 33 | NW | 81 | | | 0.5 | 走滑断层 | 位于导流隧洞桩号K0+240，断面光滑，断层带为断层泥 | 导流隧洞 |
| $F_{15}$ | 左岸 | 10 | SE | 30~40 | | | 0.05~0.1 | | 位于导流隧洞桩号K0+206，面平直光滑，构造岩为断层泥 | 导流隧洞 |
| $F_{16}$ | 左岸 | 30 | NW | 70 | | 2~3 | 0.05 | 正断层 | 位于导流隧洞桩号K0+184，面局部光滑，断面有擦痕，断层物质为页片状、碎裂状角砾岩，局部钙质胶结。面平直光滑，局部见钙质胶结，断层带物质为断层泥 | 导流隧洞 |

4.3 导流工程地质研究

续表

| 编号 | 岸别 | 产状 走向/(°) | 产状 倾向/(°) | 产状 倾角/(°) | 断层长度/m | 断距/m | 断层带宽度/m | 断层性质 | 主要特征 | 备注 |
|---|---|---|---|---|---|---|---|---|---|---|
| $F_{17}$ | 左岸 | 40 | SE | 70 | | 2~3 | 0.05 | 正断层 | 位于导流隧洞桩号 K0+186，面局部光滑，断层物质为页片状，碎裂状角砾岩，断面有擦痕，断面平直光滑，局部见钙质胶结。断层带物质为断层泥 | 导流隧洞 |
| $F_{18}$ | 左岸 | 85 | SE | 40 | | | 0.05~0.10 | | 位于导流隧洞桩号 K0+200，面平面光滑，断面有擦痕 | 导流隧洞 |
| $F_{19}$ | 左岸 | 355 | SW | 30 | | | 0.2~0.4 | 正断层 | 位于导流隧洞桩号 K0+254~K0+268，面平面光滑，构造岩为页岩碎屑及少量断层泥 | 导流隧洞 |
| $F_{20}$ | 左岸 | 345 | NE | 20 | | 0.2~0.5 | 0.03~0.1 | | 位于导流隧洞桩号 K0+224，面微波状，构造岩为方解石，局部见断层泥 | 导流隧洞 |
| $F_{21}$ | 左岸 | 42 | 132 | 73 | | | 0.02~0.05 | | 位于导流隧洞桩号 K0+030~K0+040，充填断层碎裂岩块夹页岩碎屑，方解石胶结，呈反扭扭特征，断距 2m | 导流隧洞 |
| $F_{22}$ | 左岸 | 300 | 220 | 86 | | 0.2 | 0.5 | 走滑断层 | 位于导流隧洞桩号 K0+165~K0+170，断层带宽约 50cm，充填断层角砾岩。角砾大小为 3~7cm | 导流隧洞 |
| $F_{23}$ | 左岸 | 35 | 125 | 6 | | 1 | 0.03 | | 位于导流隧洞桩号 K0+170~K0+180，断面呈微波状，断面粗糙，充填岩屑，部分沿断面形成破碎带宽约 20cm | 导流隧洞 |
| $F_{24}$ | 左岸 | 280 | 10 | 60 | | | 0.01 | | 位于导流隧洞桩号 K0+255~K0+265，充填页岩岩屑，性状差，断距 1m | 导流隧洞 |
| $F_{25}$ | 左岸 | 20 | 290 | 50 | | | | | 位于导流隧洞桩号 K0+390~K0+410，断面平直，光滑，见擦痕 | 导流隧洞 |

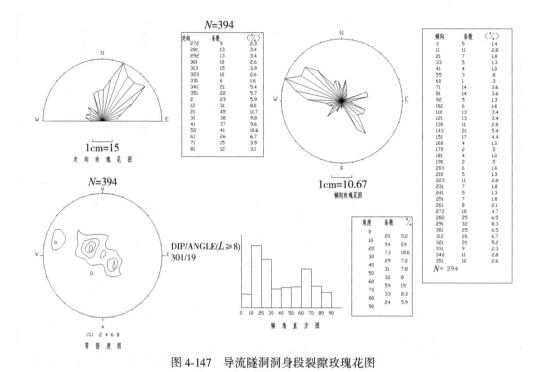

图 4-147　导流隧洞洞身段裂隙玫瑰花图

3）层间剪切带（软弱夹层）

层间剪切带是造山过程中岩体顺相对软弱岩层层面错动形成的破碎带，结构相对较为松散，抗剪强度较低，变形模量小，由于导流隧洞穿越地层岩性具有软硬相间特征，岩层陡倾，揉皱强烈，因此，沿软弱岩层发生剪切破坏的现象普遍存在，一般情况常发育两类剪切带，即剪切破坏充分的剪切带与剪切破坏不充分的剪切带。施工期导流隧洞内揭露层间剪切带 68 条，进出口边坡揭露 24 条，合计 92 条，剪切带内多为黑色炭质页岩岩屑、泥化条带充填，局部剪切面有微渗水现象，遇水软化明显，多为剪切破坏充分的剪切带。

**4. 水文地质条件**

导流隧洞施工地质编录过程中揭露出水点 66 个，主要分布在导流隧洞拱顶部位，两侧边墙分布较少，大多呈散点状滴水，可见少量股状流水，多为顺层面、裂隙面渗水，多发育于砂岩与页岩互层段中，在大段的砂岩或页岩中均少见渗水。该导流隧洞在施工过程中，洞顶见有渗水和滴水现象，但未见涌水等地质现象，未曾对施工过程造成施工机具及施工人员伤亡的地质现象。

**5. 岩（石）体风化**

导流隧洞进出口段边坡岩体以中厚层砂岩夹泥岩条带为主，岩体风化强烈，砂岩强度高，泥岩强度低，两类岩体抗风化能力存在一定差异。边坡开挖揭示导流隧洞进口段强风化垂直深度 13m，弱风化垂直深度 7m；出口段边坡岩体强风化垂直深度 12m，弱风化垂直深度6m。洞身段大部分置于微新状岩体中。

### 6. 岩体卸荷

导流隧洞进口段位于大坝左岸山脊前缘,隧洞出口段位于大坝左岸山脊下游侧缘,导流隧洞进出口边坡为陡倾逆向边坡结构,岩层近直立,坡面与岩层层面近于平行,边坡开挖临空,边坡卸荷沿岩层面产生拉裂张开的地质现象。进口段强卸荷带宽8m,弱卸荷带宽5m;出口段强卸荷带宽10m,弱卸荷带宽7m。

### 7. 岩石(体)物理力学性质

对坝址区进行了较多的现场与室内岩石物理力学性质试验,根据试验成果以及类比同类岩石的物理力学性质,确定各类岩石(体)及结构面的物理力学参数建议值见表4-61及表4-62。

表4-61　　　　　　　　剪切带及结构面抗剪强度参数建议值

| 剪切带或结构面类型 | 抗剪断强度 | | 抗剪强度 | | 特征描述 |
|---|---|---|---|---|---|
| | $f'$ | $c'$/MPa | $f$ | $c'$/MPa | |
| Ⅰ类剪切带 | 0.28~0.30 | 0.01 | 0.20~0.25 | 0 | 破碎、含泥化膜 |
| Ⅱ类剪切带 | 0.32~0.35 | 0.02 | 0.28~0.32 | 0 | 具剪损,微裂隙发育 |
| 缓倾角结构面 | 0.6~0.7 | 0.20 | 0.45~0.52 | 0 | 方解石胶结型 |
| | 0.45~0.55 | 0.10 | 0.33~0.41 | 0 | 无充填型 |
| | 0.25~0.28 | 0.05 | 0.20~0.25 | 0 | 泥化型 |
| 断层破碎带 | 0.35~0.40 | 0.05 | 0.28~0.32 | 0 | 断层破碎带 |

表4-62　　　　　　　　岩(石)体物理力学参数建议值

| 岩石名称 | 天然重度($\rho$) | 单轴湿抗压强度 | 抗拉强度 | 变模($E_0$) | 弹模($E_e$) | 岩体抗剪断强度 | | | | 砼/岩体抗剪断强度 | | 泊松比 |
|---|---|---|---|---|---|---|---|---|---|---|---|---|
| | | | | | | 微新岩体 | | 弱风化岩体 | | | | |
| | kN/m³ | MPa | MPa | GPa | GPa | $f'$ | $c'$/MPa | $f'$ | $c'$/MPa | $f'$ | $c'$/MPa | $\mu$ |
| 泥岩、页岩 | 24.5~25 | 10~15 | 1~1.5 | 1.5~2 | 2~2.5 | 0.5 | 0.6 | 0.45 | 0.2 | 0.5 | 0.6 | 0.32~0.35 |
| 硬砂岩、杂砂岩 | 25.5 | 60~80 | 6~8 | 10~12 | 15~17 | 1.3 | 1.3 | 0.90 | 0.90 | 1.0 | 1.0 | 0.22~0.25 |
| 砂、页岩组合 | 25 | 40~50 | 4~5 | 5~8 | 8~10 | 1.0 | 1.0 | 0.7 | 0.7 | 0.9 | 0.8 | 0.28~0.30 |

**8. 岩体基本质量评价**

导流隧洞主要由三类岩石组合：其一完全由砂岩、杂砂岩等硬岩组成的岩体，夹有少量页岩，岩体强度高，完整性较好。其二为杂砂岩、页岩、泥岩等均一互层的组合岩体。其三为页岩、泥岩、粉砂岩组成的岩体或以其为主夹少量硬砂岩的组合岩体，以软岩为主。根据坝区岩体单轴饱和抗压强度及声波测试成果，按《工程岩体质量分级标准》（GB/T 50218—2014）确定砂岩、杂砂岩等硬岩构成的围岩基本质量级别为Ⅱ级，砂、页岩互层岩体构成的围岩基本质量级别为Ⅲ级，完全由页岩与泥岩构成的围岩基本质量级别为Ⅳ级。隧洞围岩的工程级别应在基本质量级别的基础上，结合岩体的风化状况、结构面发育状况、地下水发育等程度以及该洞段的地应力状态加以修正。

### 4.3.2 施工中出现的主要工程地质问题及处理措施

**1. 进、出口边坡稳定问题及处理措施**

1）进口边坡

导流洞进口为一斜坡地形，原始自然坡角23°左右，坡顶高程560m，坡高约150m。进口一带覆盖层较厚，有20~30m；全、强风化带也较厚，一般在20m以上；基岩地层主要为页岩、泥岩、粉砂岩，硬砂岩较少，地层陡倾下游，局部倒转。进口边坡开挖至455m高程时，边坡开始出现变形，变形区后缘最高高程487m，面积约3000m²，体积约4×10⁴m³。从目前的勘察成果看，导流洞进口最主要的工程地质问题为深厚覆盖层与全强风化岩质边坡的稳定问题。

1#洞于10月初恢复施工后，10月16日起在上游侧面边坡463m马道及455~463m边坡中出现微小裂缝，后逐渐扩大。裂缝变形有以下特点：①裂缝变形区主要位于上游侧洞脸边坡455m高程以上。在前期变形体范围之内，前期没有牵动基岩，目前已牵动基岩，基岩主要为页岩与砂岩互层。②裂隙方向与坡面走向大角度相交，走向290°，局部顺层面拉开。浆砌石挡墙上出现明显的裂缝。由于连续的暴雨，特别是10月18日暴雨持续时间长，其裂缝有加速的趋势。10月20日在现场发现，裂缝增多，特别是马道上，呈羽裂状，张开3~10mm，在463~475m边坡上局部顺层面张开，张开宽已达5cm。在洞脸边坡处目前暂无变形现象。③裂缝开始表现为脆性岩砂岩的拉开，后页岩中裂缝逐渐出现。主要是因为页岩性软，局部风化已成泥，是一种塑性变形，初期表现不明显。④从裂缝的方向来看，其方向与坡面大角度相交，与层面一致。破坏趋势为向上游方向的倾倒。由于目前2#洞改线，上游处没有开挖，只是将局部下滑的物质进行了清除，上游侧土质边坡前期下滑的土已清走，对土体的稳定不利，变形牵引了基岩体。在前期变形体后的山体中暂时没出现变形迹象。目前土坡由于前缘出现变形，在雨季来临后，有出现进一步变形扩大的可能。

2）出口边坡

出口一带覆盖层分布广，仅出口处山脊可能含较多硬砂岩夹页岩、泥岩，且冲沟深切，山头残破，因此出口一带环境地质条件总体较差，潜在发生地质灾害的条件，如产生泥石流与土溜等。建议对出口一带的地质条件进一步查明，边坡开挖一定要选择合理的坡形、坡角，对开挖边坡加强排水并及时予以支护。对出口洞段山体破碎以及局部地段隧洞上覆山体较薄问题应研究专门处理措施。

出口边坡岩层为砂岩夹少量页岩，岩体以全、强风化为主，特别是左侧边坡，高达100m，开挖过程中出现了少量局部变形与崩解。施工处理采取了喷锚及排水处理措施，处理后现状稳定性较好。此外，洞口右侧边坡受长大裂隙与剪切带切割，形成一个不稳定块体，施工中以长12m的锚杆加固。

**2. 洞室围岩稳定问题及处理措施**

导流洞沿线软岩具有强度低、遇水泥化以及快速风化等问题，是工程施工处理的一大难题。从施工情况看，对软岩边坡及洞室进行及时支护是十分必要的，施工过程中应控制爆破、加强排水与稳定监测，并应采取防风化、软化等措施。导流隧洞施工期揭露块体及塌方共计26处，详见表4-63。

表4-63　　　　　　　　　　　　导流隧洞块体塌方统计表

| 块体编号 | 分布位置 | 方量/m³ | 块体（塌方）成因 | 块体模式 | 备注 |
|---|---|---|---|---|---|
| KT1 | K0+045~K0+055 | 50 | 沿层面及裂隙发育，塌方高度1m | 拱顶塌落 | 已塌方（拱顶） |
| KT2 | K0+130~K0+140 | 6 | 沿$F_{12}$断层切割，形成块体，开挖后塌方 | 拱顶塌落 | 已塌方（拱顶） |
| KT3 | K0+145~K0+150 | 5 | 沿砂岩、页岩层面处塌方 | 顺层滑塌 | 已塌方（右边墙） |
| KT4 | K0+196~K0+198 | 8 | 沿砂岩、页岩层面处塌方 | 顺层滑塌 | 已塌方（右边墙） |
| KT5 | K0+195~K0+201 | 15 | 沿$F_{18}$断层面切割，形成块体，开挖形成塌方 | 拱顶塌落 | 已塌方（拱顶） |
| KT6 | K0+195~K0+201 | 2 | 沿$F_{18}$断层面切割，形成块体，开挖形成塌方 | 拱顶塌落 | 已塌方（拱顶） |
| KT7 | K0+195~K0+201 | 2 | 沿$F_{18}$断层面切割，形成块体，开挖形成塌方 | 拱顶塌落 | 已塌方（拱顶） |
| KT8 | K0+215~K0+220 | 3 | 沿砂岩、页岩层面滑塌，形成塌方 | 顺层滑塌 | 已塌方（拱顶） |
| KT9 | K0+215~K0+220 | 3 | 沿砂岩、页岩层面滑塌，形成塌方 | 顺层滑塌 | 已塌方（拱顶） |
| KT10 | K0+230~K0+236 | 4 | 沿$F_{15}$断层切割，形成块体，边墙开挖造成块体临空，形成塌方 | 沿结构面塌方 | 已塌方（右边墙） |

续表

| 块体编号 | 分布位置 | 方量/m³ | 块体(塌方)成因 | 块体模式 | 备注 |
|---|---|---|---|---|---|
| KT11 | K0+235~K0+242 | 5 | 主要受$F_{14}$断层及$J_{17}$两条陡倾角结构面切割，形成块体，开挖松弛形成塌方 | 沿结构面塌方 | 已塌方（拱顶） |
| KT12 | K0+235~K0+242 | 3 | 主要受$F_{14}$断层及$J_{17}$两条陡倾角结构面切割，形成块体，开挖松弛形成塌方 | 沿结构面塌方 | 已塌方（左边墙） |
| KT13 | K0+242~K0+245 | 2 | 沿砂岩、页岩层面滑塌，顺层挤出 | 松弛变形 | 已塌方（左边墙） |
| KT14 | K0+260~K0+265 | 6 | 洞顶岩体受裂隙切割，形成块体塌方 | 拱顶块体塌落 | 已塌方（拱顶） |
| KT15 | K0+284~K0+286 | 3 | 沿砂岩、页岩层面顺层挤出，滑塌 | 顺层滑塌 | 已塌方（左边墙） |
| KT16 | K0+308~K0+310 | 3 | 沿砂岩、页岩层面顺层挤出，滑塌 | 顺层滑塌 | 已塌方（拱顶） |
| KT17 | K0+402~K0+410 | 4 | 受裂隙切割形成块体，开挖后块体塌方 | 块体塌落 | 已塌方（右边墙） |
| KT18 | K0+538~K0+542 | 5 | 洞顶受裂隙切割形成块体，开挖后塌方 | 块体塌落 | 已塌方（拱顶） |
| KT19 | K0+665~K0+670 | 8 | 左壁岩体受断层带影响，岩体破碎，松弛变形塌方 | 松弛变形 | 已塌方（左边墙） |
| KT20 | K0+672~K0+680 | 8 | 右壁开挖松弛变形，形成塌方 | 松弛变形 | 已塌方（右边墙） |
| KT21 | K0+688~K0+690 | 2 | 左壁开挖松弛变形，形成塌方 | 松弛变形 | 已塌方（左边墙） |
| KT22 | K0+700~K0+702 | 1 | 左壁开挖松弛变形，形成塌方 | 松弛变形 | 已塌方（左边墙） |
| KT23 | K0+685~K0+695 | 8 | 右壁开挖松弛变形，形成塌方 | 松弛变形 | 已塌方（右边墙） |
| KT24 | K0+755~K0+758 | 4 | 洞顶裂隙切割，形成块体，开挖后塌方 | 块体塌落 | 已塌方（拱顶） |
| KT25 | K0+775~K0+778 | 3 | 塌方段为页岩，两侧岩体为砂岩，顺层面滑塌 | 顺层滑塌 | 已塌方（右边墙） |
| KT26 | K0+812~K0+814 | 3 | 塌方段为砂岩，洞顶裂隙切割，形成块体，开挖塌方 | 块体塌落 | 已塌方（拱顶） |

几处典型塌方部位的处理：

(1) 桩号 K0+120~K0+140 段拱顶塌方：塌方段地层岩性为砂页岩不等厚交替地层，洞顶穿越 $F_{12}$ 缓倾角断层，受断层及岩层面组合切割，洞顶塌方。该段在施工中采取了强支护措施。

(2) 桩号 K0+190~K0+290 段拱顶及两侧边墙塌方：该段地层岩性为砂页岩交替地层，断层切割强烈，共发育 $F_{13}$、$F_{14}$、$F_{15}$、$F_{16}$、$F_{17}$、$F_{18}$、$F_{19}$、$F_{20}$、$F_{21}$、$F_{22}$、$F_{23}$、$F_{24}$ 断层，断层与裂隙、剪切带组合切割，洞顶围岩形成块体，施工开挖后造成洞顶的塌方。施工中采取了超前预支护和钢拱架支撑的施工措施，确保了施工期的围岩稳定。

(3) 桩号 K0+666~K0+698 段拱顶及两侧边墙塌方：该段上覆岩体厚度 15m，地表为一冲沟，地层岩性为砂页岩交替地层，发育 $F_9$ 断层，受 $F_9$ 断层牵引，断层两盘岩体挤压揉皱强烈，岩层走向与洞轴线走向呈小角度斜交，断层两盘岩体破碎，断层与裂隙、剪切带组合切割，洞顶围岩形成块体，开挖后造成洞顶的塌方。施工中采取了洞顶超前预支护、分导坑开挖的施工工艺，开挖完立即进行钢拱架支撑，确保了施工期安全，没有造成大的工程地质问题。

**3. 防淘墙边坡稳定问题及处理措施**

导流隧洞出口消能段防淘墙出露岩层为 $P_3Pel^{15}$ 段浅灰色厚层砂岩夹炭质泥岩，砂岩单层厚度 0.5~1m，页岩厚度 0.2~0.5m，砂岩占总含量的 70%，页岩占总含量的 30%，开挖后岩体呈微风化状态，底部建基面高程 373m，上部平台高程 390m，开挖形成的直立边坡高度约 17m。

左侧边坡由于发育一组平行于防淘墙的中倾角裂隙，开挖时墙外边坡出现倾倒拉开，墙内边坡出现滑塌，后对墙外边坡施以 12m 长的锚杆加固，墙内边坡按 1∶1 削坡并辅以锚杆加固，基本保证了施工期的稳定。

### 4.3.3 施工过程地基整修要求

导流隧洞施工中进行了基础面验收，验收按以下标准进行。

**1. 地基整修的一般要求**

1) 洞室壁面
(1) 断面符合设计要求，不允许欠挖；
(2) 爆破松动岩块应予以清除；
(3) 对于由结构面切割形成的块体依据稳定状况予以加固或者清除；
(4) 洞壁松弛岩体予以清除；
(5) 对于开挖后塌方形成的空洞部位，建议回填砼，且回填密实。

2) 洞室底板及消力池底板
(1) 爆破松动岩体予以清除；
(2) 对于建基面上性状很差的结构面，进行适当的撬挖；
(3) 底板断层破碎带，清挖至完整岩体，深度较大的破碎带，下挖深度一般为开口宽

(4)清挖以后的底板锤击声清脆;

(5)对于起伏差太大的底板,要求用混凝土填平,然后再进行永久衬砌。

3)进出口边坡

(1)边坡上的松动浮渣要求予以清除,不稳定岩块予以加固;

(2)预裂爆破孔周围及两个爆破孔之间的松动及贴坡岩块,必须予以清除;

(3)在边坡贴坡混凝土浇筑部位,应对剪切带、风化槽进行掏挖处理,掏挖深度一般为开口宽度的1倍;

(4)边坡风化岩体建议开挖后及时进行封闭支护;

(5)边坡开挖后不允许有倒坡及突出岩块。

经整修后的地基形态满足设计要求。

**2. 几个常见工程地质问题的处理要求**

1)层间剪切带的处理

对于剪切完整、剪切带性状差的剪切带,应该开挖至剪切带宽度1倍。

2)断层破碎带的处理

断层破碎带性状较好,胶结紧密时,按照一般的方法处理即可;性状较差的断层采用先抽槽后回填砼的办法处理,抽槽深度为处理宽度的2倍。宽度以挖除破碎岩块为准。

3)局部塌方段的处理

对于开挖过程形成的塌方段,建议在一次初期衬砌后,对于脱空部位,要求回填砼或固结灌浆。

### 4.3.4 各部位竣工地质条件及评价

**1. 进口段竣工地质条件及评价**

导流隧洞进口位于山脊的一侧,山脊顶部高程477m左右,底高程430m左右,坡高47m左右。地表坡度一般40°~50°。

洞口段为$P_3Pel^4$亚段的砂岩夹页岩,其中洞口为一层厚约13m的厚层砂岩,其后为厚约10m的页岩。坡顶有厚5~6m的第四系残坡积土堆积。明渠段位于$P_3Pel^3$亚段中,该段为页岩夹砂岩,为较软岩段。

岩层近直立,微倾下游。卸荷裂隙较发育,一般呈微张或张开状,裂面平直,一般无充填。受裂隙切割,岩体局部形成大块体。其中在洞口右侧由于开挖临空,砂岩顺层面有张开现象。

**2. 洞身段竣工地质条件及评价**

由上游至下游段,导流隧洞洞身依次穿过$P_3Pel^4$~$P_3Pel^{15}$亚段地层,主要为Ⅲ、Ⅳ类围岩,极少量Ⅴ类围岩,其中Ⅲ类围岩段洞室长度365.70m,占45%,Ⅳ类围岩段洞室长度425.90m,占53%,Ⅴ类围岩段洞室长度18.90m,占2%。洞身岩体根据岩性、构造、

## 4.3 导流工程地质研究

水文地质条件及围岩分类将洞身段岩体分为9段，见表4-64。各段具体条件详述如下：

表4-64　　　　　　　　　　　　导流隧洞围岩质量分级表

| 分段 | 桩号 | 岩性 | BQ | 修正系数 K1 | 修正系数 K2 | 修正系数 K3 | [BQ] | 基本质量级别 |
|---|---|---|---|---|---|---|---|---|
| 1 | K0+0~K0+100.5 | 砂岩夹薄层泥岩、页岩 | 410 | 0 | 0.2 | 0 | 390 | Ⅲ |
| 2 | K0+100.5~K0+404.0 | 中厚层砂岩与深灰色、薄层泥岩、页岩互层段 | 410 | 0.4 | 0.2 | 0 | 350 | Ⅳ |
| 3 | K0+404.0~K0+591.7 | 厚层、巨厚层砂岩 | 470 | 0.1 | 0.2 | 0 | 440 | Ⅲ |
| 4 | K0+591.7~K0+666.6 | 薄层、中厚层砂岩 | 410 | 0.4 | 0.2 | 0 | 350 | Ⅳ |
| 5 | K0+666.6~K0+672.0 | 断层破碎带 | 250 | 0.2 | 0.2 | 0 | 210 | Ⅴ |
| 6 | K0+672.0~K0+684.5 | 砂岩与页岩互层段，浅埋洞段 | 350 | 0.4 | 0.3 | 0 | 280 | Ⅳ |
| 7 | K0+684.5~K0+698.0 | 砂岩与页岩互层段，浅埋洞段 | 350 | 0.6 | 0.6 | 0 | 230 | Ⅴ |
| 8 | K0+698.0~K0+733.0 | 砂岩与页岩互层段，浅埋洞段 | 350 | 0.3 | 0.2 | 0 | 300 | Ⅳ |
| 9 | K0+733.0~K0+810.5 | 厚层、巨厚层砂岩夹页岩 | 410 | 0.1 | 0.2 | 0 | 370 | Ⅲ |

1）桩号 K0+0~K0+100.5 段

该段为Ⅲ类围岩，主要穿过 $P_3Pe1^4$ 亚段地层，为浅灰色厚层砂岩夹薄层泥岩、页岩，主要有5层砂岩和4层页岩，砂岩占72.5%，页岩占27.5%。

该段岩层产状一般为 200°~215°∠80°~85°，岩层走向与洞轴线夹角30°~40°，上覆岩体厚度24~50m，主要的构造形迹为裂隙及极少量小断层。裂隙主要有4组，其中缓倾角裂隙占50%左右，裂面大多平直，少量波状，无充填或附泥膜，极少量裂面见方解石脉。裂面宽度一般几厘米至十几厘米，少量裂面宽度小于1cm。裂隙一般分布于砂岩中，部分穿过页岩，延伸长度一般几米至10多米，少量20多米。

该段地下水不发育，仅在进口段桩号 K0+17~K0+35 见有零星滴水现象。

在桩号 K0+0~K0+40 段洞型复杂，且上覆岩体厚度较小，不利于围岩的稳定，建议加强支护。

2）桩号 K0+100.5~K0+404.0 段

该段为Ⅳ类围岩，主要穿越地层有 $P_3Pe1^5$~$P_3Pe1^9$ 亚段地层，为浅灰色中厚层砂岩与深灰色、灰绿色薄层泥岩、页岩互层段，该洞段砂岩占57%，页岩占43%。

该段岩层产状 205°~225°∠80°~88°，与导流隧洞轴线方向基本正交，上覆岩体厚度 60~90m。该段发育部分缓倾角断层。

地下水不发育，主要有三段淋雨状渗水，分别位于桩号 K0+195~K0+219、K0+258~K0+261 和 K0+306~K0+325.6，水量分别为 25L/min、50L/min、35L/min。

在部分缓倾角断层发育的地段，隧洞顶拱易出现不稳定块体，底板顺断层出现超挖。

3）桩号 K0+404.0~K0+591.7 段

该段为Ⅲ类围岩，导流隧洞穿越地层主要为 $P_3Pel^{10}$ 亚段地层，该洞段主要为浅灰色中厚层、厚层、巨厚层砂岩，仅在局部夹有极少量页岩条带。

该段上覆岩体厚度 58~158m，岩层产状为 210°~220°∠85°~88°，与导流隧洞轴线基本正交。

地下水不发育，仅在 K0+585~K0+591 段发育有地下水，均沿砂岩层面发育，呈散点滴水状，流量总计 6L/min。

围岩条件较好，局部有少量的块体稳定问题。

4）桩号 K0+591.7~K0+666.6 段

该段为Ⅳ类围岩，导流隧洞穿越地层主要为 $P_3Pel^{11}$~$P_3Pel^{12}$ 亚段地层，地层岩性为浅灰色薄层、中厚层砂岩，局部夹有深灰色页岩条带。

该段上覆岩体厚度 30~58m，岩层产状主要为 20°~45°∠80°~86°，局部为 200°∠80°，岩层走向与导流隧洞轴线交角 100°~120°，该洞段为 $F_5$ 断层影响带附近，岩体微裂隙较为发育，完整性较差。

地下水较为发育，整洞段均发育地下水，地下水多沿层面及裂隙面发育，大部分呈散点状，流量较大位置呈股流状流出，该洞段总计流量达到 150L/min。

5）桩号 K0+666.6~K0+672.0 段

该段为Ⅴ类围岩，导流隧洞穿越地层主要为 $P_3Pel^{13}$ 亚段地层，地层岩性以浅灰色薄层砂岩为主，见有深灰色页岩透镜体。

该段上覆岩体厚度 30m。为单斜构造，岩层产状 230°∠80°，岩层走向与导流隧洞轴线交角 120°，该段主要发育有 $F_9$ 断层，受断层构造影响，岩体完整性极差，断层两侧岩体牵引构造发育，岩层产状较为紊乱。地下水不发育，桩号 K0+668.0m 段发育，仅沿断层带发育，呈流水状，流量 5L/min。洞室围岩稳定性差。

6）桩号 K0+672.0~K0+684.5 段

该段上覆岩体厚度 21~29m，地表为一冲沟，为Ⅳ类围岩，导流隧洞穿越地层主要为 $P_3Pel^{14}$ 亚段地层，地层岩性为浅灰色薄层、中厚层砂岩与深灰色页岩互层段。

该段上覆岩体厚度 24~30m，为单斜构造，岩层产状为 275°~340°∠75°~80°，岩层走向与导流隧洞轴线交角 30°，岩体微裂隙较为发育，呈层状碎裂结构。该段地下水不发育，未见有地下水流出。

洞室围岩稳定性差，且上覆岩体较薄，施工中需采取超前预支护并分上下导坑开挖的施工工艺。

7）桩号 K0+684.5~K0+698.0 段

该段为Ⅴ类围岩，导流隧洞穿越地层主要为 $P_3Pel^{14}$ 亚段地层，地层岩性为浅灰色薄层、中厚层砂岩与深灰色页岩互层段。

上覆岩体厚度约为 23m，地表为一冲沟，该段岩层产状紊乱，构造发育，岩层走向与导流隧洞轴线交角30°，为断层影响带，岩体裂隙较为发育，呈层状碎裂结构。洞室围岩稳定性差。

地下水不发育，仅在桩号K0+686.0发育揭露有渗水点，流量0.2L/min。

洞室围岩稳定性差，且上覆岩体较薄，需采取强支撑措施通过。

8）桩号K0+698.0~K0+733.0段

该段为Ⅳ类围岩，导流隧洞穿越地层主要为$P_3Pel^{14}$亚段，地层岩性为浅灰色薄层、中厚层砂岩与深灰色页岩互层段。

该段上覆岩体厚度21~30m，地表地形在该段为冲沟地形，单斜构造，岩层产状为215°∠78°，岩层走向与导流隧洞轴线交角120°，岩体微裂隙较为发育，呈层状碎裂结构。

地下水不发育，仅在桩号K0+698.0~K0+703.0段见有渗水点，呈滴水状，合计流量4L/min。

洞室围岩稳定性较差。

9）桩号K0+733.0~K0+810.5段

该段为Ⅲ类围岩，导流隧洞穿越地层主要为$P_3Pel^{13}$亚段地层，主要为浅灰色中厚层、厚层、巨厚层砂岩，仅在局部夹有极少量页岩条带。

该段上覆岩体厚度26~41m，为单斜构造，岩层产状为210°~220°∠85°，岩层走向与导流隧洞轴线交角120°，岩体微裂隙较发育。

地下水不发育，仅在桩号K0+755.0~K0+770.0段、K0+785.0~K0+792.0段见有两处渗水点，流量分别为23L/min、150L/min，呈淋雨状、股流状。

**3. 出口段工程地质条件及评价**

导流隧洞出口段位于$P_3Pel^{15}$亚段的砂岩中，岩层近直立，倾向下游。出口位于一斜坡下，地表坡度25°~40°。出口正面坡坡顶高程为450m，边坡高55m左右，侧面坡顶高程505m，坡高105m左右。

导流隧洞出口边坡为$P_3Pel^{15}$段浅灰色中厚层—巨厚层状砂岩，左侧及正面边坡上部为全风化岩体，下部为强风化岩体。出口左侧边坡发育$F_{10}$断层，断层带宽1~2m，断面呈微波状，顺层发育，断层下盘岩体为砂岩，上盘岩体为页岩，断层构造岩为泥钙质胶结的角砾岩，胶结较紧密；边坡岩体中裂隙较发育，以中缓倾角裂隙为主，左侧边坡受倾向坡外缓倾角结构面与层面剪切带的组合切割，边坡岩体局部形成不稳定块体。

边坡目前稳定条件较好，但存在潜在的不稳定因素，受裂隙、层面切割，边坡岩体多形成较大块体，应加强边坡支护；侧面边坡覆盖层、强风化层较厚，岩体破碎，建议及时做好边坡支护，并加强边坡的截、排水措施。

**4. 防淘墙竣工地质条件及评价**

导流隧洞出口消能段横向防淘墙出露岩层为$P_3Pel^{15}$段浅灰色厚层砂岩夹炭质泥岩，砂岩单层厚度0.5~1m，页岩厚度0.2~0.5m不等，砂岩占总含量的70%，页岩占总含量的30%，开挖后建基面岩体呈微风化状态，底部建基面高程373m，上部平台高程390m，开挖后形成高度17m直立边坡，施工中按照地质建议，边开挖边进行系统锚杆支护施工，边坡稳定。

### 4.3.5 结论及建议

沐若水电站导流隧洞总体工程地质条件复杂，由于预可行性研究阶段地质勘察深度不够，造成施工过程中对很多地质问题认识不足，严重影响设计及施工的顺利进行，特别是进、出口环境地质条件较差对工程影响较大。经过补充地质工作，对导流隧洞地质条件进行了全面分析，满足了设计及工程施工的要求。

施工过程中对导流隧洞工程进行了全面的施工地质工作，导流隧洞主要为Ⅲ、Ⅳ类围岩，少量Ⅴ类围岩，其中Ⅲ类围岩长度365.70m，占45%，Ⅳ类围岩长度425.90m，占53%，Ⅴ类围岩长度18.90m，占2%，根据隧洞围岩工程岩体级别进行了设计及支护。

# 第5章 地基处理工程地质研究

## 5.1 灌浆试验

### 5.1.1 试验目的

坝址区岩层总体倾向 SW，陡倾，倾角一般在 80°以上，河谷主要由软弱的泥岩、砂岩构成。坝址区最大的断层为 $F_1$，断层向坝址上、下游各延伸几千米；坝基开挖爆破和软弱夹层及裂隙的存在，对基岩完整性有一定影响，按设计要求，应对坝基岩体进行固结灌浆处理，灌浆平面布置见图 5-1。

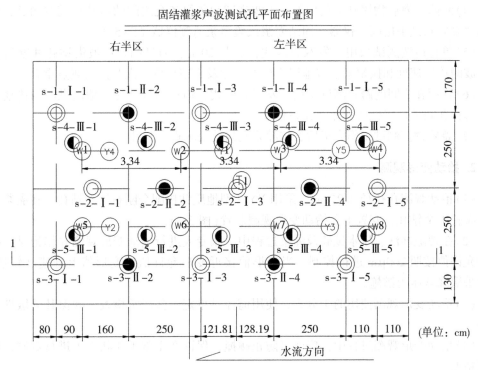

图 5-1 固结灌浆平面布置图

根据以往固结灌浆施工经验,坝基固结灌浆可以采用有混凝土盖重的固结灌浆施工技术,但由于各个工程地质条件及水工设计对地基要求不尽相同,同类工程的灌浆试验,一般只能作为参考,不宜直接套用。因此,需结合工程具体情况,事先在现场进行有盖重固结灌浆试验,对现行设计施工参数进行验证以及确定强风化经过固结灌浆试验后是否可直接作为大坝基础,根据试验所得的成果,作为后期坝基固结灌浆施工的主要依据。

## 5.1.2 试验过程

**1. 物探测试**

(1)为了保证物探测试对该固结灌浆区域的岩层进行全面测试,保证每个地质段位均有声波值,根据现场实际情况和设计要求,本部位物探测试共布置8个钻孔,孔深进入基岩均为6.0m,孔向为铅垂孔。

(2)物探测试孔 W1~W6 孔径为 56mm,W7~W8 孔径为 76mm,要求进行取芯,采用 XY-2 地质钻机、金刚石钻头钻进。

(3)设有物探测试孔的部位,灌浆前和灌浆结束后分别进行物探测试工作。在灌浆前物探测试工作完毕后,采用细砂对物探孔进行回填;灌浆后物探测试在原孔进行扫孔、冲洗,并进行压水试验后,再进行物探测试。

(4)灌前、灌后物探测试包括单孔声波测试和每组各孔之间的跨孔地震波测试,灌浆前和灌浆后测试采用同一仪器。固结灌浆试验灌浆监测仪器见图 5-2。

(5)单孔声波测试采用一发双收模式,点距 20cm,通过测量声波沿钻孔井壁岩石的滑行波的传播速度和振幅来了解地层岩性的变化及完整程度,灌浆前后测点重合。

(6)物探孔之间的跨孔测试采用一发多收模式,通过测量钻孔间地震纵波的传播速度来了解钻孔间地层岩性的变化及完整程度。

(7)灌后物探测试工作完毕后,按灌浆孔封孔要求进行封孔。

**2. 抬动变形观测**

(1)抬动观测孔孔径为91mm,采用 XY-2 型地质钻机配金刚石钻头钻孔,在灌浆试验区内布置1个钻孔,安置1套抬动变形观测装置(图 5-3)。

(2)在裂隙冲洗、压水试验及灌浆过程中,派专人进行抬动变形观测并作记录,抬动变形允许值按照 200μm 进行控制。当变形值接近变形允许值或变形值上升速度较快时,及时采取降低压力措施。

(3)抬动变形观测使用的千分表,使用前经过率定,并经常检查,确保其灵敏性和准确性。

(4)抬动变形观测过程中,应严格防止碰撞,保证在正常工作状态下进行观测,确保测试精度。

(5)灌浆工作结束后,按固结灌浆要求进行抬动观测孔的灌浆回填。

图 5-2　固结灌浆试验灌浆监测仪器

图 5-3　灌浆抬动观测装置

### 3. 固结灌浆

1）钻孔

（1）固结灌浆孔采用 XY-2 地质钻机进行钻孔。由于灌浆孔入岩段长均为 6.4m，因此，采用一次性钻至孔底，然后进行全孔一次性灌浆，钻孔直径 56mm。

（2）所有灌浆孔以及检查孔均为倾向上游，顶角为 70°。

（3）钻孔孔位严格按施工图纸的要求进行施工，开孔孔位偏差不大于 10cm。在钻孔过程中，采取措施控制孔斜，发现孔斜过大时，及时纠偏。

（4）对有取芯要求的物探孔、检查孔按要求取芯并进行岩芯描述。

2）钻孔冲洗及裂隙冲洗、压水试验

（1）固结灌浆前进行钻孔冲洗、裂隙冲洗和压水试验。钻孔冲洗采用导管通入大流量水流，从孔底向孔外冲洗的方法进行冲洗，直至回水澄清后 10min 结束。

（2）裂隙冲洗采用压水冲洗的方式，结合压水试验进行，当邻近有正在灌浆的孔或邻近灌浆孔灌浆结束不足 24h 时，不得进行裂隙冲洗。灌浆孔（段）裂隙冲洗后，应立即连续进行灌浆作业，因故中断时间间隔不超过 24h。

（3）采用"简易压水"进行压水试验，简易压水试验结合裂隙冲洗进行。压力为灌浆压力的 80%，压水 20min，每 5min 测读一次压水流量，取最后的流量值作为计算流量，其成果以透水率表示。

3）灌浆施工

（1）施工程序：固结灌浆按分序加密的原则进行。具体钻灌施工程序为：抬动观测孔钻孔→抬动观测装置安装→物探孔钻孔→灌前物探测试→Ⅰ序孔钻灌→Ⅱ序孔钻灌→中间质量检查孔钻孔压水→Ⅲ序孔钻灌→质量检查孔钻孔压水→灌后物探测试。

（2）灌浆方法：试验采用孔内阻塞、循环式灌浆方法。灌浆时采用单孔灌注，当发生串孔且设备能满足施工要求时，采用并联灌注，且孔数不得多于 3 个，并控制灌浆压力。

（3）灌浆压力：各半区孔段的灌浆压力对应见表 5-1。为了进行灌浆压力对比试验，将灌浆区域分为左右两半区，左半区Ⅰ序孔灌浆压力为 0.3MPa，Ⅱ、Ⅲ序孔灌浆压力为 0.5MPa；右半区Ⅰ序孔灌浆压力为 0.2MPa，Ⅱ、Ⅲ序孔灌浆压力为 0.3MPa。

表 5-1　　　　　　　　　　各半区孔段灌浆压力对应表

| 孔序 | 右半区/MPa | 左半区/MPa | 备注 |
| --- | --- | --- | --- |
| Ⅰ序孔 | 0.2 | 0.3 | 严格控制抬动变形量 |
| Ⅱ、Ⅲ序孔 | 0.3 | 0.5 | |

灌浆在不产生抬动的条件下应尽快达到设计压力。但注入率较大的孔段采用分级升压方式逐级升至设计压力。具体操作时根据压力和注入率的关系(见表5-2)进行控制。串通孔灌浆或多孔并联灌浆时，分别控制灌浆压力。为防止产生抬动变形，灌浆过程中应严格控制灌浆压力。

表 5-2　　　　　　　　　　灌浆压力与注入率关系

| 注入率/(L/min) | ≥30 | 30~10 | ≤10 |
| --- | --- | --- | --- |
| 灌浆压力/MPa | 0.15 | 0.2~0.3 | 设计(最大)压力 |

(4)灌浆水灰比及浆液变换：固结灌浆试验采用强度等级为P.O42.5级的普通硅酸盐水泥，灌浆水灰比为3∶1、2∶1、1∶1、0.5∶1，共四个比级，遵照由稀到浓逐级变换的原则。当灌浆压力保持不变而注入率持续减小时，或当注入率保持不变而灌浆压力持续升高时，不改变水灰比。当某一比级的浆液注入量已达到300L，或灌浆时间已达到60min，而灌浆压力或注入率均无显著改变时，换浓一级水灰比浆液灌注；当注入率大于30L/min时，根据施工具体情况并报现场工程师批准，可越级变浓。

(5)灌浆结束标准：在该灌浆段最大设计压力下，注入率不大于1L/min后，继续灌注30min，结束灌浆。

(6)灌浆封孔：固结灌浆孔全孔灌浆完成后，立即用水灰比为0.5∶1的浓浆进行封孔。采用"机械压浆封孔法"封孔。灌浆结束后，抬动观测孔、物探测试孔等要求按照固结灌浆孔的封孔方法处理。

### 5.1.3　特殊情况处理

(1)冒浆处理：在压水灌浆过程中如地表裂缝发生冒(漏)浆现象时，采用速凝水泥浆嵌缝、地表封堵方法处理后，再采用降压、加浓浆液、限流、限量、间歇灌注等方法处理。然后按正常灌浆方式灌注至达灌浆结束标准。

(2)串浆处理：钻孔过程中发现灌浆孔串通时，如串通孔具备灌浆条件，在满足设计压力和正常供浆的前提下，将串通孔并联灌注，并分别控制灌浆压力，防止抬动，同时并联孔数不超过3个。如串通孔不具备灌浆条件时，将阻塞器阻塞于被串孔串浆部位上方1~2m处，对灌浆孔继续进行灌浆，灌浆结束后立即将串通孔内的阻塞器取出，并扫孔、待凝后进行灌浆。

(3)灌浆中断处理：因故中断尽快恢复灌浆，恢复灌浆时使用开灌水灰比的浆液灌注，如注入率与中断前相近，改用中断前水灰比的浆液灌注。

(4)大耗浆段处理：遇注入率大、灌浆难以正常结束的孔段时，暂停灌浆作业，对灌浆影响范围内的地下洞井、陡直边坡、结构分缝等进行彻底检查，如有串通，采取措施处理后再恢复灌浆，并采用低压、浓浆、限流、限量、间歇灌浆法进行灌注，该段经处理未能达到设计标准的，待凝后重新扫孔、补灌，直至达到要求为止。

### 5.1.4 质量控制措施

**1. 制度控制**

建立严格的质量管理制度，施工前由技术质检部门对施工操作人员进行技术交底，使施工操作人员充分领会设计意图及有关技术要求，建立质量奖惩制度，奖优罚劣，避免偷工减料、盲目施工的现象。

**2. 施工材料控制**

施工所用材料严格按设计要求购置，所有材料经检测合格后使用到工程施工中，施工使用的水泥分批抽样检测。每批水泥入库前按有关规定进行检验验收；施工现场的水泥仓库应做好防潮的设施建设，经检验不合格或受潮结块的水泥坚决不用。

**3. 检测、计量设备控制**

施工使用的测量仪器如压力表、千分表等均经过率定，自动记录仪、测斜仪在施工现场进行了校核，合格后再投入使用，确保准确检测和计量。

**4. 施工过程控制**

(1)为了保证工程质量，开工前将试验计划呈报给住建部，经批准后执行。在施工过程中，质检人员的检查验收贯穿于整个过程。施工过程中应加强施工工序之间的衔接，每道工序按照"三检制"的程序进行检查。

(2)严格把好质量关。对施工中发生的质量事故，坚持"三不放过"原则，深入现场，认真分析，严肃处理。

(3)在施工过程中，做好原始资料的记录，质检人员跟班对施工全过程进行控制，及时对资料进行整理分析，以指导施工的顺利进行。

(4)在灌浆过程中，应对灌浆浆液的比重、灌浆段长、灌浆压力和结束标准等项目进行检查，使用灌浆自动记录仪进行记录并核对。

(5)灌浆完毕，应按要求进行封孔质量检查，达不到要求的，应进行处理直至达到要求。

## 5.2 试验成果分析

### 5.2.1 钻孔压水检查

(1)本次灌浆试验检查孔压水试验检查分两次进行，第一次在Ⅰ序、Ⅱ序孔灌浆结束

3天后进行；第二次在Ⅲ序孔灌浆结束3天后进行，检查最终灌浆质量。

(2)检查孔采用XY-2地质钻机取芯钻进，钻孔直径为76mm，孔向倾向上游，顶角70°，岩芯按顺序装箱编号，进行岩芯描述并绘钻孔柱状图。

(3)按相关要求，本次固结灌浆试验检查孔压水试验检查采用"单点法"进行。检查结束后按照灌浆孔要求对检查孔进行灌浆和封孔。

### 5.2.2 成果资料分析

1)灌浆压水资料分析

(1)平均透水率：从灌前简易压水统计结果来看，Ⅰ序孔平均透水率为185.65Lu，Ⅱ序孔平均透水率为59.53Lu，Ⅲ序孔平均透水率为6.81Lu。从灌前平均透水率来看，Ⅰ序、Ⅱ序、Ⅲ序孔呈明显递减趋势，Ⅰ序、Ⅱ序孔的递减率为67.9%，Ⅱ序、Ⅲ序孔的递减率为88.6%，说明随着灌浆孔的逐渐加密，透水率总体上呈下降趋势，符合灌浆的正常规律。当钻灌完成Ⅰ序、Ⅱ序孔后，进行了检查孔钻孔压水检查，其检查孔的平均透水率为5.33Lu，说明施工完成Ⅰ序、Ⅱ序孔后，部分灌浆区域透水率没有满足设计要求。当Ⅲ序孔钻孔灌浆完成后，检查孔的平均透水率为0.42Lu，检查孔压水符合设计要求，达到了相应的质量标准。同时说明在现行的施工参数下，进行Ⅲ序孔加密灌浆是非常必要的。

(2)透水率分布频率曲线：从压水透水率分布频率曲线来看，Ⅰ序孔和Ⅱ序孔以及Ⅲ序孔的频率曲线无交叉重合的现象，随着灌浆孔序的增加，透水率较小的区域内的频率逐渐增大，透水率较大的区域内的频率逐渐减小。透水率频率曲线完全符合灌浆的正常规律。

2)灌浆资料分析

(1)灌浆单耗

①可灌性：根据资料统计，试验区灌浆平均单耗达437.4kg/m，说明试验区按现行灌浆工艺进行固结灌浆可灌性较好。

②各次序孔灌浆单耗：Ⅰ序孔灌浆单耗为907.0kg/m，Ⅱ序孔灌浆单耗为375.5kg/m，Ⅲ序孔灌浆单耗为51.8kg/m；Ⅰ序、Ⅱ序孔的递减率为54.8%，Ⅱ序、Ⅲ序孔的递减率为86.2%。且Ⅰ序、Ⅱ序、Ⅲ序孔大于200kg/m的频率分别为100%、50.0%、10%，因此，大吸浆量孔段随着孔序的加密而递减。从以上数据可以看出，随着孔序的增加，其灌浆水泥单耗递减的规律非常明显。

(2)灌浆单耗分布频率曲线

从灌浆单耗分布频率曲线来看，Ⅰ序孔频率曲线和Ⅱ序、Ⅲ序孔频率曲线无交叉现象。从试验区灌浆单耗分布频率曲线与各序孔透水率分布频率曲线来看，Ⅰ序、Ⅱ序、Ⅲ序孔单耗频率曲线与透水率曲线大致相似；随着孔序的增加，频率明显降低，总体上符合灌浆的正常规律。

(3)压水灌浆串漏情况分析

从灌浆孔的施工各孔序统计结果来看，Ⅰ序孔共压灌9段，有7段产生串漏；Ⅱ序孔共压灌6段，有2段产生串漏；Ⅲ序孔共压灌10段，无串漏现象。Ⅱ序、Ⅲ序孔的串漏情况明显小于Ⅰ序孔。说明Ⅰ序孔的灌浆对Ⅱ序、Ⅲ序孔钻孔灌浆的串漏封堵起到了很明显的作用，试验区岩体表层裂隙比较发育，导致Ⅰ序孔串漏较严重。

3) 物探孔压水分析

从灌前物探孔压水试验成果和灌后压水试验成果对比来看，灌浆前物探孔压水平均透水率为250.09Lu，且多孔出现失水现象，大部分无法达到设计压力，灌前最大透水率为512.50Lu，最小透水率为57.39Lu。钻灌完成Ⅰ序、Ⅱ序孔后扫孔进行压水检查，平均透水率为6.55Lu，最大透水率为20.4Lu，其中有4个孔的透水率小于3Lu，在施工完Ⅰ序、Ⅱ序孔后，物探孔的透水率的递减率为97.4%，透水率明显减小。

当完成Ⅲ序孔钻灌后，物探孔的透水率平均值为1.09Lu，最大透水率为1.81Lu，经过三序灌浆后透水率满足设计要求。

4) 检查孔成果分析

(1) 压水成果分析

Ⅰ序、Ⅱ序孔灌浆完成后，根据灌浆成果布置了3个检查孔，其中左半区2个，右半区1个。左半区1孔合格，另一孔透水率为8.16Lu，右半区检查孔透水率为5.84Lu，且从压水过程来看，在压力不变的情况下透水率有增大趋势；不合格孔段检查孔灌浆单耗分别达到156.5kg/m、109.7kg/m。可见灌浆区域虽经过Ⅰ序、Ⅱ序孔灌注后对大的裂隙通道已封闭，但由于该地层为陡倾角裂隙，页岩与砂岩交替出现且厚度均较薄，经过Ⅰ序、Ⅱ序孔灌浆后，每条裂隙基本只经过了3次灌注，且灌浆孔穿过裂隙部位水平距离5m左右，上下高差也达到了3m以上，而Ⅰ序、Ⅱ序孔灌浆大部分采用间歇灌浆方式进行灌注，因此灌浆扩散半径可能没有达到有效扩散半径，部分裂隙未能完全充填。因此根据灌浆成果，增加了Ⅲ序孔的施工。第二次布置的检查孔平均透水率为0.42Lu，最大透水率为0.66Lu，检查孔压水结果显示，压水结果均在设计要求范围内。说明通过灌浆处理，岩体的渗透性能得到了明显改善，完全达到设计要求的标准，工程质量符合设计要求。

表5-3　　　　　　　　　　　　检查孔压水结果统计表

| 孔号 | 段位/m | 段长/m | 稳定流量/(L/min) | 压力/MPa | 透水率/Lu | 备注 |
| --- | --- | --- | --- | --- | --- | --- |
| Y1 | 2.00~8.40 | 6.40 | 20.90 | 0.40 | 8.16 | 中间检查 |
| Y2 | 1.90~8.30 | 6.40 | 8.60 | 0.23 | 5.84 | 中间检查 |
| Y3 | 1.90~8.30 | 6.40 | 5.10 | 0.40 | 1.99 | 中间检查 |
| Y4 | 1.80~8.20 | 6.40 | 1.00 | 0.24 | 0.66 | |
| Y5 | 2.80~9.20 | 6.40 | 0.50 | 0.40 | 0.20 | |

注：Y1、Y2、Y3是在Ⅲ序孔未施工前完成的；Y4、Y5是在Ⅲ序孔施工后完成的压水试验。

(2) 芯样分析

从检查孔芯样看，各检查孔均有水泥结石充填，厚度为1~3mm，与基岩充填密实，黏结良好。如Y3在孔深3.9m处，Y4在孔深1.9~2.2m、2.8~2.9m、7.3m、8.0m等处均可见水泥结石充填,可见灌浆效果对裂隙充填效果良好。图5-4所示为Y4号检查孔水泥结石芯样。

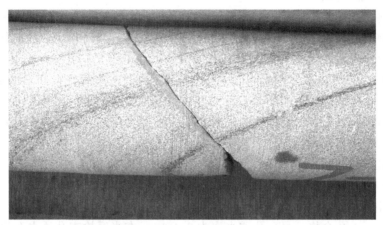

图5-4 沐若水电站右岸固结灌浆试验Y4号检查孔水泥结石芯样

5)灌前和灌后物探声波测试

灌后物探测试检查在试验区固结灌浆全部结束后进行,检测方法同灌前物探测试,测点的布置与灌前物探测试相对应。物探测试分两次进行,第一次为Ⅰ序、Ⅱ序孔灌浆结束后(即Ⅰ序、Ⅱ序孔灌浆结束后7天),第二次为Ⅲ序孔灌浆结束后(即Ⅰ序、Ⅱ序灌浆结束后14天)。检测结果显示,通过固结灌浆处理,岩体的完整性有较大的提高,Ⅰ序、Ⅱ序孔灌后试验区单孔声波平均值为3713m/s,最小值为3449m/s;跨孔声波测试平均值为3686m/s,最小值为3617m/s。Ⅲ序孔灌后试验区单孔声波平均值为3818m/s,最小值为3652m/s;跨孔声波测试平均值为3817m/s,最小值为3763m/s。从以上结果比较可以看出,Ⅰ序、Ⅱ序孔灌后单孔声波平均值提高9.67%,最小值提高6.47%;跨孔声波平均值提高11.85%,最小值提高10.58%。Ⅲ序孔灌后单孔声波平均值提高12.79%,最小值提高10.41%;跨孔声波平均值提高15.85%,最小值提高14.83%。由测试对比结果分析比较可以看出,通过Ⅰ序、Ⅱ序、Ⅲ序孔灌浆处理后,岩体的均匀性得以明显改善,整体强度有较大的提高,固结灌浆的效果较好。且14天的声波值较7天的声波值有较大提高。

本次检测结果反映Ⅰ序、Ⅱ序孔灌后测得的声波波速与灌前相比有明显的提高,最大提高率为13.75%,最小提高率为6.47%,平均提高率为10.60%,Ⅰ序、Ⅱ序孔灌浆结束后波速平均提高355m/s。

10月5日Ⅰ序、Ⅱ序孔灌浆后测试时除W2孔不失水外其余各孔依然存在少量的失水。10月14日进行了Ⅲ序孔灌浆后的检测,通过对检测资料的分析发现,测得的声波波速进一步提高,测试过程中各孔基本不失水,通过Ⅲ序孔灌浆后波速的最大提高率上升为16.75%(提高541m/s),最小提高率也达到10.41%(提高359m/s),平均达到14.09%。

灌后因各孔位地质情况不尽相同,整体波速提高率较离散,一般来说,灌前局部波速较低者灌后的波速提高较大,整体波速较低者,灌后整体波速提高也较大。通过测试所获资料分析，各孔通过Ⅰ序、Ⅱ序以及Ⅲ序孔的多次复灌，灌后岩体纵波波速最小值为3462m/s，最大值为4071m/s，平均值为3817m/s。W1～W8为单孔测试、W1～W2至W7～W8为双孔透测。具体各孔最大最小波速详见表5-4。

从本次声波测试结果来看：灌后与灌前相比岩体波速均提高较快，证明通过固结灌浆提高了岩体的完整性，固结灌浆效果较为明显。

表5-4　　Ⅰ序、Ⅱ序以及Ⅲ序孔灌浆、灌后声波波速明细表　　（单位：m/s）

| 孔号 | Ⅰ序、Ⅱ序孔灌前 | | | Ⅰ序、Ⅱ序孔灌后 | | | | Ⅲ序孔灌后 | | | |
|---|---|---|---|---|---|---|---|---|---|---|---|
| | $V_p$最小 | $V_p$最大 | $V_p$平均 | $V_p$最小 | $V_p$最大 | $V_p$平均 | 增长率/% | $V_p$最小 | $V_p$最大 | $V_p$平均 | 增长率/% |
| W1 | 2875 | 3839 | 3359 | 3497 | 3928 | 3667 | 9.17 | 3609 | 3999 | 3760 | 11.94 |
| W2 | 2729 | 3664 | 3305 | 3522 | 3922 | 3753 | 13.56 | 3618 | 3976 | 3835 | 16.04 |
| W3 | 2817 | 3723 | 3351 | 3421 | 4031 | 3779 | 12.76 | 3595 | 4032 | 3841 | 14.61 |
| W4 | 2823 | 3670 | 3446 | 3418 | 3928 | 3673 | 6.58 | 3572 | 3966 | 3805 | 10.41 |
| W5 | 2849 | 3766 | 3435 | 3370 | 3960 | 3735 | 8.72 | 3462 | 3998 | 3848 | 12.03 |
| W6 | 2833 | 3717 | 3436 | 3435 | 4013 | 3782 | 10.05 | 3574 | 4037 | 3877 | 12.82 |
| W7 | 2870 | 3766 | 3513 | 3545 | 4046 | 3865 | 10.02 | 3612 | 4048 | 3923 | 11.70 |
| W8 | 2811 | 3384 | 3239 | 3249 | 3629 | 3449 | 6.47 | 3568 | 4028 | 3652 | 12.74 |
| W1～W2 | 2869 | 3602 | 3277 | 3450 | 3936 | 3630 | 10.75 | 3568 | 4028 | 3763 | 14.83 |
| W2～W3 | 2895 | 3708 | 3386 | 3525 | 4026 | 3852 | 13.75 | 3697 | 4071 | 3941 | 16.38 |
| W3～W4 | 2855 | 3681 | 3263 | 3409 | 3796 | 3617 | 10.85 | 3577 | 3997 | 3780 | 15.85 |
| W5～W6 | 2809 | 3552 | 3228 | 3420 | 3811 | 3646 | 12.94 | 3512 | 3999 | 3769 | 16.75 |
| W6～W7 | 2828 | 3698 | 3326 | 3547 | 4005 | 3732 | 12.20 | 3695 | 4047 | 3866 | 16.25 |
| W7～W8 | 2972 | 3493 | 3290 | 3447 | 3921 | 3638 | 10.58 | 3614 | 3991 | 3780 | 14.91 |

6）灌浆压力对比分析

本次灌浆试验分左右两半区进行压力对比试验，左半区Ⅰ序、Ⅱ序平均单耗分别为1024.1kg/m、680.3kg/m，而右半区Ⅰ序、Ⅱ序平均单耗分别为673.0kg/m、70.7kg/m，由此可见，压力越大，单位注入量越大。但从Ⅲ序孔平均单耗看，左半区平均单耗为29.8kg/m，而右半区平均单耗为84.9kg/m，且单耗最大孔S-5-Ⅲ-2位于右半区S-4-Ⅱ-2与S-3-Ⅱ-2的连线上，其平均单耗均大于该两孔的单耗，且从Y2检查孔压水情况看，右半区抗疲劳性较差，压水吕荣值随着时间的延长而逐渐变大，因此右半区在Ⅰ序、Ⅱ序孔灌浆完成后，部分区域扩散半径较小，没有对裂隙进行完全有效的充填，而左半区单耗较大与3孔位于强风化区有较大的关系。因此灌浆压力越大，灌浆效果越明显。

7）施工工效分析

本试验区固结灌浆孔共计钻灌25孔，计25段，钻灌总进尺160.0m。自2009年9月14日开始进行固结灌浆施工，至2009年10月9日完成钻孔时间，纯钻灌时间为19天。平均每班钻灌1段，进尺约为8.4m，由于灌浆过程中多次采用间隙灌浆及待凝的方式，因此工效较低。

8) 灌浆压力与注入率的对应关系

根据统计资料，本试验区除两孔产生抬动值外（均小于200μm），其余孔均未产生抬动变形，因此本次灌浆试验灌浆压力是合适的，在灌浆过程中将单位注入率控制在50L/min是可行的。因此在确保抬动变形满足设计要求的情况下，适当提高灌浆压力，以求达到更好的灌浆效果。

### 5.2.3 灌浆试验总结

1) 结论

(1) 沐若水电站大坝基础固结灌浆采用有盖重灌浆的施工方法是可行的，频率曲线与灌浆的正常规律曲线没有差异，符合灌浆的正常规律。经灌浆后压水和物探检测证明，各项指标均满足了设计要求，本次试验总体上来说是成功的。

(2) 此次固结灌浆试验分了两个半区，即左半区和右半区，从两个半区的压力及灌入量来看，压力越大，注入灰量越大，压力越小，注入灰量越小。但从扩散半径以及抗疲劳强度分析，压力越大，灌浆效果越好。

(3) 在现行规定的施工参数下，Ⅰ序、Ⅱ序孔灌浆完成后，检查孔压水未能满足设计要求，可见增加Ⅲ序孔钻孔灌浆是必要的。

(4) 从最终质量检查孔压水结果及灌后物探孔压水结果对比可以看出，灌后检查压水透水率平均值为0.43Lu，最大值为0.66Lu；灌后物探孔压水透水率平均值只有1.09Lu，最大值为1.81Lu。说明此次的固结灌浆试验结果能满足设计要求。在强风化岩体中可通过灌浆提高岩体的声波值。

2) 建议

(1) 在试验施工中，经抬动观测发现未产生有害抬动现象，因此，在确保抬动值在设计允许范围内的条件下，应在允许范围内适当提高灌浆压力，建议施工生产中采用的灌浆压力：Ⅰ序孔为0.2~0.3MPa，Ⅱ序、Ⅲ序孔为0.3~0.5MPa，以确保灌浆质量进一步提高，进一步增强灌浆效果。

(2) 从压水检查看，只经过Ⅰ序、Ⅱ序孔的施工灌浆很难满足设计要求，因此建议后期将孔排距调整为2.0m×2.0m，以求满足灌浆扩散半径。

(3) 对于右岸坝基裂隙较发育的地层来说，建议水灰比采用2∶1、1∶1、0.5（或0.6）∶1三个比级，对于灌前压水透水率大于50Lu或压水流量大于50L/min的孔段，开灌水灰比可改为0.5∶1。

(4) 为确保固结灌浆的施工进度，建议在正常施工中，只对第一段进行裂隙冲洗，其余孔段结合简易压水进行冲洗。

(5) 在有深孔固结分段灌浆的情况下，建议在有条件的部位如左岸采用潜孔钻一次完成以下各段钻孔和冲洗，然后采用自下而上的方式分段灌浆。

(6)为确保固结灌浆质量,提高水泥结石的密实性,建议在灌浆过程中,尽量不采用停灌待凝的方法人为中断灌浆,对表面串漏和吸浆量较大的孔段多采用低压、浓浆、间歇灌浆的方式处理。

## 5.3 灌浆前后力学试验研究

### 5.3.1 试验目的

坝基分布砂页岩,为互层岩体,表层风化严重,岩体性状较差,不适宜作为大坝建基岩体。因此,在施工过程中拟在右坝肩砂页岩出露的地方进行灌浆试验。对该段岩体进行固结灌浆,在坝肩岩体出露的地方进行灌浆试验,若灌浆后达到作为坝基岩体的要求,则该部分岩体可作为大坝建基岩体加以利用。为了检查固结灌浆效果,论证灌浆后岩体作为坝基岩体的可行性,对该段岩体灌浆前后进行了岩体变形、直剪、砼/岩体接触面、载荷试验等。

灌浆前试验选在灌浆平台一侧及平硐左上方各开挖坑槽一个,进行 $P_3Pel^{9-3}$、$P_3Pel^{9-4}$ 地层岩体力学试验。灌浆后现场试验工作内容见表5-5。

表5-5　　　　灌浆后 $P_3Pel^{9-3}$ 岩体力学性质试验及物探测试内容一览表

| 序号 | 工作内容 | 试验方法 | 单位 | 数量 | 备注 |
| --- | --- | --- | --- | --- | --- |
| 1 | 岩体变形试验 | 顺层面方向加载 | 组/点 | 1/3 | |
| 2 | 岩体直剪 | 垂直层面方向平推 | 组/点 | 1/5 | |
| 3 | 砼与岩体接触面直剪 | 垂直层面方向平推 | 组/点 | 1/5 | |
| 4 | 岩体极限荷载试验 | 铅直方向加载 | 组/点 | 1/3 | |
| 5 | 岩体声波测试 | 铅直方向 | 孔/m | 8/16 | 一发双收、对穿 |

### 5.3.2 试验方法及成果分析

1)岩体变形试验

(1)试验方法

岩体变形试验采用刚性承压板法,承压面积 $2000cm^2$,当岩体变形模量较高时,增加承压板的厚度。在选定试验段,布置变形试验点。试验点由专业石工手工凿除表面松动层,然后凿成 2m×2m 的平面,在中心 Φ60cm 的范围精心凿成符合规范要求的试验点面,对点面进行地质素描。对各种岩体变形试点地质情况进行拍照。试验安装见图5-5。现场试验安装见图5-6。分5级施加载荷,试验采用逐级一次循环加压方式,加压前后每隔10min测读变形值一次。

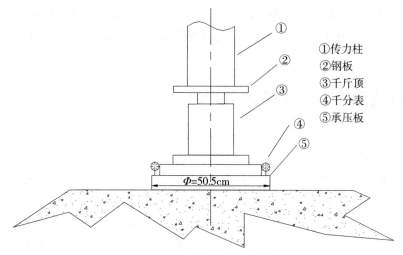

图 5-5　变形试验安装示意图

① 传力柱
② 钢板
③ 千斤顶
④ 千分表
⑤ 承压板

图 5-6　变形试验场景

(2) 试验成果

计算有效(1 对或 2 对)变形平均值，点绘压力 $P$ 与变形 $W$ 的关系曲线。按式(5-1)计算岩体变形模量 $E_0$ 和弹性模量 $E_e$。

$$E = \frac{\pi}{4} \cdot \frac{(1-\mu^2)pD}{W} \tag{5-1}$$

式中：$E$——岩体变形模量或弹性模量，MPa；当以全变形代入式中计算时为变形模量 $E_0$；当以弹性变形代入式中计算时为弹性模量 $E_e$；

$\mu$——岩体泊松比；

$P$——按承压板面单位面积计算的压力，MPa；

$D$——承压板直径,cm;

$W$——岩体表面变形,cm。

变形试验成果见表5-6。

表5-6            $P_3Pel^{9-3}$砂页岩(强风化)岩体变形试验成果表

| 试验部位 | 岩性 | 加荷方向 | 试点编号 | 变形模量/GPa | 平均变形模量/GPa | 弹性模量/GPa | 平均弹性模量/GPa | 简要地质说明 |
|---|---|---|---|---|---|---|---|---|
| 灌浆平台 | $P_3Pel^{9-3}$强风化砂页岩 | 铅直 | E801′ | 1.06 | 0.65 | 1.71 | 1.04 | 灰色,右上部较破碎 |
|  |  |  | E802′ | 0.33 |  | 0.69 |  | 灰色夹黄色,1条裂隙 |
|  |  |  | E803′ | 0.56 |  | 0.72 |  | 黄色夹灰色 |

(3)试验成果分析

E8′组砂页岩互层,三个试点风化过程从灰色至灰色夹黄色,至黄色夹灰色,强风化。E801′靠近弱风化,变模值较其余二点高,E802′、E803′均处在强风化中。E8′组变模为0.33~1.06GPa,平均值为0.65GPa。

2)岩体载荷试验

(1)试验方法

岩体承载力试验采用刚性承压板法,承压面积530cm²。试验是在变形试验后进行的。测表在板上布置4个,板外布置2个。加载采用变形控制,加压前后每隔10min测读变形值一次,各测表读数差与该级荷载第一次读数和前一级荷载最后一次读数之差之比小于5%时,施加下一级荷载。压力表显示荷载加不上去或勉强加上去以后很快降下来,即停止加压。反力安装采用四层工字钢叠加法。下两层采用横梁挑梁锚固安装,上两层采用工字钢交叉锚固,达到了预期效果,满足了工程需要的极限载荷24MPa的要求。载荷试验安装见图5-7。

图5-7 载荷试验安装

(2) 试验成果

计算有效变形平均值,绘制荷载 $P$ 与变形 $W$ 的关系曲线。按式(5-2)计算比例界限及极限荷载,试验成果见表5-7。

$$p = \frac{P}{A} \tag{5-2}$$

式中:$p$——作用于试点上的单位压力,MPa;(比例界限取试验曲线压密直线段上限,极限载荷取屈服段最大值)

$P$——作用于试点上的法向荷载,N;

$A$——试点承压面积,$mm^2$。

表 5-7　　　　　　　　　　　岩体载荷试验成果表

| 试验部位 | 岩性 | 试点编号 | 比例界限/MPa | 极限荷载/MPa | 说　明 |
|---|---|---|---|---|---|
| 灌浆平台 | $P_3Pel^{9-3}$强风化砂页岩 | S801′ | >24.01 | >24.01 | 灰色 |
| | | S802′ | 11.29 | >23.5 | 1条裂隙,灰色夹黄色 |
| | | S803′ | 13.18 | >23.5 | 黄色 |

(3) 试验成果分析

S8′组比例界限为11.29~24.01MPa,极限荷载均大于23.5MPa,满足设计需要。

3) 岩体直剪试验

(1) 试验方法

岩体直剪试验采用平推法,剪切面控制在预剪面上。将试验部位岩体制成长×宽×高为50cm×50cm×35cm的试件,外用木模板在试件表面浇筑一层混凝土保护套,保护套达到一定强度和刚度后开始试验,顶面平行预剪面。保护套底部预留2cm的剪切缝。岩体直剪试验安装见图5-8。岩体直剪现场试验安装见图5-9。

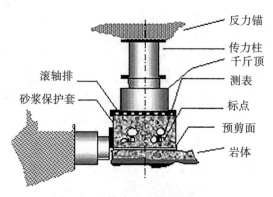

图 5-8　岩体直剪试验安装示意图

## 5.3 灌浆前后力学试验研究

图 5-9 岩体直剪现场试验安装

(2) 试验成果

直剪试验结束后翻转试体，测量实际剪切面面积，对剪切面进行描述，并拍照。绘制剪应力 $\tau$ 与剪切位移 $u_s$ 及法向位移 $u_n$ 的关系曲线。每组不同正应力条件下破坏时的最大剪断应力和最大剪应力分别作为该正应力下的抗剪断强度和摩擦试验的峰值强度值。试验成果见表 5-8。根据抗剪断强度和摩擦试验峰值强度与相应的正应力拟合剪应力 $\tau$ 与正应力 $\sigma$ 的关系曲线，见图 5-10。回归计算岩体直剪试验强度参数，见表 5-9。

表 5-8　　　　　　　　　　岩体直剪试验成果

| 试验部位 | 岩性 | 试点编号 | 正应力/MPa | 剪应力/MPa | | 简要说明 |
|---|---|---|---|---|---|---|
| | | | | 抗剪断强度 | 摩擦试验强度峰值 | |
| 灌浆平台 | $P_3Pel^{9-3}$ 强风化砂页岩 | $\tau_{岩}801'$ | 1.81 | 2.42 | 2.24 | 前半沿砂岩裂隙面破坏，后半砂岩剪断 |
| | | $\tau_{岩}802'$ | 1.36 | 1.70 | 1.64 | 沿砂岩裂隙面破坏 |
| | | $\tau_{岩}803'$ | 0.31 | 0.60 | 0.57 | 砂岩剪断 |
| | | $\tau_{岩}804'$ | 0.63 | 0.83 | 0.78 | 沿砂岩裂隙面破坏 |
| | | $\tau_{岩}805'$ | 1.02 | 1.70 | 1.53 | 砂岩剪断 |

表 5-9　　　　　　　　　　岩体直剪试验强度参数表

| 岩性 | 试验部位 | 剪切方式 | 试点组 | 抗剪断强度参数 | | 抗剪(摩擦)强度参数 | |
|---|---|---|---|---|---|---|---|
| | | | | $f'$ | $c'$/MPa | $f$ | $c$/MPa |
| $P_3Pel^{9-3}$ 砂页岩(强风化) | 灌浆平台 | 直剪 | $\tau_{岩}8'$ | 1.21 | 0.21 | 1.13 | 0.20 |

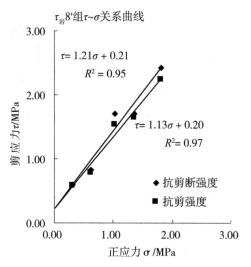

图 5-10　$\tau_{岩}8'$ 组（强风化砂页岩）岩体直剪 $\tau\sim\sigma$ 关系曲线

（3）试验成果分析

$\tau_{岩}8'$ 组强风化砂页岩岩体直剪一半岩石沿裂隙面破坏，一半岩石被剪断，因而 $c'$ 值偏低。其抗剪断强度 $f'$ 值为 1.21，$c'$ 值为 0.21MPa，摩擦峰值强度 $f$ 值为 1.13，$c$ 值为 0.20MPa。

4）混凝土与岩体直剪试验

(1) 试验方法

试验采用平推法。在试验部位清除松动层，凿制成 50cm×50cm 的水平面，点面起伏差控制在 1.0cm 以内。然后在点面上浇筑砼，尺寸为 50cm×50cm×40cm。试体混凝土采用 C20。混凝土中掺入适量早强剂，养护 5~7 天。在试件浇筑的同时预留标准混凝土试块，在沐若试验室进行抗压强度试验，混凝土试块达等级强度 C20 时，进行混凝土与岩体接触面直剪试验。混凝土试块强度为 21~25MPa。试验安装与岩体直剪安装类似。

(2) 试验成果

直剪试验结束后翻转试体，测量实际剪切面面积，对剪切面进行描述，并拍照。绘制剪应力 $\tau$ 与剪切位移 $u_s$ 及法向位移 $u_n$ 的关系曲线图。将每组不同正应力条件下破坏时的最大剪断应力和最大剪应力分别作为该正应力条件下的抗剪断强度和摩擦试验的峰值强度值。试验成果见表 5-10。根据抗剪断和摩擦试验峰值强度与相应的正应力拟合剪应力 $\tau$ 与正应力 $\sigma$ 的关系曲线，见图 5-11。回归计算直剪试验强度参数，见表 5-11。

表 5-10　　　　　　　　　　混凝土与岩体接触面直剪试验成果

| 试验部位 | 岩性 | 试点编号 | 正应力/MPa | 剪应力/MPa | | 简要说明 |
|---|---|---|---|---|---|---|
| | | | | 抗剪断强度 | 摩擦试验强度峰值 | |
| 灌浆平台 | $P_3Pel^{9-3}$ 强风化砂页岩 | $\tau_{砼}801'$ | 2.00 | 2.80 | 2.25 | 沿接触面破坏 |
| | | $\tau_{砼}802'$ | 1.45 | 2.50 | 2.05 | 沿接触面破坏 |
| | | $\tau_{砼}803'$ | 1.11 | 1.90 | 1.43 | 沿接触面破坏 |
| | | $\tau_{砼}804'$ | 0.85 | 1.92 | 1.12 | 沿接触面破坏 |
| | | $\tau_{砼}805'$ | 0.39 | 1.02 | 0.87 | 沿接触面破坏 |

表 5-11　　　　　　　　　混凝土与岩体接触面直剪试验强度参数表

| 岩性 | 试验部位 | 剪切方式 | 试点组 | 抗剪断强度参数 | | 抗剪(摩擦)强度参数 | |
|---|---|---|---|---|---|---|---|
| | | | | $f'$ | $c'$/MPa | $f$ | $c$/MPa |
| $P_3Pel^{9-3}$ 砂页岩 | 灌浆平台 | 直剪 | $\tau_{砼}8'$ | 1.08 | 0.77 | 0.94 | 0.45 |

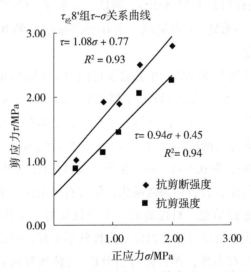

图 5-11　$\tau_{砼}8'$ 组强风化砂页岩砼/岩体直剪 $\tau\sim\sigma$ 关系曲线

(3) 试验成果分析

$\tau_{砼}8'$ 组砼/砂页岩岩体接触面直剪试验，沿混凝土与页岩的接触面剪切破坏。其抗剪断强度 $f'$ 值为 1.08，$c'$ 值为 0.77MPa，抗剪(摩擦)强度 $f$ 值为 0.94，$c$ 值为 0.45MPa。

5) 综合分析

$P_3Pel^{9-3}$ 强风化砂页岩灌浆前后变形、岩体直剪、砼/岩体直剪、载荷试验成果见表 5-12。

表 5-12　　$P_3Pel^{9-3}$ 强风化砂页岩灌浆前后试验成果综合表

| 试验部位 | 岩性 | 变形试验 | | 载荷试验 | | 岩体直剪 | | 砼/岩体直剪 | |
|---|---|---|---|---|---|---|---|---|---|
| | | 变形模量/GPa | 弹性模量/GPa | 比例界限/MPa | 极限载荷/MPa | $f'$ | $c'$/MPa | $f'$ | $c'$/MPa |
| 462 上方 | 灌浆前 | 0.17~0.90 0.50/平均 | 0.51~1.83 1.03/平均 | 7.53~23.5 | >23.5 | 1.22 | 0.44 | 1.06 | 0.58 |
| 灌浆平台 | 灌浆后 | 0.33~1.06 0.65/平均 | 0.69~1.71 1.04/平均 | 11.29~23.5 | >23.5 | 1.21 | 0.21 | 1.08 | 0.77 |

灌后各项力学指标均比灌前有所变化。变形模量整体有所提高，低值由 0.17GPa 提高到 0.33GPa，高值由 0.90GPa 提高到 1.06GPa，平均值由 0.50GPa 提高到 0.65GPa。弹性模量没有明显变化。岩石越好，同类岩石其变形模量与弹性模量之间数值相差越小，说明残余变形越小，岩石性质越好。灌后比灌前岩体变形模量有所提高，而弹性模量未见增加，其差值缩小，说明岩石性质有所提高。载荷试验比较界限低值提高，由 7.53MPa 提高到 11.29MPa，极限荷载均大于 23.5MPa，满足设计要求。砼/岩体接触面直剪强度参数 $f'$、$c'$ 均有提高，$f'$ 提高不明显，$c'$ 有提高，由 0.58MPa 提高到 0.77MPa。岩体直剪强度参数 $f'$、$c'$ 没有明显变化。

灌浆前后声波测试波速有所提高，单孔波速低值由 1554m/s 增加到 2005m/s，高值由 4040m/s 增加到 4228m/s。平均值由 3006m/s 增加到 3194m/s。跨孔波速未见明显变化。

灌前与灌后试验部位稍有差异，灌前试验是在 462 平硐左上方开挖坑槽进行，灌后试验是在砼盖板一角爆破拆除后的坑槽进行。由于灌浆平台强风化分布不多，只在靠河边一角，宽约 1.6m，长约 10m，深 0.5~1.3m，受条件限制，只能选择爆破拆除砼盖板一角进行露天坑槽试验。灌前与灌后岩石均为强风化，但岩石风化程度不一，略有差异。

灌浆主要是对裂隙进行填充，对提高岩体力学性质有一定作用，与岩体本身性质有关。灌浆前后试验区均为强风化岩体，岩体本身性状不太好，因而灌浆效果表现不是很明显。在岩体变形、载荷上有表现，在岩体直剪及砼/岩体接触面直剪试验上表现不明显。岩体变形及载荷试验均是针对岩体的，包括表层及深层岩体，因而灌浆效果在变形模量及载荷试验成果上有表现。砼/岩体接触面直剪、岩体直剪试验均是针对表层岩体的，因而灌浆后强度参数改善不明显。

# 第6章 结 论

本书系统地介绍了马来西亚沐若水电站从前期勘测论证、施工过程补充地质勘测及施工过程中遇到的工程地质问题并进行针对性的处理。主要从枢纽工程区基本地质条件、大坝、厂房及输水发电系统、导截流工程、地基处理等方面进行了大量的工程地质研究工作。

本书针对马来西亚沐若水电站工程地质的特征、特点、难点，对枢纽工程、引水发电系统等遇到的主要地质问题进行了详细的分析，提出了合理、有效的地质建议。

沐若水电站是勘察、设计、施工总承包项目，工期紧张，没有专门的勘察周期，且前期地质资料非常有限，工程实施过程基本采用"边勘察、边设计、边施工"的特殊模式，这对地质勘察工作是巨大的挑战。勘察工作需要重点突出，对重大的地质问题进行专门勘察，一般问题结合施工过程逐步查明解决，要求地质工程师具有较高的专业技术水平、较丰富的实际工作经验及较强的沟通能力。本项目成功的勘察实践经验为类似工程积累了宝贵的经验，为后续中国勘察设计企业走向国际市场打开了一扇大门，具有显著的推广和应用价值。

马来西亚沐若水电站是首个中国规范推向国际市场的水电项目，对中国规范推向国际市场具有战略意义。